National Security Strategy

兩岸新形勢下的國家安全戰略

◎王高成 主編

編者言

新形勢下我國應有的國家安全戰略

　　國家安全戰略必須根據所面臨的國內外形勢而制訂，當戰略形勢改變時國家安全戰略也需要隨之而調整。我國的戰略形勢這幾年出現了重大的變化，最明顯的改變是中國的綜合國力不斷地成長，已在東亞及國際上發揮更大的影響力，影響了我國的生存發展。其次，美國的政局也發生變化，執政八年的共和黨小布希政府終於下台，由主張改變的民主黨人歐巴馬入主白宮。歐巴馬主張美國應該更善於運用所謂的「巧實力」（smart power），以外交手段解決美國與他國的衝突及國際紛爭，盡量運用國際組織及多邊協商途徑，而非動輒訴諸美國單邊的武力壓制。第三，2008 年底所發生的金融海嘯襲捲全球，全世界多數國家遭逢嚴重的金融與經濟衝擊，台灣由於高度依賴對外出口，自然也不能倖免於難，經濟嚴重倒退，失業人口大增。金融風暴的發生顯示全球經濟已高度地一體化與相互依存，但風險也隨之升高。

　　在國內方面，最大的戰略形勢變化便是我國發生了第二次的政黨輪替，由國民黨提名的馬英九贏得總統勝選，再度取回了執政權。政權能順利地進行再次輪替，反映台灣民主政治的成熟與鞏固，另一個重要的意義在於國家發展方向的轉變。馬英九競選的主

軸是振興台灣的經濟，其所依托的背景在於兩岸關係的改善，在兩岸關係改善的情形下，台灣將可降低中國的軍事威脅，增進國內外投資者對台灣的信心，利用大陸的經濟發展成果與動力，協助台灣的經濟發展。在外交上也寄望兩岸關係的改善，得以拓展台灣的國際空間。

馬政府的兩岸政策，代表國家發展方向的另一種選擇，不同於前任扁政府的兩岸政策以對抗及衝撞為主，馬政府的兩岸政策以對話、和解與合作為主。在扁政府的兩岸政策引導下，兩岸的關係緊張，台灣遭逢升高的軍事威脅，經濟上政府採取管制的措施，以致錯失了利用大陸市場發展自身經濟的良機，台灣的經濟成長幅度低於大陸及東亞各主要國家，在外交上引發大陸的全面封鎖，不僅無法開拓更多的國際空間，反而降低了邦交國的數目，甚至因此而在東亞地區形成台灣是「麻煩製造者」的國際評價，並且降低了台美間高層的互信。馬英九的兩岸政策明顯不同於陳水扁的作法，在選舉時也公開的主張及宣揚，他能獲得 58.45%的選票，反映出台灣多數選民厭倦了陳水扁的挑釁式兩岸政策，認同馬英九的兩岸和解政策。

在國內外戰略形勢改變的情形下，台灣的國家安全戰略自然也需跟進調整。在全球金融海嘯衝擊下，台灣的施政應著眼於經濟的復甦，以擴大台灣人民的經濟利益，增加就業率，提高國民所得，挽救房市與股市。台灣不能再熱衷於政治對抗的遊戲，整天高喊愛台灣的意識型態，內部進行政治動員與鬥爭，外部進行政治挑釁與對抗，忽略經濟的發展。欲解決台灣經濟的困境，必須降低兩岸緊張的關係，如此才能提高國內外投資者的信心，解除兩岸經貿往來

的桎梏，擴大台灣的出口市場與資金來源。面對中國迅速崛起的外在環境，與大陸敵對與對抗，只會增加台灣外來威脅與壓力，在國際上益形孤立。務實之道必須與大陸和解，維持和平與合作的互動關係，以降低台灣的威脅與阻力，利用大陸的經濟發展條件。在歐巴馬政府欲解決國際經濟危機及維持國際安全的政策下，台灣不應再製造台海的對抗及緊張情勢，致使美國認為台灣是區域穩定的破壞者，妨礙了美台關係的發展。因此，台灣的國家安全戰略選擇應當是，以兩岸關係改善為基礎，進而積極發展經濟，降低軍事威脅與衝突，擴大國際空間。

馬英九總統上任後，致力於兩岸關係的改善，以九二共識、憲法一中為基礎，恢復兩岸關係良性的互動，海基會與海協會已恢復接觸與協商，經過三次的江陳會，並已達成九項協定及一項共識。陸客已大量來台觀光，兩岸直航已實現，大陸資金亦將獲准來台投資，金融合作將展開，未來兩岸將進一步推動「經濟合作框架協議」。因兩岸關係的改進，雙方在外交上不理性的競爭得以終止，「外交休兵」得以落實，台灣並於今年 5 月首次以觀察員的身份參加「世界衛生組織」大會。在兩岸政經關係改善下，台海的軍事緊張情勢已然降低，未來並可能進一步推動「軍事互信機制」，以穩定雙方的軍事關係，避免軍事衝突及增進和平。由於兩岸經貿關係的增進，台灣的經濟復甦腳步加速，近半年來在全球及東亞地區中的經濟表現頗佳。這些政治、經濟、安全、外交上的成果，證明了馬政府國家安全戰略的正確性，也是台灣國家發展應走的道路。

本書共收錄了國內九位優秀學者的論文，就當前國內外形勢下我國的國家安全戰略進行探討，內容包括兩岸、政治、軍事與外交

等議題，相信必能對此一主題作深入的剖析，提供政府、學界及關心此一問題的國人有用的參考。本書的出版要感謝提供論文及評論意見的學者，以及本所研究生陳翼均助編輯聯繫。最後，敬請學界同好及一般讀者對此書不吝批評與指教，並祝願國家安全確保，台灣人民福祉增進。

淡江大學國際事務與戰略研究所所長

王高成　謹識

民國 98 年 7 月 26 日於淡大驚聲大樓

目　次

全球化下兩岸和平戰略的互動與省思

—— 兩岸和平進程的新思維

巨克毅

（國立中興大學國際政治研究所教授）

壹、前言

　　當前世界各國發展已進入全球化相互依存、利益與共的新時代。國家作為國際體系中的主要行為者，在全球化「戰略緊身衣」（strategic straightjacket）概念的影響之下，[1]國家間之互動關係皆以「非零和」的性質和平交往，並以互助合作的利益導向型態，作為解決衝突與對立的主要原則。全球化下雖然仍存著各種區域衝突與分化現象，但是世界人類面對全球問題與危機，追求和平與發展的方向，仍是世界人類普遍共同的期望。

---

[1] Banning Garrett, "Strategic straightjacket: The United States and China in the 21st Century," in Jonathan Pollack（ed.）, *Strategic Surprise: Sino-America Relations in the Early 21st Century*（New port, R.I.: Naval War College Press, 2003）.

　　近年來兩岸關係的互動發展，在全球化發展的影響下愈來愈呈現相互依存的緊密關係。首先在經濟全球化下，兩岸經貿交流與合作密切，雙方貿易交易總額逐年成長，台商在大陸投資眾多，且成為我方企業海外之重要生產基地；兩岸經貿快速整合與互惠發展，已成為兩岸經濟合作進程中的重要成就。在政治全球化下，民族國家主權的弱化與讓渡，已成為全球區域整合普遍的發展經驗；兩岸關係的互動發展，雖然中共仍堅持「一個中國」原則，但是雙方均已明白「擱置主權爭議」，「加強對話協商」，乃是當前解決兩岸政治問題的主要策略。另外，在安全全球化發展下，世界各國皆以強調傳統安全（軍事）以外的新安全觀，重視綜合安全與合作安全發展；目前中共對外主張「和諧世界」的外交／安全戰略，強化與週遭鄰國的和諧外交關係，對於兩岸關係亦主張雙方軍事接觸與交流，建立軍事安全互信機制，並正式提出協商結束敵對狀態，達成和平協議，建構兩岸關係和平發展框架；顯然兩岸關係在全球化快速發展影響下，已朝向「和解、合作、和平」的目標方向邁進。

　　去年（2008）乃是兩岸關係和平發展的重要關鍵時刻，國民黨政府自五月二十日上台後，積極努力推動兩岸關係正常化，恢復兩岸制度化協商，完成簽署四項協議；透過加強經貿合作，學術文化交流，擴大包機運作與推動觀光事項，建立兩岸關係朝向和平共榮的前景邁進。目前兩岸關係正處於「和平發展、合作雙贏」的歷史新機遇期，雙方政府皆強調「和平發展」的戰略思維，希望推動兩岸關係朝和平穩定的方向持續發展；然而兩岸互動之中仍充滿著內外各種荊棘與挑戰，雙方必須抱持審慎、務實、智慧與勇氣的原則精神，在兩岸和平大局的思考中相互忍讓，逐步拾階而上跨出和平之路。

本文首先從全球和平研究（global peace research）的觀點，論述當前國際關係理論中「和平觀念」與「和平進程」（peace process）的研究模式，希冀提供兩岸政府在和平互動過程中的政策參考。其次針對兩岸各自提出的和平戰略加以詮釋與分析，冀求從中深刻反省與檢討，俾能瞭解彼此的戰略設想與作為。最後本文提出兩岸和平進程中的戰略新思維，希望未來兩岸關係逐步正向和平發展，期能建立一種全球和平研究的新範式。

貳、全球和平研究的理論與模式

當前在國際關係研究領域中，透過國際關係三大理論研究範式，建立國際安全與和平秩序，主要有三種不同的內涵與操作方式，茲簡述如下：

（一）由現實主義／新現實主義觀點分析：

邏輯思維：強調經由權力的「限制」（Limitation）與權力平衡（Balance of power）的實踐，謀求國際安全與和平。

主要方式：（1）限武與裁軍；（2）同盟與集體安全；（3）核武嚇阻戰略；（4）防禦與報復戰略；（5）先制攻擊戰略。

目標：經由權力限制與權力嚇阻戰略方式，防範與減少衝突與戰爭，但是只能達成國際安全中的短暫和平。

（二）由理想主義／自由制度主義的觀點分析：

邏輯思維：強調透過「和解」（reconciliation）與合作（cooperation）的思維原則，謀求國際和平與建立和諧秩序。

主要方式：（1）外交手段；（2）談判與協商；（3）調停與斡旋；（4）司法裁判與仲裁（國際法）；（5）國際合作（制度建制）。

目標：經由外交和解與制度性合作方式，解決國際衝突與爭端，期能建立國際社會長期的和平。

（三）由建構主義觀點分析：

邏輯思維：強調透過長期培養與建構共同的價值、觀念與文化，經由「轉變」（transformation）與一致化的原則，謀求國際和平與秩序。

主要方式：（1）區域主義（區域整合）；（2）複合共同體（政治經濟安全共同體）；（3）全球公民社會（全球治理）；（4）世界政府（世界聯邦模式）。

目標：經由價值觀念的一致性（同質）轉變，各國自願結合成新的共同體，期能達成永久和平。

內容＼觀點	思維原則	目標
現實主義／新現實主義	權力限制與權力平衡	建立短暫和平
理想主義／自由制度主義	和解共生與相互合作	達成長期和平
建構主義	觀念轉變與一致性	冀求永久和平

資料來源：自製

圖 1-1

　　除了上述國際安全的三大研究途徑之外，二次世界大戰迄今，「和平研究」（peace research）或是「和平學」（irenology）的建立，[2]一直是國際關係學者關心的核心議題。和平研究的目的，是希望以科學的方法探求實現世界和平價值的方法與條件，目的在解決國際衝突與建立世界和平秩序。其重要理論與各種模式，試分述如下。

一、蓋爾通的和平理論與模式

　　挪威和平研究學者蓋爾通（Johan Galtung）於 1959 年成立「奧斯陸國際和平研究中心（PRIO）」，其對和平理論與建立和平模式之分析，具有重大貢獻。蓋爾通首先認為「和平」的定義是：第

---

[2] 比利時學者維勒（Werner）曾建議將和平研究這門科學定名為「和平學」（irenology）。「irene」乃是指希臘的和平女神。參閱：佐爾格比布（Charles Zorgbibe）著，陳益群譯，《和平》，（台北：遠流出版社，1994），頁 4。

5

一、和平是減少或消除各種類型的暴力。第二、和平是非暴力的、以及創造性的衝突轉移。因此，和平工作（peace work）是藉由和平方法減少暴力的工作；而和平研究是探討和平工作條件之研究。[3]

蓋爾通認為和平有三項不同研究取，其指出：[4]

(一) **經驗的和平研究**：主要建立在經驗主義上，有系統的比較理論與經驗現實資料，重建理論之研究（資料比理論顯著）。

(二) **批判的和平研究**：主要建立在批判主義上，有系統的比較經驗事實和價值，嘗試以文字或行動改變現實狀況（價值比資料重要）。

(三) **建構的和平研究**：基於建構主義觀點，有系統的比較理論與價值，嘗試改變理論與價值，並產生一種新的現實想像（價值比理論重要）。

蓋爾通進一步提出和平研究三角形（如下圖 1-2），針對前述研究內涵，強調現實資料與理論的建立，目的皆在建構一種規範性的和平價值，提供世界人類共同追求的目標。

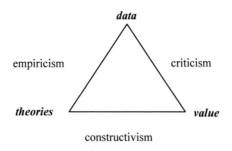

圖 1-2

---

[3]　John Galtung, *Peace by Peaceful Means: Peace and Conflict, Development and Civilization*（London: SAGE Publications, 1996），p.9.

[4]　Ibid., pp.9-16.

　　蓋爾通並以醫學觀點研究暴力與衝突，其提出診斷（diagnosis）── 預測（prognosis）── 治療（（therapy）三種研究取向。[5]「診斷」是指檢查暴力衝突的狀態（是否有病菌入侵）；「預測」是瞭解暴力的過程（病菌增加、不變或是減少）；「治療」則是消除病因，減少暴力衝突的過程，這是一種「消極和平」（negative peace）的治療，積極治療是生命增強的過程，亦即是自我治療能力的提昇，這是一種「積極和平」（positive peace）的實踐。進一步，蓋爾通提出衝突模式與衝突轉型之道，繪示如下：[6]

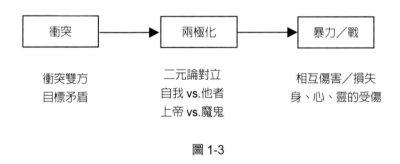

圖 1-3

1. 暴力的產生：惡劣的行為者＋惡劣的暴力文化＋惡劣的結構（極化對立）。

2. 暴力的終止：透過正義一方的介入干預，才能達到「衝突轉型」（transformation），進而改變暴力文化，消除暴力結構，達到「非極化」的目標，真正建立和平的穩定狀態。

---

[5] Ibid., pp.24-27.

[6] Johan Galtung, Carl G. Jacobsen（etal.）, *Searching for peace: The Road to Transcend*（London: Pluto press, 2002）, pp.3-8.

最後、蓋爾通提出三類和平實踐的內涵：[7]

1. 直接和平（direct peace）：

（1）強調互助與合作；（2）個人內在與外在的成長；（3）社會是非暴力的；（4）世界推行和平運動；（5）文化的解放；（6）歷史與未來是和平的。

2. 結構和平（structural peace）：

（1）強調非中心式的生態和平 ；（2）個人內在與外在的和平；（3）社會發展、均等與公平；（4）世界是和平區域、共同治理；（5）文化的共存；（6）永續和平。

3. 文化和平（cultural peace）：

（1）強調內在性宗教；（2）重視民主法治與人權；（3）語言與藝術是人文的、非專家的；（4）東方佛道式的科學、重視生命提升；（5）和諧的世界觀；（6）和平教育、和平研究與和平的新聞。

二、和平家族（peace family）的研究取向

1992 年 6 月聯合國秘書長蓋里（Boutros Boutros-Ghali）曾提出「和平議程」（Agenda for Peace）方案，勾勒出聯合國為追求世界和平，提出解決爭端的四種方式：[8]

---

[7] John Galtung, *Peace by Peaceful Means: Peace and Conflict, Development and Civilization*（London: SAGE Publications, 1996）, p.32-33.

[8] Boutros Boutros-Ghali, *An Agenda of Peace*（New York: United Nations, 1992）, paragraph 11.

(一) **預防性外交**（preventive diplomacy）：預先利用外交努力與斡旋，例如：說服、談判與調解等方式，避免衝突發生，期求促進和平。

(二) **營造和平**（peace-making）：包括用所有和平的方式，以化解衝突的國際行動。此一方式必須要有明確的政策目標，清楚的策略，以及達成目的的適當戰術。

(三) **維持和平**（peace-keeping）：利用軍事人員執行諸如：監督停火等非戰鬥性任務，但是必須衝突的各方同意，才能有效維護和平。

(四) **建構和平**（peace-Building）：乃是於衝突平息之後，處理最深層的衝突原因，例如：經濟不平等、社會不公義與政治壓迫等國際社會結構性問題。

蓋里的「和平家族」研究內容與國際衝突理論中的「衝突家族」（Conflict family）的研究內容與主張大致相符合。

(一) **衝突預防**（conflict prevention = preventive diplomacy）

亦即以預防外交方式，防止衝突發生，或衝突升高與衝突擴大的各種方法。

(二) **衝突管理**（conflict management = peace-keeping）

亦即維持和平的做法，其中包括四個階段：

1. 壓制：在外交壓力下，衝突雙方同意停火。

2. 信心建立：降低緊張，相互學習容忍與妥協。

3. 規則化：雙方願意接受共同之規則。

4. 制度化：將規則轉變成一種制度，雙方簽訂協議。

(三) **衝突安置**（conflict settlement = peace-enforcing）

以非軍事的方式進一步維持與執行和平工作：

1. 人權教育

2. 持續監管

3. 監督下的選舉

4. 協助司法改革

5. 訓練政府官員

6. 提供人道救助

7. 解決難民問題

(四) **衝突解決**（conflict resolution = conflict transformation）

亦即經由「衝突轉型」，消除衝突原因，利用各種方法，改變衝突對立（兩極化）的立場，化解彼此之間的敵對關係；進一步達到無暴力衝突發生，建構和平的秩序結構，真正致力於衝突的解決。此與和平家族中的 peace-making 與 peace-building 的內容相一致。

三、和平發展階段模式

從後冷戰時期迄今，一種新的衝突/和平階段研究模式開始盛行；主要出現在國內衝突層次，由於國內權力結構平衡狀態的消失，主權國家結構的大幅破壞，形成一種不對稱衝突（asymmetric conflicts）狀態。英國和平研究學者麥歐爾（Hugh Miall）等人將衝

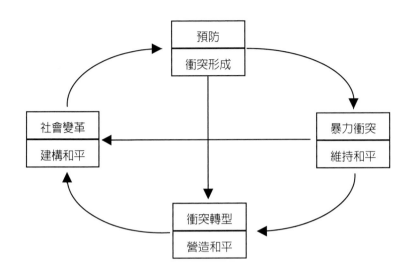

圖1-4　和平發展／衝突解決的階段模式

突變化過程與和平發展過程結合一起加以分析，提出和平發展的四個階段。[9]

(一) 第一階段 ── 衝突形成（預防）階段：

必須事先預防衝突發生，運用預防外交中的各種手段，致力於衝突的降低。

(二) 第二階段 ── 暴力衝突（維持和平）階段：

亦即運用維持和平的方法，從事人道干涉、衝突管理與安置等措施。

9　Hugh Miall（et al.）, *Contemporary Conflict Resolution*（Cambridge, UK: Polity Press, 2003）, pp.15-16.

(三) 第三階段 —— 衝突轉型（營造和平）階段：

此一階段的目標，主要是建設性的轉移衝突，營造一種和平發展狀態。針對衝突問題做到下面三項：[10]

1. 專注問題：思考是否威脅衝突團體的核心利益；
2. 改變衝突雙方的戰略思維；
3. 改變時機結構（opportunity structure）與互動方式。

營造和平強調透過所有必須之努力，衝突雙方創造一種永續的和平區域（peace zone），包括下列四項努力工作：[11]

1. 想像一種和平的未來；
2. 指引一種全面的需求評估；
3. 發展一種凝聚的和平計畫；
4. 設計一種有效的和解計畫。

(四) 第四階段 —— 社會變革（建構和平）階段：

此一階必須從根本上克服造成衝突的矛盾，重點是探討衝突的根本性原因，並改變社會原有的暴力性行為結構，或是既有的社會制度。

學者瑞齊勒（Luc Reychler）指出：建構和平（永續和平）必須真正達到「沒有實體暴力（physical violence）」的狀態；消除一切無法接受的政治、經濟與文化的歧視型式；並且達成高度的內部與外部環境獲得合法性與支持力量；並具備實踐自我

---

[10] Luc Reychler, "From conflict to sustainable peace-building: concepts and Analytical Tools," in Luc Reychler and Thania paffenholz(ed.), *Peace-Building: A Field Guide*（Boulder, CO: Lynne Rinner publishers, Inc., 2001）, P.12.

[11] Ibid.

永續和平的能力，提高建設性轉移衝突的傾向。另外，建構和平實踐的先決條件有以下四點：

1. 在不同層次中，必須有效的溝通、商議與談判；
2. 增強和平的結構：包括政治上的民主制度、恢復司法體系、自由市場體系，與建立教育、資訊、傳播體系等；
3. 建立一種整合的道德／政治氛圍；
4. 重視客體與主體的安全（雙方的安全）。[12]

四、和平進程（peace process）的分析框架

和平學研究者李德瑞奇（John P. Lederach）提出「衝突前進」（progression of conflict）的分析框架，強調從「不和平關係」朝向「和平發展」方向邁進，其間經過「潛在衝突」（latent conflict）→「公開衝突」（overt conflict），「相互談判」（negotiation）→「永續和平」（sustainable peace）的方向前進。[13]

茲繪圖並分析說明如下：

---

[12] Ibid.pp.12-15.
[13] John Paul Lederach, *Building Peace: Sustainable Reconciliation in Divided Societies*（Washington, D.C.: United States Institute of Peace, 1999）, pp. 63-65.

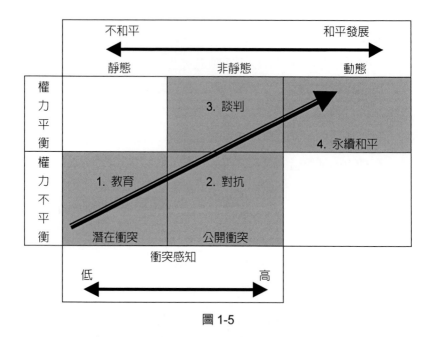

圖 1-5

　　首先，在「潛在衝突」的靜態發展階段中，乃是處於一種權力不平衡與不公平的狀態下，必須透過教育（education）消除無知，並認知到在雙方不對等關係中，如何從不公平經驗，恢復到平等的地位；這也是一種「良心化」（form of conscientization）的教育形式。[14]此一階段中，倡議者（advocator）的出現必須追求改變衝突發生的可能性，並在公正的立場上，致力於消除衝突、朝向和平的實踐。

　　其次在「公開衝突／對抗」的階段中，衝突雙方強調其關心的利益，並希望重新改變權力不平衡的關係；在此階段中，必須瞭解

---

[14] Adam Curle, *Making Peace*（London: Tavistock, 1971）.

衝突雙方的基本需求，正當化其主要關心內容；此時協調者的角色開始出現，聯繫雙方加強溝通，期能化解衝突與對抗。

在「談判」階段中，衝突雙方瞭解到相互對抗暴力化的結果，終究導致彼此傷害，因而願意在協調者調停下進行和解與談判，結束暴力衝突。不過在談判趨於「成熟時刻」（ripe moments），往往雙方會陷入「易受傷的僵局」（hurting stalemate）中，這時必須依靠雙方談判者的智慧，化解僵局才能突破困境。[15]

透過一連串相互的談判過程，重新建立和平狀態，朝向和平發展目標邁進。是以「永續和平」的階段，是一種增加公平正義的和平關係進程，其間經過前述各階段過程，建立和平工作的轉變，主要包括長期教育、倡議、衝突解決、和解、復原、重建與發展等方面的努力。

除了前述「和平進程分析框架」之外，學者麥歐爾（Hugh Miall）等人亦提出「和平過程」中的三項要點：一是轉捩點（turning points），二是堅持點（sticking points），三是破壞者（spoilers）。[16]

(一) **轉捩點**：在和平談判過程中，不僅在朝向成熟時，且處在各方批判時，必須建立持續的支持力量，朝向既定目標前進。在此轉變關鍵時刻，政治領袖的智慧與政治氣氛的釀造是非常重要的，其不僅開創一種新的政治空間，亦將展現一種新的協議基礎，提供談判雙方化解爭議。

---

[15] W. Zartman（ed.）, *Elusive Peace: Negotiating an End to Civil Wars*（Washington, D.C.: Brookings Institution, 1996）, p.334.

[16] Hugh Miall（etal.）, *op. cit.*, pp.164-167.

(二) **堅持點**：當談判過程雙方菁英不易形成共識時，缺乏對協議內容的妥協，政治空間日趨緊閉，談判已無法進展，正處於談判堅持的關鍵時刻。這時談判雙方應尋找共同障礙，尋求內部與外部支持力量，建立談判學習經驗與檢視談判程序步驟，共同致力於和平談判的達成，堅持提供和平化解僵局的機會。

(三) **破壞者**：在和平談判的過程中，亦即在衝突轉變成機會，權力重新分配與轉變時，這時會有「破壞者」出現，其目的在製造雙方的誤解與衝突，重新造成權力不平衡的結構，促使和平談判瓦解。[17]其實，談判者與破壞者在內部與外部爭議過程中，會形成一種「鳥巢式的賽局」（nested game），[18]這種搶佔巢穴的行為表現，造成和平談判過程的困難與不良結果，這是和平進程研究者必須深入瞭解與重視的關鍵因素。

參、兩岸和平戰略的內涵分析

自 1949 年兩岸隔海分治對立以來，迄今已滿一甲子；在這漫長的分治歲月中，兩岸關係歷經「武力對峙」、「和平共處」、「交

---

[17] Kelly M. Greenhill and Solomon Major, "The Perils of Profiling: Civil War Spoilers and the Collapse of Intrastate Peace Accords", *International Security,* Vol.31, No.3（Winter 2006/07），pp.7-40.

[18] Wendy Pearlman, "Spoiling Inside and Out: Internal Political Contestation and the Middle East Peace Process", *International Security*, Vol.33, No.3（Winter2008/09），pp.79-109.

流談判」、「政治對立」與「和平發展」等時期，雙方政策的演變與戰略思維均在不斷調整與應對中；自 1980 年代兩岸以「罷戰言和」、「和平共處」的戰略思維為主要基礎，形成兩岸互動的重要發展內涵。茲分述如下。

一、中共對台和平戰略思維的演變

自 1949 年中共建政至 1979 年宣布改革開放政策以來，中共前面三十年對台政策，主要以「武力解放」與「和平解放」作為吞併台灣的戰略思維。這種以「階級鬥爭為綱」的左傾路線指導下的對台戰略，強調以「鬥爭」為主的工具價值，[19]並無法真正達到吞併台灣的目的。1979 年元月，中共「人大常委會」發表「告台灣同胞書」，宣布放棄以往「解放台灣」口號，並宣告對金門島嶼停止炮擊；1980 年元月鄧小平正式提出「和平統一」策略，作為對台「和平統戰」基本政策，此一「罷戰言和」的戰略調整，改變了兩岸關係往後三十年的互動發展。

1981 年 9 月，中共人大委員長葉劍英發表「實現和平統一的方針」（俗稱葉九條），希望兩岸舉行對等談判（當時建議國共兩黨談判），並達成有關「三通」（通郵、通航、通商）、「四流」（學術、文化、體育、技術交流）等協議。1983 年 6 月鄧小平提出兩岸和平統一的設想（俗稱鄧六點），強調「一國兩制」，台灣

---

[19] 黃嘉樹，〈和平發展與大陸對台戰略的調整〉，《中國評論》月刊，第 132 期，2008 年 12 月。出自：http://www.chinareviewnews.com/。

作為特別行政區、保有與大陸不同的制度，採取司法獨立，擁有自己軍隊；爾後「一國兩制」的和平統戰策略，雖無法在台灣實行，但是卻形成往後香港與澳門統一的模式，當然在統一的條件上，「一國兩制」模式主要針對台灣的目標一直沒有改變。

1993 年 8 月底中共國務院發表「台灣問題與中國統一」白皮書，正式說明兩岸未來發展的基本方針乃是「和平統一、一國兩制」。其中強調「一個中國」原則，反對「兩個中國」、「一中一台」或「一國兩府」，更反對「台灣獨立」分裂中國主權與領土完整的企圖與行動；至此「一個中國」原則正式成為中共兩岸和平戰略的不變底線。另外，白皮書亦提出兩岸儘早和平談判，通過接觸談判，結束敵對狀態，實現和平統一。

1995 年元月 30 日，江澤民在北京發表「為促進祖國統一大業的完成而繼續奮鬥」講話，就兩岸關係發展提出八項主張（俗稱江八點），再度堅持一個中國原則，反對台灣獨立，建議兩岸和平統一談判，強調中國人不打中國人，並主張發展兩岸經濟交流，加速實現三通等主張。「江八點」與「葉九條」、「鄧六點」對台戰略思維一脈相承，內容並無新猷。

1995 年 6 月，由於李登輝總統訪美，推動台灣務實外交，中共認為推動「兩個中國」外交，造成兩岸關係日趨對立緊張；原來兩岸自 1992 年 10 月香港會談達成之「一中各表」共識，1993 年 4 月第一次辜汪會談簽署四項協議，爾後第二次辜汪會談安排亦因為此一事件被迫延期。1996 年 3 月中共在台灣海峽進行飛彈試射，意圖影響我方總統選舉，結果適得其反，造成台灣人民反感，進而導致兩岸關係日漸惡化。爾後李登輝採取戒急用忍政策，1999 年 7

月復又發表「兩國論」（特殊國與國的關係），兩岸關係嚴重倒退，兩會（海基會與海協會）協商大門正式終止。

2000 年主張台獨方向的民進黨陳水扁當選總統，中共採取「聽言觀行」的策略，兩岸關係仍處於冰凍之中。2002 年陳水扁提出「一邊一國」論述，2003 年 9 月又提出「2006 公投制新憲」，且不斷採取「去中國化」作為，因此導致中共開始採取「防獨、反獨」的防範作為，目的在威嚇阻止台灣走上法理台獨之途。2004 年 3 月陳水扁因為「兩顆子彈」連任總統成功，中共仍需面對民進黨政府的台獨策略做法。2004 年 5 月中共發表「517」聲明，強調兩岸可對話談判，協商正式結束敵對狀態，建立軍事互信機制，共同構造兩岸關係和平穩定發展框架，實現全面、直接、雙方三通，建立緊密的兩岸經濟合作安排等言論。2005 年 3 月 4 日，胡錦濤發表「四點意見」（胡四點），亦再次重申：「堅持一個中國原則決不動搖；爭取和平統一的努力絕不放棄；寄希望於台灣人民方針決不改變；反對台獨活動絕不妥協。」2005 年 3 月 14 日中共人大通過「反分裂國家法」，內容共計 10 條，明白指出台獨分裂的事實一旦發生，則中共將採取非和平方式（武力）解決之。不過「反分裂國家法」亦主張兩岸可進行協商談判，正式結束兩岸敵對關係，發展兩岸關係的和平規劃等項目。2005 年 4 月底連戰與胡錦濤舉行「國共會談」，雙方達成「兩岸和平發展願景」之共識。

2006 年 1 月陳水扁宣布採「積極管理、有效開放」政策，限縮台商對大陸的投資，2006 年 2 月 27 日，再次宣布國統會終止運作，〈國統綱領〉終止適用。2006 年 9 月又提出台灣領土面積只有 36000 平方公里，這些言論與舉止，復又導致中共一再重申打擊

台獨、加強反獨措施。顯然此一階段中共對台戰略採取「軟硬兼施」的和平戰略。亦即對連宋訪問大陸一方面作出善意的回應，例如：推動農產品銷往大陸，推動兩岸客貨包機通航，開放大陸人民赴台觀光，贈送四川大貓熊，取消福建沿海附近軍事演習等，目的在爭取台灣人民民心，但是另一方面對於台灣提昇國際地位，爭取出席國際會議則仍予以打擊與反制。

近年來由於中共國力迅速提升，其對內主張「和平崛起」轉為「和平發展」戰略，對外亦強調和諧世界與和諧地區的重要性。因此「和平發展」一方面成為中共現代化建設的準繩，另一方面亦成為兩岸關係發展的重要基石。2007 年 10 月 15 日胡錦濤在中共第十七屆全國代表大會中，重申在「一個中國」原則下，與台灣任何政黨交流對話、協商談判。在其和平戰略的文字敘述中，再次強調：協商正式結束兩岸敵對狀態，達成和平協定，構成兩岸關係「和平發展」框架，開創兩岸關係「和平發展」新局面。[20]並且多次強調兩岸和平發展的重要性。

2008 年元旦，胡錦濤的新年賀詞，亦表示牢牢把握兩岸關係「和平發展」主題，為台海地區謀和平。2008 年 3 月國民黨馬英九當選總統，兩岸關係發展日趨正常化，中斷十餘年的協商得以恢復，兩岸大三通正式啟動。2008 年 12 月 31 日胡錦濤在「告台灣同胞書」發表 30 週年紀念會上，提出六點看法：[21]

---

[20] 參考：胡錦濤，〈中共十七大政治報告〉，2007 年 10 月 15 日，http://www.chinareviewnews.com。

[21] http://xinhuanet.com/gate/big5/news. xinhuanet.com/2008-12/31.

1. 恪守一個中國，增進政治互信；2. 推進經濟合作，促進共同發展；3. 弘揚中華文化，加強精神紐帶；4. 加強人員往來，擴大各界交流；5. 維護國家主權，協商涉外事務；6. 結束敵對狀態，達成和平協議。

胡六點內容一方面延續中共過去對台一貫政策，但也具有部分新意，例如：兩岸可以簽訂綜合性經濟合作協議，建立兩岸經濟合作機制，兩岸建立軍事安全互信機制，以及台灣參與國際空間的可能性等。顯然目前中共對台和平戰略發展方向，已從過去的和戰兩手策略，逐步調整往兩岸和平發展方向邁進。

茲就三十年來中共對台提出的和平戰略設想、主要內容與戰略目標，重點列表說明如下：

表 1-1

和平戰略 ＼ 時期	鄧小平時期	江澤民時期	胡錦濤時期
戰略原則	和平統一 一國兩制	一個中國 和平統一	一個中國 和平發展
戰略設想	1. 視台灣為地方政府，允許台灣高度自治 2. 主張和平談判，統一沒有時間表	1. 反對兩岸分裂分治 2. 兩岸和平統一談判 3. 必要時採武力威脅	1. 和戰兩手策略併用 2. 制定反分裂國家法 3. 爭取台灣民意民心 4. 兩岸和解、合作雙贏
戰略內容	1. 國共兩黨平等會談 2. 積極推動兩岸經濟合作 3. 鼓勵進行三通與交流	1. 結束兩岸敵對狀態 2. 強調中國人不打中國人 3. 發展兩岸經濟交流，加速實現三通 4. 歡迎兩岸領導人相互訪問	1. 強調「四個決不」 2. 提出「六點意見」 3. 協商結束兩岸敵對狀態，達成和平協議 4. 建構兩岸關係和平發展框架

戰略目標 ／敵對者	促統優先 國民黨政府	反獨促統 民進黨政府／台獨人士	防獨優先／和平發展 台獨人士

資料來源：自製

二、台灣對大陸和平戰略思維之探討

在兩岸政府長期隔海對峙之中，我方（中華民國）政府過去以「反攻大陸、光復國土」為國家發展目標，然而自 1960 年代以來，我方與美國達成軍事協議，兩岸放棄彼此武力進攻，形成和平共處之勢。1979 年中共發表「告台灣同胞書」，正式罷戰求和，我方亦於 1981 年國民黨十二全大會通過「貫徹以三民主義統一中國案」，明確主張以和平方式達成「三民主義統一中國」，放棄武力反攻大陸。1987 年 7 月政府宣告解除戒嚴，11 月 2 日開放台灣人民赴大陸探親，促使兩岸人民開始往來交流，逐漸走上「化敵為友」的和平之途。

1990 年 10 月國民黨政府成立「國家統一委員會」，11 月成立「海峽交流基金會」，1991 年 1 月政府又正式成立大陸委員會，使得兩岸交流與對大陸政策有了統一負責主導與執行任務的不同機關。1991 年 2 月國統會通過「國家統一綱領」成為政府的重要大陸政策。其主要內容：在一個中國的原則下以和平方式解決爭端；國家統一進程分近程、中程、遠程三個階段：近程—交流互惠階段，中程—互信合作階段，遠程—協商統一階段。由於中共對台政策仍採取「一國兩制」的僵化思維中，不承認兩岸分治的政治現實，以致錯失兩岸改善關係的良機。

　　1993 年 4 月兩岸兩會在新加坡舉行第一次辜汪會談，基於平等互惠原則，雙方簽署四項協議，並默認「一中之下兩個政治實體」的政治現實。1995 年 4 月 8 日李登輝因應「江八點」的聲明，提出「現階段兩岸關係六點主張」（李六條），主要內容強調在兩岸分治的現實上追求中國統一；以中華文化為基礎，加強兩岸交流；增進兩岸經貿往來，發展互利互補關係；兩岸平等參與國際組織；兩岸均應堅持以和平方式解決爭端；兩岸共同維護港澳繁榮，促進港澳民主。由於「江八點」與「李六條」各說各話並無交集，兩岸關係仍處於互信不足的僵局之中。從 1995 年 6 月李登輝赴美訪問展開務實外交以來，兩岸關係迅速惡化，中共對台開始從事文攻武嚇，李登輝亦宣告台灣「戒急用忍」政策，雙方關係處於冰凍時期。1999 年 7 月李登輝提出「兩國論」，造成台海局勢緊張，中共當局反應激烈，猛烈發動批判與反台獨鬥爭，幸而台灣因為經歷「921 大地震」，人民傷亡慘重，才促使兩岸緊張關係逐漸和緩。

　　2000 年 3 月總統大選，台灣第一次政黨輪替，陳水扁政府上台，由於民進黨的「台獨黨綱」與「台獨路線」走向，促使中共採取「聽言觀行」的冷靜應對策略，觀察民進黨政府的大陸政策。陳水扁上台初期發表「四不一沒有」的兩岸政策，進而提出「統合論」主張，目的仍以化解中共疑慮為出發點。2002 年 8 月，陳水扁提出「一邊一國」之主張，2003 年 9 月復提出「2006 年正名制憲」的臺獨時間表，造成中共強烈反應，認為台灣政府正走上「法理台獨」之途。2004 年 3 月陳水扁連任當選總統，重申「2008 年台灣實施新憲」，2005 年 3 月中共通過「反分裂國家法」予以反制台

獨言行，2006 年 2 月陳水扁提出「終統論」，採用「終止」文字，實際就是廢除「國統綱領」。2007 年 3 月 4 日陳水扁在出席臺灣公共事務研究會 25 週年慶祝會中公開提出「四要一沒有」：「台灣要獨立、要正名、要制憲、要發展，台灣沒有左右路線，只有統獨問題」，同時大力主張以台灣名義加入聯合國。

由於陳水扁任內一再強調台獨路線，不惜發動「公投入聯」、「正名制憲」等策略，因此其於 2003 年元旦曾經提出兩岸建立「和平穩定架構協議」的必要性，卻一直遭到中共當局的拒絕；顯然中共認為民進黨政府的台獨路線，無法帶來兩岸真正和平，因而不願符合其說。2008 年國民黨先後在立委選戰與總統選舉中獲勝，這意味著台灣人民用選票否定民進黨八年執政的結果。從 2008 年 5 月 20 日馬英九上台以來，兩岸關係和平穩定的發展，海基、海協兩會領導人舉行二次江陳會，並達成四項協議，兩岸已逐漸建立一定程度的互信基礎。

馬英九政府對兩岸互動的基本立場有四點[22]：

第一、「以台灣為主，對人民有利」的原則，開展兩岸關係：亦即主張在「不統、不獨、不武」維持現狀的前提下，把握現有歷史機遇，積極開展兩岸關係。

第二、以「擱置爭議，追求雙贏」，推動兩岸務實對等的協商與交流。

第三、以「威脅最小化，機會最大化」看待兩岸間互動。

第四、以「活路外交」思維，推動兩岸在國際領域和解與休兵。

---

22 行政院陸委會，〈現階段大陸政策與兩岸關係〉，2008 年 10 月。http://www.mac.gov.tw/big5/mlpolicy/971015.htm。

　　馬英九在總統大選時亦曾提出「簽署兩岸和平協議，正式結束兩岸敵對狀態」作為競選承諾，但是先決條件則是「北京必須先撤除瞄準台灣的飛彈」，兩岸才能簽署和平協議。顯然兩岸未來走向和平發展的道路，必須「循序漸進」、「先易後難」分階段的次第展開。

　　總之，目前兩岸關係循著形塑的和平氛圍，雙方致力推動和平互動，釋出政策善意與誠意，朝向兩岸和平發展的穩定道路邁進。茲就三十年來我方對大陸提出的和平戰略，列表說明如下：

表 1-2

和平戰略＼時期	蔣經國／李登輝（1979-1996）	李登輝／陳水扁（1996-2008）	馬英九（2008-迄今）
戰略原則	1. 三民主義統一中國 2. 一個中國，兩個政治實體	1. 特殊國與國關係 2. 一邊一國	九二共識 一中各表
戰略設想	1. 承認兩岸分裂現實 2. 和平解決一切爭端 3. 終止動員戡亂時期	1. 採分裂國家模式 2. 四不一沒有主張 3. 正名制憲時間表 4. 四要一沒有路線	1. 擱置主權爭議 2. 追求兩岸雙贏 3. 維持台海現狀 4. 加強交流、和平共榮
戰略內容	1. 擴大兩岸民間交流 2. 推動務實外交，爭取國際空間 3. 推動開放三通 4. 分三階段推動國家統一	1. 實施戒急用忍政策 2. 實施積極開放、有效管理措施 3. 逐步實施「去中國化」 4. 以台灣名義加入聯合國	1. 加強兩岸經貿合作制度化協商 2. 建立兩岸軍事安全互信機制 3. 結束兩岸敵對狀、簽署和平協議 4. 規劃兩岸和平發展架構
戰略目標	國家統一／反對台獨	一中一台／法理台獨	兩岸雙贏／和平共榮

資料來源：自製

肆、兩岸和平戰略的省思與新思維

透過前節兩岸三十年來各自所提出的和平戰略意涵觀察，吾人藉由前述和平發展理論與模式分析，可以深入省思提出下列三項思考方向，茲分述如後。

一、兩岸必須放棄暴力衝突，建立「積極和平」方向

首先兩岸從武力衝突走向和平道路，目前雙方互信基礎仍然非常薄弱。兩岸隔海分治迄今六十年，前三十年雙方以「敵對關係」看待彼此，進一步甚至「妖魔化」對方；兩岸政府皆以正統自居，皆認為對方為「匪類」、「匪黨」，必須徹底打擊消滅，才能獲得真正的勝利。這種彼此傷害的後果，經過雙方多年來政治社會化（政治教育）的影響，導致彼此之間「兩極化」敵意甚深。後三十年雖然「罷戰言和」，然而雙方生活與制度差異甚大、歧見甚深，一時雙方仍無法完全信賴與瞭解。

吾人觀察兩岸民心走向發現：台灣人民仍有一些基層民眾無法瞭解兩岸和平發展的大趨勢，亦無法獲得和平紅利的資訊，仍然活在過去敵對兩極化的對立認知中；加以台灣政治人物為了選舉，操縱兩岸與族群議題，藉以凝聚選票，結果導致台灣內部「藍綠／統獨」的尖銳對立。這種惡劣暴力文化與內部對立結構的發展，不利

於兩岸的和平交流與互動。另外，中國大陸內部亦有少數人士錯誤
認知：「台灣意識就是台獨意識，台灣人民皆是台獨份子，本土意
識就是分裂意識」，甚致強烈主張「消滅打擊」台獨份子與活動，
必須採取嚴厲武力手段對付之。這種「訴諸暴力」的反制台獨言論，
不但未能達到威嚇目的，反而導致台灣人民的反感；胡錦濤、溫家
寶近年來採取的溫和感性論述，爭取台灣民心好感，得到許多加分
效果。

　　顯然、兩岸關係的和平發展，有賴雙方從內部「消極和平」予
以治療，雙方減少語言暴力，制止武力暴力的使用，拋棄偏激的意
識形態，降低衝突磨擦的機會；進而兩岸做到「積極和平」的治療
階段，不斷地加強蓋爾通（Johan Galtung）所提「直接和平」、「結
構和平」、「文化和平」觀念的教化與和平思想的啟迪；真正視對
方為推動兩岸和平的實踐者，而不是「口是心非」的統戰者，如此
才能加強互信友好，雙方才能攜手合作，共創和平榮景。

二、兩岸推動和平發展戰略，必須為「永續和平」而努力

　　兩岸推動和平發展，首先必須以兩岸人民的長期利益為著眼
點，從建構永續和平的方向思考，才能真正建立和平穩定的兩岸
環境。大陸學者黃嘉樹指出中共對台和平戰略，具有三種新價
值：[23]

---

[23] 同註 19，黃嘉樹，前揭文。

第一、和平與中華復興掛鉤：首先將解決台灣問題與實現中華復興大業聯繫起來考慮，強調在實現中華復興的過程中，奠定兩岸統一的基礎，使兩岸統一成為中華民族進一步騰飛的加力站，而非讓台灣問題干涉中華復興的大業。

第二、和平與發展掛鉤：中國大陸自改革開放以來，以「經濟建設為中心」的基本路線和「建設小康社會」、「建設和諧社會」等政治目標，要求和平環境的配合；「發展才是硬道理」的論述指明中國政策選擇的價值排序，因此和平發展成為中華復興的必由之路，兩岸關係發展亦在這條道路中，是以和平發展成為兩岸關係發展的主題。

第三、和平與中國的國際戰略掛鉤：中共除了強調和平發展的主題外，在國際上建構「和諧世界」，在國內建設「和諧社會」，在兩岸上亦推動「和平發展」。因此和平發展不僅是處理內政問題，還包括如何處理大國關係；中共在日趨強大的進程中，向世界與周遭鄰國展現中國的和平形象。

上述黃嘉樹的觀點，正說明近年來中共推動兩岸和平發展戰略的主要價值與意涵。事實上，兩岸和平發展有助於兩岸炎黃子孫與中華民族的復興，此第一項價值應是給予肯定的；但是中華民族復興的前提必須是兩岸人民生活的真正幸福安康，兩岸人民生活在一套合理的政治制度架構中，這才符合兩岸追求永續和平的真諦。其次，兩岸和平與發展的結合，不僅是中國大陸人民追求經濟發展與社會和諧，更是台灣人民追求和平生活與發展繁榮的蘄嚮，是以、建構兩岸人民永續和平發展的目標，必須真正落實自由、民主與均富的生活方式。兩岸和平發展戰略與中共國際

戰略結合，正說明中共在全球化下的崛起發展，必須兼顧世界大國與周遭鄰國的眼光。重視和平形象或是減少大國的競爭與威脅，目前仍是中國和諧世界外交戰略的首要作為；是以兩岸和平發展的成敗對於中共的大國和平形象具有指標作用。我們希望中共秉持中華文化老祖宗傳下來的智慧──仁義道德精神，真誠和平的善待國際與世界，更能真誠無私的對待台灣人民，如此才能建構兩岸真正和平之境。

三、兩岸和平發展進程中的新思維

　　兩岸推動和平發展，必須循序漸進，依據和平進程模式逐步達到永續和平之局。大陸學者黃嘉樹曾經提出兩岸和平路徑，包含三種境界類型：一是低度和平 ── 由力量保障的和平，亦即指兩岸沒有戰爭，雙方不能用武；二是中度和平 ── 由協議保障的和平，亦即指兩岸較為穩定和平，雙方不願用武；三是高度和平 ── 由共同利益紐帶所保障的和平，亦即指兩岸發展為永久和平，雙方不需要用武。[24]黃文所強調的和平觀點仍屬於國際關係三大理論的思維脈絡，且其認為兩岸和平升級目前很困難，吾人應當需要正面思維與努力追求營造和平與建構和平之實踐。當前兩岸和平發展進程，主要朝向「階梯狀和平」道路邁進，茲繪圖如下：

---

[24] 黃嘉樹，〈兩岸和平問題研究〉，《2007 兩岸和平研究學術研討會論文集》，政治大學東亞研究所主辦，2007 年 6 月。

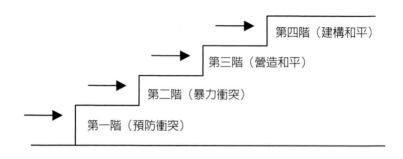

圖 1-6

　　兩岸目前已脫離「暴力衝突」相互敵視的第二階段，誠如前述和平研究階段模式分析，兩岸正處於第三階「營造和平」的發展階段。換言之，也就是將過去衝突對立的兩岸互不信賴狀態，轉移至兩岸和平發展的進階道路。在此階段中，兩岸主政者必須思考兩岸和平／衝突問題的核心議題：

第一、專注和平／衝突問題的本質：雙方必須思考兩岸人民的核心
　　　利益為何。

　1. 短期利益 ── 加強經貿合作交流，創造兩岸獲利雙贏。

　2. 中期利益 ── 建立軍事安全互信機制，兩岸人民減少軍事威
　　　脅與不安全感。

　3. 長期利益 ── 建構兩岸和平共同體框架，為兩岸人民建立一
　　　套合理的、正義的生活制度與政治框架。

第二、改變雙方的衝突戰略思維

　　　目前兩岸政府皆必須以和平發展思維相互對待，雙方須堅持
　　　和平方式，建立互信、擱置爭議、求同存異、尋求共識，不

能再以暴力／衝突思維方式威脅對方，破壞和平發展之成果，否則又將陷入彼此互不信任的僵局中。

第三、改變時機結構與互動方式

2009 年乃是兩岸關係改善與大突破的關鍵年；雙方政府應把握此一歷史機遇，正視兩岸政治現實，採取相互肯定、互不否認的互動方式，建立制度性協商與談判的機制，為兩岸和平發展進程而努力。

最後、在兩岸推動和平進程中，透過談判協商，解決兩岸各項問題與爭議，期間必然會遭遇和平談判破壞者（spoilers）的出現，不論是台灣內部台獨異議人士或是不同意見的反對人士，大陸內部的主戰人士或是極端份子，甚至於國際社會中的和平破壞者等，皆會製造各種衝突與相反意見，藉此造成兩岸的緊張與誤會，導致和平談判瓦解。因此，未來兩岸主政者必須抱持寬廣的胸襟、開放的態度、深邃的智慧，務實的原則，雙方步步為營，共體使命時艱，在「和解、合作、和平」的互動新思維中，建構兩岸和平發展的願景與方向。

伍、結論

當前兩岸關係在全球化發展與和平思維中，已由建設性的「和解、合作、和平」關係，取代以往的「衝突、威脅、對立」的不正常關係。如今兩岸政府皆願意在新的兩岸和平進程中，化解僵局、突破困境，在「和平發展、合作雙贏」有利兩岸人民利益的方向中，尋求「營造和平」與「永續和平」的新思維與新目標。

　　面對兩岸新環境與新時代的到來，吾人必須堅持和平的道路，絕不能再以「武力、暴力」相互威脅，更不能訴諸戰爭手段，破壞兩岸人民既有的福祉與安全。吾人堅信「兩岸和平」乃是當前兩岸人民一種「良心化」的教育與使命，大家必須堅定和平信念，破除荊棘與橫逆，共同攜手打造兩岸和平與未來前景。

建構兩岸集體身份下台灣的安全戰略

翁明賢

（淡江大學國際事務與戰略研究所副教授）

壹、前言

2008 年 5 月 20 日，台灣發生第二次政黨輪替，國民黨失去政權八年後，又再度執政。在兩岸關係、經濟發展與國際空間方面，民眾對新政府有很多的期待，希望有別於以往民進黨執政八年的兩岸困境。不過，一連串的國安施政，在馬英九總統的「不統、不獨、不武」的現狀維持戰略下，推動的「活路外交」、「兩岸優先」與「守勢國防」卻讓在野黨批判為「外交死路」、「親中政策」與「弱化國防」的批判。

主要是因為新政府上台以來，相關兩岸關係進展快速，鬆綁兩岸政策的具體作為，例如：兩會恢復協商，在台北舉行第二次會談，完成六項攸關兩岸經濟交流與合作的協定。[1]加上後續中國大陸觀

---

[1] 第二次兩岸兩會海基會與海協會於 2008 年在台北舉辦，達到六項協議，包括：海運、空運、郵政、食品衛生等。

光客來台、開放大三通，直接海、空雙向往來，讓八年來兩岸關係由「停滯」走向加速「交流」。但是，先前海協會副會長張銘清訪問台南孔廟引發的衝突擠壓事件、海協會會長陳雲林來台引發的飯店群眾抗議事件，與馬英九總統在台北賓館接見陳雲林時，雙方的稱謂問題，由於朝野互信不足，民進黨揚言走向街頭，使得兩岸關係成為影響國內政局的主要變項。

其後，執政黨積極動兩岸制度性的協商，先提出「綜合性經濟合作協議」（CECA）後轉變成「經濟合作架構協議」（ECFA），總統府與陸委會的觀點在於，因應 2010 年東協十加一，避免台灣經濟被邊緣化，透過與中國簽訂 ECFA，不僅可以開拓中國市場，並且可以走向東協與全球。2009 年 4 月 26 日，兩岸兩會第三次會談在南京舉行，簽署三項協議與一項共識，並決定下半年在台北召開第四次江陳會。[2]

在國防政策方面，美國海軍學院莫瑞（William S. Murray）教授的一篇報告，[3]激起台灣國防戰略的討論，是否走向所謂「刺蝟戰略」的方向，後來國防部正式提出「四年期國防總檢討」（QDR），確定「守勢防衛」的國防戰略。但是，全募兵制的推

---

[2]　在南京會談上，兩會簽訂：常態性包機轉為空中定期航班、建立兩岸金融監管合作機制、逐步建立兩岸貨幣清算機制、重點打擊涉及綁架、槍械等重大犯罪，一個共識為：對陸資來台投資事宜達成共識。第四次江陳會預定討論：兩岸漁業勞務合作、農產品檢驗協議、兩岸標準檢測認證、避免雙重課稅；至於兩岸的經濟合作架構協議（ECFA）沒有時間表，隨時可以啟動協商。http://tw.news.yahoo.com/article/url/d/a/090426/1/1igng.html.（檢索日期：2009/4/26）。

[3]　「新聞辭典 ── 莫瑞報告」，http://www.libertytimes.com.tw/2008/new/dec/25/today-fo3-2.htm.（檢索日期：2009/4/26）。

動，尚未形成普遍共識，連監察院都提出相關報告。另外，推動
兩岸軍事互信機制的矛盾，國防部長提出三個前提要件，[4]也引起
北京方面的論辯。

　　在外交方面，新政府採取「活路外交」，提倡「外交休兵」之
議，在無北京具體回應下，被批評為自我主權窄化，例如：2008
年 9 月，執政黨改變以往申請參與聯合國行動，而是以中華民國名
義申請聯合國周邊組織活動，也被在野黨批判是一種自我矮化國格
的作為。

　　由於新政府的兩岸戰略思維及其推動的速度，加上在國會無法
有效監督的焦慮下，[5]在野黨認為台灣漸漸失去主權，批判執政黨
的過度「傾中」與「親中」政策，基本上在建構「一中市場」，未
來無法有效因應中國對台的大戰略。民進黨主席蔡英文接受日本產
經新聞訪問時，產經新聞提出：北京擴大與香港的經濟、文化交流，
型塑親中勢力，建構收復主權的軌道，中國開始對台灣重施故技，
表明憂心台灣「香港化」，她認為目前國民黨的執政菁英的心態，
如同 1997 回歸前的香港菁英的思維一樣。

　　另外，在野黨反對兩岸簽署「兩岸經濟合作架構協議」
（ECFA），批判馬總統擴大對中國的經濟交流，僅重視利益追求，

4　國防部長陳肇敏提出：放棄一中原則、放棄武力犯台、撤除對台部署之飛
　　彈等三項，為兩岸建立軍事互信機制的前題。

5　立法院長王金平倡議成立兩岸小組，但是馬英九總統 4 月 21 日接受中國時
　　報訪問即表示：認為沒有必要成立小組，因為立法院已有現成機制，召開
　　聯席會議即可，不需要疊床架屋設立新機構。參見：「馬回應溫家寶：兩岸
　　往前看　　未來四年拼經濟」，http://www.cdnews.com.tw/cdnews-site/
　　docDetail.jsp?coluid=141&docid=10740602.（檢索日期：2009/4/26）。

忽視台灣的主權立場。[6]蔡英文強調，馬總統默認北京政府要求台灣接受「一中原則」，企圖將兩岸關係矮化成「中國的地區與地區的關係」，忽略台灣的主權，所以，簽署 ECFA 就是變成香港的第一步。[7]換言之，民進黨批判執政黨強調國家安全戰略為「不統、不獨、不武」下的維持現狀，但是，透過兩岸 ECFA 的簽訂，有可能讓台灣走向「一中市場」的窠臼，未來只有走向與中國統一的途徑。[8]

其實，馬英九總統闡述與中國簽訂 ECFA 的構想在於，以往台灣與其他國家簽訂「自由貿易協定」（FTA），北京持續反對，所以與中國的經濟協議，不只是為中國，也是全球佈局的一部份。因為中國、日本與韓國一旦與東協時國享有排他性優惠關稅，台灣的石化、電子零件、紡織、工具機械，出口至中國面對 6.5% 的關稅，會失去相對東協國家的競爭力。[9]2009 年 3 月 20 日，馬總統表示，兩岸簽署 ECFA 有其急迫性，先進行有共識部分，石化、機械、紡織業為台灣優先項目，在第三次江陳會交換意見，下半年會有具體結果。

6　「蔡英文：憂台『香港化』籲日加強台美日關係」，中央通訊社，http://tw.news. yahoo.com/article/url/d/a/090410/1htm0m.html.（檢索日期：2009/4/10）

7　「蔡英文：憂台『香港化』籲日加強台美日關係」，中央通訊社，http://tw.news. yahoo.com/article/url/d/a/090410/1htm0m.html.（檢索日期：2009/4/10）

8　例如，林濁水，「跟著北京走的附庸心態」，http://libertytimes.com.tw/2009/ new/apr/10/today-04.htm.（檢索日期：2009/4/10）

9　「馬定調：經合架構協議　有共識先簽」，聯合報，http://uda.com/2009/ 2/28/NEWS/NATIONAL/NATS2/4761655.shtml.（檢索日期：2009/4/11）

行政院長劉兆玄提出關於 ECFA 議題的「三不三要」：「不矮化主權、不開放大陸農產品、不開放大陸勞工；要透過協商解決關稅問題、要與東協談 FEA，及要在 WTO 架構下運作」；經濟部長尹啟銘在一場座談會指出，若不與中國簽署 ECFA，東協十加一、加三之後，會發生產業外移，喪失上萬工作機會，反之，增加 1.37%的 GDP，不過，民進黨認為兩岸簽署造成台灣的主權被矮化，反對簽署。[10]陸委會主委賴幸媛強調與中國洽簽 ECFA 是一種制度化協商管道的建立，透過此一管道才能解決兩岸經貿問題，她強調：「政府若與大陸洽簽 ECFA，是要去談公平貿易，要談非關稅障礙、反對關稅差別待遇，台灣是要跟大陸平起平坐。」[11]

基本上，在野黨認為執政黨推動兩岸經貿關係，尤其是急於簽訂 ECFA 是走向被中國統一的道路。群策會認為：「簽署 ECFA就是企圖將台灣從全球經濟主流邊緣化，將台灣脫離先進國家經濟圈，而納入中國經濟圈中，充當『中國經濟主流』的啦啦隊。」[12]因為台灣經濟是否有被邊緣化產生不同的解讀，例如洪財隆指出東協十加一對台灣的影響並不如官方所言嚴重，主要在於：第一、台

---

[10] 「2009 年 3 月份兩岸相關新聞趨勢分析」http://www.peaceforum.org.tw/onweb jsp?webno=33333350。（檢索日期：2009/4/10）

[11] 「賴幸媛:ECFA 談公平貿易 非向中方求恩惠」，中央通訊社，http://www.cna.com.tw/ShowNews/Detail.aspx?pSearchDate=&pNewsID=2009041001148&pType0=CN&Type1=PD&TypeSel=0=.（檢索日期：2009/4/10）。

[12] 群策會，《一個把中國帶向中國支配的「終極統一架構協議」：ECFA 答客問》（台北縣淡水鎮：群策會，2009.4），頁 4。另外，群策會解讀 ECFA（Economic Cooperation Framework Agreement）為將台灣推向「終極統一」的架構協議（Eventual Colonization Framework Arrangement, ECFA），參見群策會，前揭書，頁 6。

灣出口到中國「HS 六位碼」前一百大產品，與韓國比較重複達 61 項，與日本重複達 46 項，東協六國則為 11-32 項，扣除被中國列為敏感性，不會降至零關稅者，加上免關稅的電子資訊產品，與東協國家重複的產品只有 7-21 項之間；第二、與東協重複的產品主要為石化與塑膠業，台灣競爭力高於東協國家；第三、多數中間產品或是零組件，都有退稅制度，可以降低減少關稅差別幅度；第四、台商對外投資第一、二順位為中國與東協國家，採取兼顧市場與風險的投資策略，降低中國與東協形成 FTA 對台灣產品的不利影響。[13]

　　事實上，從上述朝野兩黨對兩岸關係發展不同角度，除了國家定位南轅北轍、對中國關係發展立場不同，如何定義與分辨國家利益的優先順序，並無一套可資操作的標準程序。2009 年 4 月，民進黨召開民間國是會議，蔡英文提出人民的「三個不安」，包括：主權流失的不安、經濟情勢的不安、民主倒退的不安等，因而決定 2009 年 5 月 17 日上街頭。[14]

　　亦即面對急遽變化兩岸關係，台灣的安全戰略為何？是否有一完整明確的制定過程？加上兩岸執政當局跳脫以往敵對的霍布斯文化，加速的交流溫度是否會帶來過渡的樂觀？以致影響國家整體的安全態勢？形成溫水煮青蛙效應而不知！

---

[13] 「ECFA 有急迫性？學者提數據駁斥」，自由時報，http://www.libertytimes. com.tw/2009/new/apr/11/today-fo5.htm.（檢索日期：2009/4/11）

[14] 「民進黨對 ECFA 的憂應」，自立晚報，http://www.idn.com.tw/news/news-content.php?catid=1&catsid=2&catdid=0&artid=20090412Andy001.（檢索日期：2009/4/26）

是以，本文研究目的在於從另類角度觀察馬英九政府執政之後，台灣的國家安全戰略產出過程，採用建構主義途徑，分析兩岸互動所形成的無政府文化，如何從霍布斯敵對文化走向洛克競爭者文化，因而促成兩岸集體身份的建立，從而指導台灣的客觀國家利益，進而導引台灣應有的國家安全戰略與政策。

在研究步驟上，首先，從現階段國家安全與兩岸情勢著手，提出國家安全戰略的建構主義途徑與集體身份的分析架構；其次，分析制約台灣安全戰略的國際與兩岸無政府文化因素；再者，從必要條件：「自我約束」與「充分條件」：「同質性」、「共同命運」與「相互依存」，分析兩岸集體身份的形成，導引出台灣的客觀國家利益，以及分析馬英九總統上任以來的國家安全戰略思維，俾以整理馬總統的安全邏輯思維，以建構其主觀的國家安全利益。接著，本文提出建構主義思維下台灣的國家安全戰略的實然面與應然面。在結語部分提出總結與檢討，未來台灣的多邊安全戰略與政策的建議。

貳、安全戰略的建構主義研究途徑

一、建構主義的理論意涵

傳統研究國家安全的理論與途徑，包括：現實主義與新現實主義、自由主義與新自由主義的理論與途徑。現實主義學派強調權

力，透過國家權力的建構，在一個無政府狀態下的國際社會，國家透過自助方式，自行建軍備戰，求取國家安全，或是透過集體安全、權力平衡、聯盟等途徑；自由主義則強調利益為主要分析概念，強調在無政府狀態下，透過國際法、國際組織、國際建制的運作，達到經濟利益相互依存的效應。

　　事實上，國際關係與戰略安全學界對於國家安全的研究，總是無法克服「安全困境」的糾結，九十年代建構主義國際關係理論的出現，引導研究者從非物質層面─從不同「無政府文化」下以及「觀念」來理解國家之間的利益紛爭，認為觀念影響身份的建立，進而確定利益與政策的施行，提供研究多邊安全制度的新途徑。是以，本文假設傳統國際關係理論對於安全制度研究都有其不足之處，建構主義強調國際社會存在多元無政府文化，國家間經由互動過程產生不同的無政府文化，透過文化類型確定國家的「身份」與「利益」，並進而產生有利於形成安全共同體的環境。[15]（請參考下圖 2-1：國際行為體互動架構圖）

---

[15] 關於建構主義理論探討本文參考：Alexander Wendt. *Social Theory of International Politics* Cambridge, UK: Cambridge University Press, 1999;至於實際運用於國際、美中關係問題，請參考：翁明賢，「美中互動下的中國國家身份、利益與安全戰略」，翁明賢等主編，《全球戰略形勢下的兩岸關係》（台北：華立圖書，2008），頁 307-330；翁明賢、吳建德，「全球化下非傳統安全威脅、集體身份與國家利益的互動關係」，翁明賢等總主編，《國際關係》（台北市：五南，2006），頁 183-226；翁明賢、李黎明，「全球化時代的國家威脅與戰略因應」，翁明賢等主編，*新戰略論*（台北市：五南，2007），頁 357-372。翁明賢、周湘華，「建構國家利益的評量指數─兼論台灣軍事戰略的思維」，王高成主編，《台灣的戰略未來──建構二十一世紀台灣的戰略定位與策略》（台北：華揚文教，2006.5），頁 223-273。

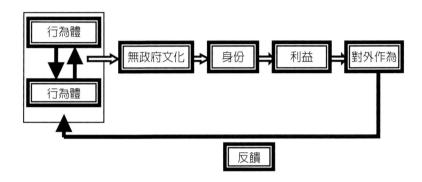

圖 2-1　國際行為體互動架構圖

資料來源：筆者自製

說明：

1. 根據溫特建構主義理念，兩行為體互動過程，形成不同程度的無政府文化，包括：霍布斯文化、洛克文化與康德文化，代表三種主體位置：敵人、競爭者與朋友的態勢；

2. 基於不同的無政府文化，界定兩行為體的四種不同的身份關係，包括：個體與團體、角色、集體等，行為體同時擁有不同的身份關係；

3. 基於身份主導利益走向，行為體的利益種類包括：生存、獨立自主、經濟財富與集體自尊等四項，行為體在不同利益的主導下，從事一定的對外行為；

4. 透過回饋的過程，行為體的政策作為會再次影響行為體的互動過程，及其之下的無政府文化的走向、身份生成與利益的建立；

二、影響集體身份的因素

建構主義認為國家如同在國內社會中的個人一般，可以擁有不同的身份（identity），而身份的獲得必須歷經不同的程序與規定。建構主義主要代表學者溫特（Alexander Wendt）認為國家有四種身份：個體或團體（personal or corporate identity）、類屬（type identity）、角色（role identity）與集體身份（collective identity）。前兩種是國家自由主導可以形成的身份關係，後兩者必須在國際社會與其他行為體互動才可以實現的身份現象。

其中，集體身份（collective identity）是把「自我」與「他者」（Self and Other）的關係，透過邏輯演變的結果，亦即認同（identification）[16]的產生過程。一般很難產生完全的認同，因認同涉及擴展自我的邊界使其包含他者，此一過程會透過「角色身份」與「類屬身份」的建立，但也超越上述兩種身份。

集體身分它具有因果力量，使自我利益與他者利益合為一體，而形成利他主義的現象。這種現象的深化會產生群體的認同，進而讓國家認為要遵守某些規。溫特認為處於洛克文化的國家相互往來，可以推動集體身份的形成，包括第一類，是集體身份形成的主動或有效的變項：相互依存（interdependence）、共同命運（common fate）、同質性（homogeneity），第二類因素：自我約束

---

[16] Alexander Wendt, *Social Theory of International Politics* (Cambridge, UK: Cambridge University Press, 1999), p. 229.

（self-restraint），是助然或許可原因。溫特認為四種變項的重要意義在於他們能夠減弱「利己身份」，幫助建構「集體身份」。在同一情景中，四個變項可能都會存在，其存在程度越高，集體身形成的可能性越高。

是以，形成集體身份的一個必要條件：一個有效原因變項與自我約束變項的結合。「自我約束」發揮關鍵性作用，讓國家可以解決阻礙「集體身份」形成的根本問題：克服被他者吞沒的恐懼。[17]

第一、相互依存：如果互動對一方產生的結果取決其他一方的選擇，行為體就處於相互依存狀態。相互依存可以存在於朋友之間或敵人之間，要成為集體身份形成的原因，相互依存必須是客觀的，因為一旦集體身份存在，行為體就會把對方的得失作為自己的得失。

第二、共同命運（Common fate）：行為體具有共同命運是指他們的每個人的生存、健康與幸福取決於整個群體的狀況。[18]典型的共同命運是由一個群體面臨的外來威脅所造成的。相互依存與共同命運的分別在於：前者指涉行為體的選擇會影響到相互面臨的結果，是以包括互動的內容，而共同命運則不包含互動內容，是把雙方作為一個群體對待的第三方建構的。雖然美國土著人相互間沒有互動關係，他們相對歐洲人來說，確有著共同命運，因為歐洲人把他們再現為野蠻人，並把他們作為野蠻人對待。[19]

---

[17] Alexander Wendt, *Social Theory of International Politics*, op. cit., pp. 343-344.

[18] See Kim Sterelny, "Understanding life: Recent work in philosophy of biology," *British Journal for the Philosophy of Science*, 46, 1995, pp. 155-183. here p. 171, quoted from Alexander Wendt, *Social Theory of International Politics*, op. cit., p. 349.

[19] Alexander Wendt, *Social Theory of International Politics*, op. cit., p. 349.

　　第三、同質性（相似性）：組織行為體在兩方面相似：團體身份與類別身份。團體身份指行為體在基本組織型態、功能、因果權力等方面的相同性，在世界政治上「國家」就是相似單位。溫特提出一個假設：客觀同質性程度的增大可以使行為體重新認定其他行為體是自己的同類。[20]

　　第四、自我約束：以上三種（相互依存、共同命運、同質性）都是集體身份形成的有效原因，因此也是結構變化的有效原因，並產生「親社會」的現象。因為，親社會行為削弱自我的利己邊界，並將這一邊界擴大到能夠包括他者的範圍。不過，此一進程只有在行為體克服了被將要與之認同的行為體吞沒（實際上或心理上）的擔心之後，才能的以進展。

　　基本上，自我約束是集體身份和友好關係的最根本基礎。集體身份從根本上言，並非根基於合作行為，而是建立於他人對自己的差異表現出來的尊重。[21]溫特提出國家知道其他國家會自我制約的三種解答：[22]

　　第一種國家通過不斷地服從規範，逐漸將多元安全共同體（pluralistic security community）的制度內化。國家持續的服從往往會造就身份與利益的概念，此種概念預設了制度的合法性，服從就成為一種習慣。在這情景中，相互性（reciprocity）是非常重要的，因為通過相互性的機制，國家相互學會了遵守制度是值得做的事情。

---

[20] Alexander Wendt, *Social Theory of International Politics*, op. cit., p. 353-355.

[21] Alexander Wendt, *Social Theory of International Politics*, op. cit., pp. 357-360.

[22] Alexander Wendt, *Social Theory of International Politics*, op. cit., pp. 360-362.

第二種回答：通過國內政治的方式。由於社會壓力與國際環境允許下，國家往往會在其對外政策行為中，外化或外移其國內體制；換言之，有些國內的作法在對外政策中不利於自我制約，但是，有些作法卻有利於自我制約，例如民主制度國家，基於決策過程與民意輿論的監督，會產生某種程度的約制效果。

第三種回答：溫特借用 Jon Elster 的「自我束縛」[23]概念：自我束縛試圖通過單方面行為減輕他者關於自我意願的擔心，自我束縛不要求具體的回報。例如，一方可以放棄某些技術、從佔領土地上撤軍、建立憲法體制限制國外使用武力、或將自己的對外政策納於集團管理下。[24]

本文運用影響「集體身份」的必要條件：「自我約束」與其他三個充分條件：「同質性」、「共同命運」與「相互依存」來檢視一年來馬政府的國家安全戰略與作為，以評估建立兩岸集體身份的內涵。

三、客觀利益的種類

從一般社會理論角度，利益可區隔為「客觀利益」與「主觀利益」兩種。客觀利益是需求與功能要求，為再造身份不可缺少的因

---

[23] See Jon Elster, *Ulysses and the Sirens*. Cambridge: Cambridge University Press, 1979. quoted from Alexander Wendt, *Social Theory of International Politics*, op. cit., pp. 360-362.

[24] Alexander Wendt, *Social Theory of International Politics*, op. cit., pp. 360-362.

素。[25]學者 George and Keohane 指出三種國家利益：實體生存、獨立自主、經濟財富，並簡化為：「生命、自由、財產」。[26]溫特認為從經驗角度言，國家除了上述三個「客觀利益」之外，國際社會還存在一種客觀國家利益：「集體自尊」，這些利益因國家其他身份而異，所有國家的根本需求相同，如果國家要再造自我，就必須考慮此種需求。[27]

第一、「生存」是指構成國家—社會複合體的個人的存在。一般把生存與保護現有「領土」密切聯繫在一起，有時國家也會認為同意周邊領土分割出去符合國家利益，溫特以為，此點僅表示生存的意義是根據歷史背景而變化，並非說生存不是國家利益。[28]

第二、「獨立自主」（Autonomy）的客觀利益，指國家—社會複合體有能力控制「資源分配」與「政府選擇」。基於一個國家「再造身份」的需求，以及國家擁有主權的事實，國家不僅要生存，也要有自己的行動自由。溫特認為，獨立自主也是相對的概念，在依賴他人的收益超出其代價時，人們就可以考慮放棄獨立自主，如

---

[25] This needs-based view of objective interests draws on Wiggins（1985） and McCullagh（1991）;See David Wiggins, "Claims of need," in T. Honderich, ed., *Morality and Objectivity* ,London: RKP, 1985, pp.149-202; C. Behan McCullagh, "How objective interests explain actions," *Social Science Information*, 30, 1991, pp. 29-54. quoted from Alexander Wendt, *Social Theory of International Politics*, p. 232.

[26] Alexander George, Robert Keohane, "The Concept of national interests: Uses and limitations," in George, Presidential Decision-making in Foreign Policy （Boulder: Westview, 1980）, pp. 217-238; quoted from Alexander Wendt, *Social Theory of International Politics*, p. 235.

[27] Alexander Wendt, *Social Theory of International Politics*, op. cit., p. 235.

[28] Alexander Wendt, *Social Theory of International Politics*, op. cit., p. 235.

同生存問題一般，如何才算是保證獨立自主，要從實際情況下具體分析。[29]

第三、「經濟財富」：指保持社會中的生產方式與保護國家的資源基礎。溫特以為：經濟財富方面的利益在某些國家形式中，才表現為經濟增長。此種論述，並非否定增長的重要性，而是當世界各國正因為尋求發展而接近其「生態承受能力」之時，或者國家利益需要我們對財富做出不同的解釋時。[30]

第四、「集體自尊」：一個集團對自我有著良好感覺的需要，對「尊重」與「地位」的需求。自尊為基本的人性需求，個人尋求成為團體成員之一也在於尋求自尊。集體自尊的形式呈現多種，關鍵在於正面或是負面的集體自我形象，主要取決於與有意義的他者之間的關係，因為通過他者，才能認識自我。

一旦行為體內化了這些「身份」，就會獲得兩種特徵：領悟自己的要求，並根據此種領悟採取行動。[31]國家行為受到身分與利益的影響，也受到國際體系的影響，所以國家的身分與利益與國際體系也有建構關係。因此，從溫特建構主義的思考邏輯角度，國家決策者根據國家所具有的客觀利益，經過決策者本身的評量，確立整

---

[29] Alexander Wendt, *Social Theory of International Politics*, op. cit., pp. 235-236.

[30] Alexander Wendt, *Social Theory of International Politics*, op. cit., p. 236.

[31] 上述特徵只能間接的解釋行動，因為行為體希望知道自我身份需求此一事實，並不代表行為體可以正確預測這些需求。有時，因為錯誤的解讀，或是受到蒙蔽，就會採取違背真實需求的行動。See William Connolly, "The important of contests over interest," in Connolly, *The Terms of Political Discourse*, Princeton: Princeton University Press, 1983, pp.46-83. quoted from Alexander Wendt, *Social Theory of International Politics*, p.232.

體性主觀國家利益的優先順序，因而確立國家施政目標與方向，指導國家對外作為，亦即戰略與政策的形成。[32]

　　是以，本文根據上述建構主義集體身份、客觀國家利益的論述，根據圖 2-1：國際行為體互動架構圖加以轉化，整理出以下的圖 2-2：兩岸集體身份下台灣安全戰略分析架構圖，以為本文後續論述的依據。

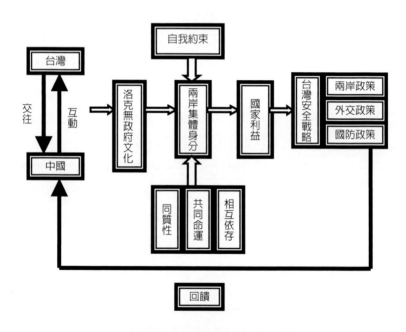

圖 2-2　兩岸集體身分下台灣安全戰略分析架構圖

資料來源：筆者自製

---

32 此一部分論述，請參考：Alexander Wendt, *Social Theory of International Politics*, pp. 193-245.

說明：

1. 自 2005 年 4 月，國共兩黨第三次會談，發表「連胡公報」，建立國共經貿平台，兩黨關係正常化下，建立一連串經濟合作倡議。相對的，北京持續採取對執政的民進黨政府採取「以商圍政」、「以民逼官」策略，讓兩岸政治關係處於「敵對」的霍布斯文化。及至 2008 年國民黨再度執政，「國共平台」依舊運作，形成兩岸三個機制：「國共經貿平台」、「兩會協商」、「兩黨互動」的態勢。

2. 馬英九當選總統不久，蕭萬長以副總統當選人身份參加博鰲論壇，提出馬英九的「正視現實、開創未來、擱置爭議、追求雙贏」與胡錦濤的「建立互信、擱置爭議、求同存異、共創雙贏」相互建立默契，達到在「九二共識」下，互不否認對方，兩岸維持現狀的態勢。透過就職後，兩岸一連串的互動過程，包括：兩會恢復協商、陸客來台、海基會與海協會第二次會談，達成三通與經貿等六大協議，兩岸進入洛克競爭者文化。

3. 依據溫特建構主義論述國家身份區隔為：個體與團體、角色、集體身份等四種，本文認為「集體身份」的建構有助於分析在洛克競爭者文化下的兩岸關係。溫特認為影響「集體身份」的必要條件為「自我約束」，其他充分條件有三項：共同命運、同質性、相互依存等，兩個行為體要形成「集體身份」在於存在「自我約束」此一必要條件，加上三項充分條件之一即可構建。

4. 建構主義認為國家身份決定國家利益，透過利益的確定，進而指導國家的對外作為，亦即國家安全戰略的產出，本文運用「建構主義」角度來分析台灣的安全戰略，整體過程又會回饋影響兩岸的互動下的洛克無政府文化、集體身份與利益的形成。

參、制約台灣安全戰略的無政府文化

一、國際與美國亞太戰略發展

　　首先，國際體系的變化自後冷戰以來，呈現美國單極為主的多元世界，2001 年美國爆發九一一國際恐怖主義攻擊事件以來，加上全球化與資訊社會興起，非傳統安全成為全球安全課題，沒有一個國家單獨能夠處理此一複雜多變的世界，近期亞丁灣海盜事件、北韓試射彈道飛彈問題，凸顯聯合國安理會的功能的侷限性，更顯示出全球各國共同努力的必要性。

　　其次，2008 年 11 月，美國歐巴瑪（Barack Obama）當選總統，新政府的東亞政策是否朝向「重亞輕歐」成為眾人關切課題，主因在於「中國崛起」已經成為一項發展中的事實，誠如美國國防部 2009 年中國軍力評估報告：中國為亞洲區域強國，發展太空戰力與不對稱戰力，對於美國長期戰略的威脅。

　　2009 年 2 月 15 日至 22 日，美國國務卿希拉蕊（Hillary Clinton）就職之後，立即出訪日本、印尼、韓國與中國等亞洲國家，出訪之前在外交政策期刊發表文章指出，沒有比美中關係更為重要的雙邊關係。她並且表示美國致力於中國發展「積極的合作關係」，包括：核武、氣候變遷、傳染病等全球非傳統議題，凸顯美中合作的必要

性。最後，希拉蕊強調兩國在政治外交、經濟領域，應該從戰略性、全局性、長期性問題來進行對話，建立美中戰略與經濟對話機制。[33] 此一段話凸顯處理好對中國關係，是歐巴馬政府的亞洲戰略中心，建立更高層級的戰略與經濟對話，才能將中國納入美國的主導的全球戰略議程。

事實上，中國於 2007 年十七大政治報告中，有關多極世界、國際關係民主化的具體政策目標，透過中國角色的提升從亞太到全球戰略的佈局逐漸成形。在「和諧世界」外交理念導引下，推動「三和戰略」，在和諧外交下主張世界和平發展，推動兩岸和解發展，最後進行國內和諧社會的建構。

在亞太戰略佈局方面，經濟上，中國推動東協十加一、加三、加六的機制，輔以亞洲博鰲論壇，整合此一區域的經濟事務；在區域安全方面，透過上海合作組織強化西北邊界反恐與區域安全合作，加上蒙古國、伊朗、巴基斯坦等觀察員的參與，擴大北京在中亞、南亞區域的戰略影響力，有效約制美國主導的北約（NATO）東擴進程。在東北亞部分，主導北韓核武六方會談，掌握北韓動向，成為關鍵的區域安全穩定者。此外，透過「大國外交」，建立與周邊國家的雙邊戰略合作，例如：中印、中俄與中日關係的掌握。

是以，有些學者認為美中協調或是美中共治全球時代來臨，兩岸關係受到更多的約制。兩岸關係的發展：從以往「經美制中」、「經美制台」、到「台海共管」的態勢儼然成行，台灣的戰略自主

性更加受到美中關係結構的影響。例如陳欣之認為金融海嘯調整各國對全球權力分配的認知，美中兩國本身權力的變化，兩國之間緊密經貿與金融互賴關係，催生美中協調合作共治全球的時代。[34]甘逸驊則認為當前國際秩序的形成與維持，有賴美中兩國的合作與折衝，同時，美國新政府對外戰略的主軸在於美中雙邊關係，成為全球安定的關鍵因素。[35]兩位學者都提出台灣如何因應的問題，甘逸驊提出推動兩岸經貿關係「正常化」與中國協商「經濟合作架構協議」，並擴大在全球戰略經貿的網絡。[36]

　　換言之，只要兩岸關係改善之後，台美關係的修復自然最重要。馬總統就職演說有關兩岸關係部分就是著眼於正常化思考。中國國家主席胡錦濤於 2008 年 12 月 31 日的「胡六點」，基本上也確立中國對台戰略架構：「一中促統」下的「和平發展」框架取代「一國兩制」結構。

　　是以，馬英九強調新政府的外交政策在執行上強調「沒有意外」與「低調」，而且透過美國正面對於兩岸關係發展的評價，美國在台協會主席薄瑞光表明歡迎「兩岸祥和的新時代」，不僅降低兩岸誤判的危險性，增加美國與美商的具體經濟利益。[37]此段話正表明

---

[34] 陳欣之，「美中協調時代已來臨」，http://www.chinareviewnews.com/doc/1009/3/2/2/100932264.html?coluid=5&kindid=24&docid=100932264&mdate=0403102820.（檢索日期：2009/4/10）

[35] 甘逸驊，「台灣如何面對興起的美中全球共治」，中報電子報，http://news.chinatimes.com/2007Cti/2007Cti-News/2007Cti-News-Contente/0,4521,11051401+112009041000456,00.html.（檢索日期：2009/4/10）。

[36] 甘逸驊，「台灣如何面對興起的美中全球共治」，中報電子報，http://news.chinatimes.com/2007Cti/2007Cti-News/2007Cti-News-Contente/0,4521,11051401+112009041000456,00.html.（檢索日期：2009/4/10）。

[37] 「台灣關係法 30 週年　馬總統盼美方軍售 F16C/D 戰鬥機」，NOWnews 今

台灣新政府改變以往過去八年來的對抗態勢，企圖重新修補美台關係的缺損。

二、兩岸互動層面

在兩岸關係互動方面，近一年的發展，發現「政溫經熱」的態勢，一方面雙方都有意識的加快兩岸關係的進程，對台北而言，主要基於內部經濟情勢考量，對北京而言，正是其推動對台和解的大好時機，將 2005 年兩黨建立的國共平台具體成效的延伸；另一方面，雙方的佈局朝向制度化方向，在「九二共識」基礎下，回到九十年代兩岸協商談判的時代，從制度來保障兩岸關係的進程。再者，從中國惠台措施的內容來看，北京強化對台灣人民的工作直接、具體，處處可見。

事實上，馬政府的兩岸優先政策作為，不管是兩岸兩會協商、簽訂 ECFA，或是軍事互信機制與和平協議的簽訂，都與中國國家主席胡錦濤於 2008 年 12 月 31 日提出的「胡六點」的有其相互配合的默契。[38] 加上 2009 年 3 月 5 日至 13 日，中國第十一屆全國人

日新聞，http://tw.news.yahoo.com/article/url/d/a/090423/17/1ibae.html.（檢索日期：2009/4/26）

[38] 2008 年 12 月 31 日，中共總書記胡錦濤在紀念告台灣同胞書三十週年紀念會上，提出對台六項工作思考，除了對台的基本立場之外，在第六項提出具體步驟：包括建立兩岸經濟合作協議、軍事互信機制、和平協議等，其原文為：「結束敵對狀態，達成和平協議。海峽兩岸中國人有責任共同終結兩岸敵對的歷史，竭力避免再出現骨肉同胞兵戎相見，讓子孫後代在和平環境中攜手創造美好生活。為有利於兩岸協商談判、對彼此往來作出安排，

大第二次會議，溫家寶的工作報告，提出在「一個中國」原則的基礎、兩岸經濟共同發展、中華文化的連結、強化交流、台灣國際空間的協商與共創和平遠景。[39]以經濟合作為優先，並側重非政治層面的交往，基本上是「胡六點」的延續，亦即「以經促統」的對台戰略。中國國台辦主任王毅前往福建視察時指出，在福建舉辦「海峽論壇」為落實胡錦濤對台講話的作為，是貫徹寄希望於台灣人民方針的嘗試，也是兩岸民間基層交流的平台。[40]

2009 年 4 月中國舉辦亞洲博鰲論壇，我國代表錢復與中國總理溫家寶會面，雙方提出兩岸關係發展的重點，溫家寶強調：中國依照先經濟後政治、先易後難、循序漸進原則，在「堅持一個中國原則」前提下，務實探討和解決兩岸政治與軍事問題。針對馬英九要錢復傳達的「同舟共濟、相互扶持、深化合作、開創未來」，溫家寶回應「面向未來、捐棄前嫌、密切合作、攜手並進」，在開幕演說中溫家寶強調，各國在擴大投資都要秉持開放精神，包括強化「勞務合作」，抵觸馬政府絕不開放中國勞工的承諾。[41]溫家寶表

兩岸可以就在國家尚未統一的特殊情況下的政治關係展開務實探討。為有利於穩定台海局勢，減輕軍事安全顧慮，兩岸可以適時就軍事問題進行接觸交流，探討建立軍事安全互信機制問題。我們再次呼籲，在一個中國原則的基礎上，協商正式結束兩岸敵對狀態，達成和平協議，構建兩岸關係和平發展框架。」

39 「2009 年 3 月份兩岸相關新聞趨勢分析」，http://www.peaceforum.org.tw/onweb.jsp?webno=33333350.（檢索日期：2009/4/10）

40 「王毅：大力開展兩岸民間交流」，www.cna.com.tw/ReadNews/GlobalView-Read.aspx?magNo=2&magNum=1&pageNo=1122.（檢索日期：2009/4/24）

41 「博鰲論壇會見錢復　溫家寶要求中國貨入台」，自由電子報，http://www.libertytimes.com.tw/2009/new/apr/19/today-fo1.ht.（檢索日期：2009/4/19）

示從五方面加強兩岸經濟合作，[42]並且強調為大陸企業到台投資提供便利條件，創造大陸商品入島開放市場的契機。

2009 年 4 月 22 日，馬英九總統利用與美國「戰略與國際研究中心」（CSIS）視訊對話，強調兩岸協商先易後難，應先進行「經濟合作架構協議」（ECFA）再進行「軍事信心建立機制」（CBM），此為馬英九首次公開回應中國胡錦濤兩岸關係的「胡六點」談話。[43]事實上，在講稿中馬總統以「九二共識、一中各表」回應胡六點當中的恪守一個中國，針對現場提問，馬總統強調：「兩岸建立新友好關係的核心，是在九二共識，我們寧願優先處理經濟議題，（政治問題）獲得大多數民眾同意，才會放行。」[44]中國評論社認為，馬英九談話係針對三個層次：兩岸關係，解決內、外部問題的考量，在外部方面，希望維持美中台三邊架構平衡，拉近美國，避免兩岸快速進展，產生疑慮；內部方面，穩定內部情勢，繼續與美國友好、軍事採購，避免「一面倒傾中」的形象。[45]

---

[42] 此五方面為：一、推動大陸企業赴台投資；二、擴大對台產品採購；三、鼓勵台資企業到大陸開拓市場；四、增加大陸遊客赴台旅遊；五、協商建立符合兩岸經濟發展需要、具有兩岸特色的經濟合作機制。「溫家寶：希望兩岸捐棄前嫌攜手並進」，中國評論網，http://www.chinareviewnews. com/doc/1009/4/5/6/100945621.html?coluid=1&kindid=0&docid=100945621& mdate=0418201508.（檢索日期：2009/4/19）

[43] 「馬回應胡六點　兩岸先經濟再軍事」，中時電子報，http://tw.news.yahoo. com/article/url/d/a/090423/4/liaq7.html.（檢索日期：2009/4/23）

[44] 「ECFA/馬總統與美智庫是訊　推銷 ECFA」，TVBS，http://tw/news.yahoo. com/article/url/d/a/090423/8/1ib5b.html.（檢索日期：2009/4/23）

[45] 「專論：馬英九回應胡六點　平衡務實」，http://www.chinareviewnews. com/doc/1009/4/9/2/100949233.html?coluid=5&kindid=114&docid=10094923 3&mdate=0423091043.（檢索日期：2009/4/24）

肆、兩岸集體身份與國家利益的內涵

一、兩岸集體身份的形成

　　形成兩岸集體身份的必要條件：「自我約束」，溫特提出三種實踐途徑，第一種國家通過不斷地服從規範，通過相互性的機制的建立。第二種通過國內政治的方式，例如民主國家受到內部憲政結構的制約，在解決相互之間衝突的時候，使用和平的手段。第三種為「自我束縛」，試圖通過單方面行為，減輕他者關於自我意願的擔心，自我束縛不要求具體的回報。

　　從「自我約束」的角度言，馬英九自 2008 年五二〇就職總統之後，對於中國政府與兩岸事務保持高度的自我克制態度，有的是通過相互性機制的建立，有的是國內政治的約制，最重要者為「自我束縛」的作為。

　　首先，就職演說中，對於兩岸關係的期待；改變以往對抗與追求台灣「法理主權」獨立，希望追求兩岸共存共榮的心態，透過 2008 年亞洲博鰲論壇之際，提出：「正視現實、開創未來、擱置爭議、追求雙贏」十六字箴言，表明馬政府希望兩岸領導人能夠思考中華民國存在的事實，共同面對未來的一中問題，目前最重要的

工作在於兩岸的經濟合作。換言之，以往八年來強調台灣主權優先，要正名、制憲、改變台海法理現狀，已成為過往雲煙。

事實上，關於「九二共識、一中各表」，國民黨提出說帖強調，國民黨始終堅持「九二共識」，也堅持「九二共識」就是「一中各表」，至少中國方面默認這點，兩岸協商才能進行。加上，2008年3月26日，胡錦濤與美國總統布希（George W. Bush）通電話時，不僅重申「九二共識」，也提到兩岸對「一個中國」有不同涵義的解釋。此點表明北京不否認「一中各表」，既回應了國民黨的主張，也回應了美方的期待。[46]

其次，馬英九就職總統之後，首次前往巴拉圭祝賀新總統就職，過境美國，低調表現，自我限制接見對象，也不參與公開大型活動；接受墨西哥太陽報訪問提出：「我們基本上認為雙方的關係應該不是兩個中國，而是在海峽兩岸的雙方處於一種特別的關係。……所以我們雙方是一種特別的關係，但不是國與國的關係」[47]，清楚的向北京表達，兩岸關係非國與國之間關係，是區與區之間關係。

2008 年第二次兩岸兩會協商，以中華民國總統身份在台北賓館接見海協會會長陳雲林，卻被稱呼「先生」與稱呼對方為「先生」，凸顯新政府的兩岸定位：互不否認對方的現實。期間發生在野黨群

---

[46] 「九二共識、一中各表說帖」，中國國民黨全球資訊網，2008 年 10 月 27日。http://www.kmt.org.tw/hc.aspx?id=37&aid=1838.（檢索日期：2009/4/6）

[47] 「總統接受墨西哥『太陽報』系集團董事長瓦斯蓋茲（Mario Vázquez Raña）專訪」，中華民國總統府，2008 年 9 月 3 日。http://www.president.gov.tw/php-bin/prez/shownews.php4?_section=3&_recNo=738.（檢索日期：2009/4/6）

眾抗爭，嚴厲譴責，迅速移送法辦，強調法治高於一切社會事務，不會因為任何政治主張而屈服。事實上，也是自我克制的表現，不以在野黨的抗爭，當作談判的籌碼運用。

當然，中國方面也有一些回應與默契，一些中南美洲邦交國政權輪替，尋求與北京的建交關係，根據馬英九總統接受中國時報訪問提出：「如果不是我們推動新政策，可能現在邦交國都掉了（斷交）兩、三個」，馬總統坦言，北京在此方面相當自制，因為在就職典禮上，他清楚表示：「台灣在國際上若繼續被孤立，兩岸關係很難發展。」[48]馬總統認為此一訊息讓對岸很清楚，因此相當重視兩岸關係。換言之，馬總統強調：「我們不去挖他的邦交國，他們感受善意也開始回應。」[49]

馬英九強調，我方其實已經回應「胡六點」，譬如北京提出欲與台灣簽訂綜合性經濟合作協定，台灣提出 ECFA，胡錦濤強調「愛鄉愛土的台灣意識不等於台獨意識」，馬英九當天也給予肯定。[50]換言之，台北的態度在於「實踐是檢驗真理的唯一道路」，有別於過去北京對待民進黨政府是「聽其言、觀其行」，現在國民黨是透過領導人的自我束縛，來減輕雙方的疑慮。

有關兩岸是否建立軍事互信機制問題，馬英九總統態度保留表示，軍事研究單位都在進行互信機制的研究，目前沒有具體的行

---

[48] 「沒外交休兵　可能再斷交兩三國」，中時電子報，http://tw.news.yahoo.com/article/url/d/a/090422/4/1i8k6.html.（檢索日期：2009/4/23）

[49] 「沒外交休兵　可能再斷交兩三國」，中時電子報，http://tw.news.yahoo.com/article/url/d/a/090422/4/1i8k6.html.（檢索日期：2009/4/23）

[50] 「馬：未來四年　兩岸專談經濟」，中時電子報，http://tw.news.yahoo.com/article/url/d/a/090422/4/1i8k2.html.（檢索日期：2009/4/22）

動，認為事涉敏感的美台關係，因為主要軍備來自於美國。是以，馬英九明確定位兩岸交往順序，「先把經濟關係正常化」，除了三次江陳會談之後，還有許多經濟議題要談，因此：「未來三、四年都談不完，所以不會那麼快處及政治性題目。」[51]先經濟、後政治的兩岸施政主軸，實際上也與胡六點的主軸接近。

關於形成兩岸集體身份的充分條件：「同質性」或「共同命運」或「相互依存」等三方面，台灣也有具體的展現：

第一、同質性：中華民族與中華文化的同質性：馬英九總統在就職演說中兩次提到「中華民族」，他強調：「兩岸人民同屬中華民族，本應各盡所能，齊頭並進，共同貢獻國際社會，而非惡性競爭、虛耗資源。我深信，以世界之大、中華民族智慧之高，台灣與大陸一定可以找到和平共榮之道。」[52]，2009 年 4 月 3 日，馬英九以中華民國元首身份，率領文武百官遙祭皇帝陵，追思中華民族始祖，為政府遷台後的創舉，打破以往由內政部長主祭的慣例。[53]

2009 年 4 月 21 日，接受中國時報訪問指出，針對溫家寶在博鰲論壇提出兩岸「捐棄前嫌」，馬英九也希望兩岸「向前看」，指出以往一個徐蚌會戰（淮海戰役）造成上百萬人的傷亡，一種不堪回首的往事，為一種「中華民族再從事內戰實在是人類的悲劇」，

---

[51] 「馬：未來四年　兩岸專談經濟」，中時電子報，http://tw.news.yahoo.com/article/url/d/a/090422/4/1i8k2.hml.（檢索日期：2009/4/22）

[52] 「中華民國第 12 任總統馬英九先生就職演說」，中華民國總統府，2008 年 5 月 20 日 http://www.president.gov.tw/php-bin/prez/shownews.php4?_section=3&_recNo=1137.（檢索日期：2009/4/6）

[53] 「本報點評——馬英九遙祭皇帝陵很有意義」，中央日報網路版，http://ww.cdnews.com.tw/cdnews-site/docDetail.jsp?coluid=141&docid=100719890.（檢索日期：2009/4/26）

所以，希望兩岸不要再重複過去的惡鬥。[54]基本上從「中華民族」同種同源的角度出發，表明兩岸都是同一種族，是兄弟之邦，必定可以和睦相處，共存共榮。

第二、共同命運：「台獨」對國共兩黨的影響！基本上，胡六點對於兩岸的定位：兩岸處於尚未統一階段，是國共內戰的延續。國民黨的主張：反對台獨，主張維持現狀，馬英九強調：「兩岸問題最終解決的關鍵不在主權爭議，而在生活方式與核心價值。」[55]誠如楊開煌所言，台灣的中國政策是「論述空白」，在經貿論述上，以中國的對台經貿為主，而政治互動的論述區從於在野陣營的論述。[56]

第三、相互依存：經貿發展（台灣對中國貿易依存度！）工商時報社論指出，依據世界貿易組織（WTO）統計，2005 年加拿大出口 85%到美國，美國出口至加拿大也達到 23%；歐盟國家內部貿易額為 67%，亞洲國家內部相互貿易額也高達 50%，表明鄰國貿易比重高的原因在於歷史文化、區域分工、運輸成本考量因素，比較 2008 年台灣對中國的出口依存度（對中國出口占台灣總出口的比重）為 28.9%，相較於韓國與日本為 22%、16%，此為一種區域貿易的常態。[57]

---

[54] 「馬：未來四年　兩岸專談經濟」，中時電子報，http://tw.news.yahoo.com/article/url/d/a/090422/4/1i8k2.html.（檢索日期：2009/4/22）

[55] 「中華民國第 12 任總統馬英九先生就職演說」，中華民國總統府，2008 年 5 月 20 日。http://www.president.gov.tw/php-bin/prez/shownews.php4?_section =3&_recNo=1137.（檢索日期：2009/4/6）

[56] 「官方外圍網站　批馬中國政策論述空白」，http://tw.news.yahoo.com/article/url/d/a/090406/78/1hbi8.html.（檢索日期：2009/4/06）

[57] 「社論──台灣對大陸經濟過度傾斜嗎？」，工商時報，http://news.chinatimes.com/2007Cti/2007Cti-News/2007Cti-News-Contente/0,4521,11051403+12200

另外，兩岸的經濟發展超過 20 多年，台灣在中國的投資超過幾千億美元，投資台商也超過 10 萬家。2008 對中國的貿易額高達 1,023 億美元，台灣對中國的貿易順差為 462 億美元。[58]顯示出兩岸經濟的相互依存態勢，中國市場對台灣出口的重要性。

2009 年亞洲博鰲論壇上，台灣證交所董事長薛琦提出兩岸三地證券市場終極統一三部曲，第一部曲為兩岸簽訂金融監理備忘錄（MOU）；第二部曲為台灣證交所與上海證交所合編指數股票型基金（ETF），然後雙方掛牌；第三部曲為建立一個兩岸三地共同交易平台。[59]

是以，兩岸集體身份的內涵：經濟互利、文化社會融合與反台獨的集體身份的建構。在此種兩岸集體身份下，呈現出一定的台灣客觀國家利益：

二、台灣的客觀國家利益

根據溫特建構主義的客觀利益，生存、獨立自主、經濟財富與集體自尊四種，每一個國家都必須瞭解其客觀的需求，並加以滿

90417,00.html.（檢索日期：2009/4/17）

[58] 「總統接受墨西哥『太陽報』系集團董事長瓦斯蓋茲（Mario Vázquez Raña）專訪」，中華民國總統府，2008 年 9 月 3 日。http://www.president.gov.tw/php-bin/prez/shownews.php4?_section=3&_recNo=738.（檢索日期：2009/4/6）

[59] 「社論─兩岸資本市場整合問題」，工商時報，http://news.chinatimes.com/2007Cti/2007Cti-News/2007Cti-News-Contente/0,4521,11051403+122009042100161,00.html.（檢索日期：2009/4/21）

足，否則國家就無法繼續存在。對於台灣而言，在兩岸集體身份下，四種客觀利益主從性有賴於決策者的判斷。

第一、生存利益：胡六點強調兩岸處於國共內戰的延續，尚未統一的階段，兩岸要擴大經濟交往，簽訂兩岸經濟合作協定，透過軍事互信機制的建立，未來兩岸簽訂和平協議。北京對台戰略是透過經濟促統、落實「以商圍政」、「以民逼官」，建立「一中促統」大框架。在法理上，經由「反分裂國家法」的公布，以「非和平方式」解決台灣問題。

換言之，目前台灣沒有立即武力的威脅與戰爭的風險，台灣面臨北京間接戰略：「上兵伐謀」，企圖達到「不戰而屈台灣之兵」的目標。誠如 2009 年美國國防部提出的「中國軍力評估報告書」，為了嚇阻台灣追求法理獨立，共軍正快速發展壓制性能力施壓台灣，接受北京解決兩岸爭端的條件；同時，也試圖嚇阻、延遲或排除美國介入台海衝突的可能。只要兩岸關係仍朝統一的趨勢，如果衝突的代價超過利益，北京對台軍事策略顯然準備延後對台動武，要透過融和政治、經濟、文化、法律、外交和壓制性軍力的方式，防止台灣走向法理獨立。[60]

第二、獨立自主利益：為了穩定兩岸關係，台灣的對內、對外主權受到一定限制。首先，在外交休兵上，馬英九提出：「活路外交」的構想是「台灣是不是在國際社會上每一個場域，都要與中國大陸對立與衝突，有沒有可能找出雙方互動、對話的模式？也就是

---

[60] 「美：兩岸關係雖和緩　軍力仍失衡」，聯合報，2009 年 3 月 27 日。（檢索日期：2009/3/27）

說當台灣在兩岸關係上開始與對岸和解休兵時，在外交上是否也能擴大延伸乃至於比照？」[61]

因此，台北自我設限，不去爭取任何新邦交國，改變參與國際組織途徑（2007 年：以台灣名義參與聯合國；2008 年：以中華民國名義申請參與聯合國周邊組織的活動）。不過有學者指出：「『外交休兵』只是兩岸政府領導人間的政策問題，『活路外交』則需要世界各國政府配合我國的外交政策，如果「活路外交」受限於「外交休兵」大陸對應的矮化策略，那臺灣又怎會有更大的世界出路。」[62]

馬英九針對「反分裂國家法」提出批判，認為「既無必要，也不可行」。所謂「無必要」，是指絕大多數台灣人民目前贊同維持台灣海峽現狀，並不支持台灣獨立；所謂「不可行」，則是指兩岸關係的和平發展，必須藉由海峽兩岸善意互動來達成，是一個雙向、對等與和平的過程，不應該由大陸當局片面決定，更不應該透過非和平的方式來處理。[63]基本上代表政府對此一反分裂法的態度，主要強調任何攸關兩岸問題，都必須由台北與北京兩面共同處理的立場。

---

[61] 「總統訪視外交部並闡述『活路外交』的理念與策略」，中華民國總統府，2008 年 8 月 4 日。http://www.president.gov.tw/php-bin/prez/shownews.php4?_section=3&_recNo=848.（檢索日期：2009/4/6）

[62] 方承志，「外交休兵下臺灣的活路」，台灣法律網，2008 年 8 月 29 日。http://www.lawtw.com/article.php?template=article_content&area=life_law&parent_path=,2,783,&job_id=140186&article_category_id=1520&article_id=72114.（檢索日期：2008/10/24）

[63] 「總統府王發言人針對三一四『反分裂國家法』四週年所做之聲明」，中華民國總統府，2009 年 3 月 14 日。http://www.president.gov.tw/php-bin/prez/shownews.php4?_section=3&_recNo=87.（檢索日期：2009/4/6）

其次，根據中國時報一篇社論顯示：「對台灣而言，兩岸緊密合作，符合台灣的利益，但這樣的合作到底會不會影響台灣做為主權國家的主體性，始終是一股暗流，牽動台灣內部敏感的統獨神經，甚至莫名其妙的焦慮。」[64]換言之，過去八年以來民進黨政府建構的台灣主權優先論述，是否會臣服於兩岸經貿利益，未來失去國家主權的獨立性問題！

另外，國內政治因意識型態與統獨差異，羅致政認為分成兩個主要陣營：「親中派」與「台灣派」，其中「親中派」來自於三種力量的整合：「統一認同、戰略扈從與利益繫中」，至於「台灣派」需要一、掌握對台灣認同的詮釋權與主導權；二、建立一套新的戰略論述與安全論述；三、建立一套兼顧台灣主權獨立與國家繁榮發展的經濟論述；四、建構一套確保民主自由與人權發展的政治論述。[65]

第三、經濟財富利益：馬政府推動 ECFA，企圖透中國連接東協，進而全球化。目前，陸客來台的經濟效應逐漸擴大，兩會第三次會談：金融協議，以及陸資來台的共識。未來兩岸商訂 ECFA，其中的「三不」：不影響台灣主權、不開放農產品進口、不引進大陸勞工？是否會受到影響？至少中國總理溫家寶在博鰲論題會見台灣代表錢復時，已經公開提出：「讓中國貨來台灣」的呼籲！

---

[64] 「社論一面對崛起的中國　台灣不能遲疑」，中國時報，http://news.chinatimes.com/2007Cti/2007Cti-News/2007Cti-News-Content/0,4521,110514 02+112009042100370,00.htm.（檢索日期：2009/4/21）

[65] 羅致政，「星期專論──台灣派需要新論述」，http://www.libertytimes.com.tw/2009/new/apr/19/today-p4.htm.（檢索日期：2009/4/19）

　　是以，從客觀經濟財富利益角度言，台灣需要中國市場，一旦增加台灣對中國的經貿依賴度，自然影響台灣的經濟安全。台大經濟係教授林向愷針對第三次江陳會討論中資來台投資製造業，憂心中國透過股權投資、掏空台灣的技術，陳博志也認為：「中資來台就是想取得台灣的技術，對台灣有什麼好處？」[66]另外，4 月 26 日南京第三次江陳會通過「兩岸金融監理合作備忘錄」，陳博志認為：未來中國銀行來台投資，透過聯徵中心獲得台商資料，影響台商在中國的投資。[67]

　　根據台聯公布的民調顯示，59.7%民眾認為涉及國家重大事項的 ECFA 應該舉行公投，23.3%則不同意公投；73.7%主張兩岸交流事項應納入國會監督，由立法院成立兩岸監督小組，有 13.5%民眾不同意。[68]群策會認為：「簽署 ECFA 就是企圖將台灣從全球經濟主流邊緣化，將台灣脫離先進國家經濟圈，而納入中國經濟圈中，充當『中國經濟主流』的啦啦隊。」[69]這些論述顯示，與中國緊密經濟關係發展，可以帶來一定的利基，如果缺乏有效的防衛機制與監督機制，對整體台灣未來經濟安全也會有所衝擊。

---

[66] 「我製造業開放中資　學者憂心技術會被掏空」，自由電子報，http://www.libertytimes.com.tw/2009/new/apr/19/today-fo2-2.htm.（檢索日期：2009/4/19）

[67] 「我製造業開放中資　學者憂台灣技術會被掏空」，自由電子報，http://www.libertytimes.com.tw/2009/new/apr/19/today-fo2-2.htm.（檢索日期：2009/4/19）

[68] 「台聯民調：近成民眾認為 ECFA 應公投」，中央通訊社，http://tw.news.yahoo.com/article/url/d/a/090421/5/1i76d.html.（檢索日期：2009/4/21）

[69] 群策會，《一個把中國帶向中國支配的「終極統一架構協議」：ECFA 答客問》（台北縣淡水鎮：群策會，2009.4），頁 4。另外，群策會解讀 ECFA（Economic Cooperation Framework Agreement）為將台灣推向「終極統一」的架構協議（Eventual Colonization Framework Arrangement, ECFA），參見群策會，前揭書，頁 6。

　　第四、集體自尊利益：在中國邀請下，關於 WHA 參與案，今年以觀察員的身份，透過每一年審議方式，以「中華台北」名義讓台灣加入。事實上，2008 年在秘魯舉辦之 APEC 非正式領袖高峰會議，也是在中國首肯下，派遣前副總統連戰參加。未來如果國際組織與參與國際社會都依循同一模式，台灣的「集體自尊」受到影響。

　　另外，2009 年 4 月 21 日，巴黎召開世界數位圖書館網路系統啟用典禮，我方代表台灣國家圖書館館長顧敏因持中華民國護照無法進入聯合國教科文組織（UNESCO）總部，外交部認為此點與聯合國官員長期對台灣設限思維有關。[70]事實上，台灣為世界數位圖書館的會員，基於「一個中國」原則，台灣無法參加聯合國機構的活動，使得馬英九期望兩岸「向前看」，與溫家寶呼籲兩岸「捐棄前嫌」成為「口惠不實」的現象。換言之，台灣推動「活路外交」，北京不會因此忘掉「一中原則」，也是台灣重返國際社會的挑戰。[71]

　　簡言之，馬政府針對上述四項客觀國家利益的優先順序考量為「經濟財富」為主，強化兩岸經貿機制與協議簽訂，並擴大雙方經貿、社會與文化的往來，這是目前兩岸最大的共識。此外，在兩岸「九二共識」與「互不否認」角度下，擱置雙方的主權爭議，台灣

---

[70] 「台灣代表缺席世圖啟用典禮　外交部遺憾」，中央通訊社，http://tw.news.yahoo.com/article/url/d/a/090422/5/li9ky.html.（檢索日期：2009/4/22）

[71] 「短評—前嫌捐而不棄」，中國時報，http://news.chinatimes.com/2007Cti/2007Cti-News/2007Cti-News-Content/0,4521,11051402+112009042500331,00.html.（檢索日期：2009/4/25）

主權的「獨立自主」並非首要考量。最後，透過「活路外交」，改變台灣參與國際社會的方式，因為「活路外交」或「外交休兵」的關鍵就是兩岸之間建立改善兩岸關係的共識，從擱置爭議、建立互信並且求同存異，來達到雙贏局面。[72]未來台灣參與國際社會，只要不涉及「一中原則」，應該會有更多的國際空間，如同馬英九所強調：「大家不必在海外去作無謂的惡性競爭，可以把精力放在鞏固邦誼，並且在無邦交國家擴展我們的友誼。」[73]

伍、台灣的安全戰略與政策走向

一、決策者與安全戰略思考

馬英九之決策特質是影響台灣安全戰略產出的關鍵因素，接受中國時報專訪時，馬英九非常強調「論語」中：「政者，正也。子率以正，孰敢不正」，充分展現出馬英九總統為政理念的根本。因為在訪談中，反覆唸誦許多論語的篇章，強調孔子論學評政，

---

[72] 「總統訪視外交部並闡述『活路外交』的理念與策略」，中華民國總統府，2008 年 8 月 4 日。http://www.president.gov.tw/php-bin/prez/shownews.php4?_section=3&_recNo=848.（檢索日期：2009/4/6）

[73] 「總統訪視外交部並闡述『活路外交』的理念與策略」，中華民國總統府，2008 年 8 月 4 日。http://www.president.gov.tw/php-bin/prez/shownews.php4?_section=3&_recNo=848.（檢索日期：2009/4/6）

除了「仁」的道理，就是「正」的必要性。[74]中國社科院台灣研究所副研究員徐青在中國評論月刊四月號發表：「馬英九政治性格的文化心理成因」一文，提出其政治性格來自於傳統「士大夫」的特點包括：誠懇、誠實、自信、自律、儉樸、責任感與能包容等，但是，徐青也認為馬英九是一個「高自尊、低複雜」政治性格特徵。[75]

民進黨主席蔡英文接受日本產經新聞專訪提到馬總統的人格特質，因為：「馬英九是在中國人意識相當強的家庭中長大的，所以親中的感覺特別強。但是，身為台灣的總統，應以共享民主、自由、人權價值的美國及日本加強關係為優先考量，希望他不要以個人的情感而犧牲台灣的價值觀和政治體制。」[76]此段話點出朝野政黨缺乏互信與溝通管道的建立，認為執政者的成長背景因素，影響其國家安全戰略的考量。

2008 年 2 月 26 日，在一場題目為「一個 SMART 的國家安全戰略」演講，馬英九強調：台灣的國家安全必須要奠基在一個

---

[74] 「社論——政風不整飭，台灣不會有希望」，中國時報，http://news.chinatimes.com/2007Cti/2007Cti -News/2007Cti -News-Content/0,4521,1105402_112009042500333,00.html.（檢索日期：2009/4/5）

[75] 所謂「高自尊」，會將事件思考簡單化，危機意識不足，忽視溝通，引發人際溝通與領導危機；「低複雜性」使其政治警覺性、敏感度不夠，危機應對能力不足，沒有修練出圓融練達的人情世故。請參見：「馬英九政治性格 關鍵成因為何」，http://www.chinareviewnews.com/doc/1009/2/6/3/100926322.html?coluid=1&kindid=0&docid=100926322&mdate=0424084637.（檢索日期：2009/4/24）

[76] 「蔡英文：憂台『香港化』籲日加強台美日關係」，中央通訊社，http://tw.news.yahoo.com/article/url/d/a/090410/1htm0m.html.（檢索日期：2009/4/10）

SMART 的觀念上，包括：「國防安全」、「外交安全」、「政治安全」與「經濟文化安全」四個方面。[77]

所以，在其就職演說中，馬英九強調台灣要堅持開放、大幅鬆綁、釋放民間的活力、發揮台灣的優勢；引導企業立足台灣、聯結亞太、佈局全球。[78]馬英九的國家安全戰略思維主要基於「對台灣有利、以人民為主」，在三不「不統、不獨、不武」下，維持現狀戰略：在兩岸優先下，協調外交與國防政策的推動。

二、台灣的國家安全政策

第一、大陸政策：和解兩岸、協商談判、創造雙贏：在 2008年五二零就職演說中，馬英九強調：「我們將以最符合台灣主流民意的『不統、不獨、不武』的理念，在中華民國憲法架構下，維持

---

[77] 所謂（SMART）的國家安全戰略內涵為：第一個支柱 S 是 Soft Power（軟實力）；第二個支柱 M 是 Military Deterrence（軍事嚇阻），也就是「軍事」面向上的安全；SMART 的第三個支柱 A 則是 Assuring the Status Quo，也就是在政治上「保證現狀」；第四個支柱 R 則是 Restoring Mutual Trust（恢復互信），這是「外交」面相的安全，應包括「修補互信」與「軍事合作」兩個層面；「國防安全」、「外交安全」、「政治安全」與「經濟文化安全」這四大支柱將撐起 SMART 概念的最後一個 T：Taiwan（台灣），台灣算是小的地方，但可以小而美、小而強、小而正（正派的正）。請參見：中華民國國家安全促進會，「一個 SMART 的國家安全戰略」，國家政策研究基金會，2008 年 2 月 26 日。http://www.npf.org.tw/post/11/3939.（檢索日期：2009/4/6）

[78] 「中華民國第 12 任總統馬英九先生就職演說」，http://www.president.gov.tw/php-bin/prez/showspeak.php4?-section=12&-recNo=60.（檢索日期：2009/04/26）

台灣海峽的現狀。一九九二年，兩岸曾經達成『一中各表』的共識，隨後並完成多次協商，促成兩岸關係順利的發展」，「今後將繼續在『九二共識』的基礎上，儘早恢復協商，並秉持四月十二日在博鰲論壇中提出的『正視現實、開創未來；擱置爭議、追求雙贏』，尋求共同利益的平衡點。」[79]馬英九認為台灣人目前不想與中國統一與搞「法理台獨」，想維持現狀，以後再決定統獨，另外也希望中國大陸維持緊密關係。[80]

事實上，高孔廉解讀馬英九的大陸政策主軸思維，在政治層面上，希望兩岸擱置主權爭議，回歸九二共識，亦即雙方均堅持一個中國原則，但對於一個中國的內涵與認知不同。在此種前提下，雙方進一步互不否認。[81]

換言之，馬英九總統的兩岸政策的核心就是「九二共識」，雙方認知世界上只有一個中國，但雙方的定義不同。台灣大陸政策的在於利用此種動力，驅動兩岸關係的發展，跳脫過去八年的敵意與衝撞。[82]同時，強調：「影響中國的方式很多，但核心在多接觸、

---

[79] 「中華民國第 12 任總統馬英九先生就職演說」，http://www.president.gov.tw/php-bin/prez/showspeak.php4?-section=12&-recNo=60.（檢索日期：2009/04/26）

[80] 「中華民國馬英九總統接受美國『華盛頓郵報』專訪」，大紀元，2008 年 12 月 15 日。http://www.epochtimes.com/b5/8/12/16/n2364355.htm.（檢索日期：2009/4/6）

[81] 「高孔廉：馬英九執政後的兩岸關係新契機」，中國評論新聞網，2008 年 4 月 2 日。http://www.chinareviewnews.com/doc/1006/1/0/1/100610159.html?coluid=19&kindid=0&docid=100610159&mdate=0402153820.（檢索日期：2009/4/6）

[82] 「台灣關係法 30 週年 馬總統盼美方軍售 F16C/D 戰鬥機」，NOWnews 今日新聞，http://tw.news.yahoo.com/article/url/d/a/090423/17/1ibae.html.（檢索

多貿易、多投資、多文化交流。接觸越多，越能發揮我們的影響力。」[83]

　　從 2008 年 5 月 20 日就職以來，馬政府的兩岸關係安排，第一階段以「外交休兵」為兩岸戰略定調，再進入第二階段的「法令鬆綁」，也就是兩岸週末包機與陸客來台的啟動；與第二階段同步發展為 2008 年 10 月底的第二次江陳會，會中討論兩岸海空關係正常化和事務性協商。在雙方具互利互惠的基礎後，第三階段則邁向台灣的國際空間談判，以及兩岸和平協定問題。[84]

　　是以，針對台灣的國際空間與兩岸和平協議商討，馬英九認為「唯有台灣在國際上不被孤立，兩岸關係才能夠向前進」，所以，他特別提出胡錦濤於 2008 年 3 月 26 日與美國布希總統談到「九二共識」、4 月 12 日在博鰲論題提出：「四個繼續」，以及 4 月 29 日提出兩岸要：「建立互信、擱置爭議、求同存異、共創雙贏」，因此馬英九提出：「兩岸不論在台灣海峽或國際社會，都應該和解休兵，並在國際組織及活動中相互協助、彼此尊重。」[85]

　　第二、外交政策：活路外交、外交休兵：馬英九特別強調，台灣「國際空間」的追求是「活路外交」的重點，希望台灣能夠更有

日期：2009/4/26）

[83] 「中華民國馬英九總統接受美國『華盛頓郵報』專訪」，大紀元，2008 年 12 月 15 日。http://www.epochtimes.com/b5/8/12/16/n2364355.htm.（檢索日期：2009/4/6）

[84] 「馬：推動修憲　盼任內簽和平協定」，中時電子報，2008 年 10 月 19 日。http://chinatimes.com/2007Cti/2007Cti-News/2007Cti-News-Content/0,4521,110501+112008101900018,00.html.（檢索日期：2008/10/29）

[85] 「中華民國第 12 任總統馬英九先生就職演說」，http://www.president.gov.tw/php-bin/prez/showspeak.php4?-section=12&-recNo=60.（檢索日期：2009/4/26）

意義的參與國際組織，來促進台灣人民的利益。因此，要以「尊嚴、自主、務實、靈活」作為處理對外關係與爭取國際空間的指導原則。所以，台灣爭取國際空間並非單邊性質作為，不僅有管道與國際組織接觸，還具有能力加以回饋。[86]

馬英九在台灣大學管理學院碩士在職專班（EMBA）以「金融海嘯後台灣經濟的發展與挑戰」，將來外交工作的重點是幫助國內廠商尋找新的商機，換言之，不要去搞沒有營養的惡鬥，要把時間與金錢花在協助國內廠商尋找國外的市場。[87]所以，馬英九強調：台灣將成為負責任的和平締造者，協助國際體系的穩定，透過台灣的民主制度、法治、社會福利制度，讓台灣成為跨國公司進入中國市場的最佳管道。[88]

第三、國防政策：守勢國防、積極裁軍：國防部依據馬英九總統建構「固若磐石」的國防政策，建立「嚇不了、咬不住、吞不下、打不碎」整體防衛戰力的指導，包括六項目標：建立精銳國軍、推動全募兵制、重塑精神戰力、完善軍備機制、加強友盟合作、優化官兵照顧。[89]

---

[86] 「台灣關係法 30 週年　馬總統盼美方軍售 F16C/D 戰鬥機」，NOWnews 今日新聞，http://tw.news.yahoo.com/article/url/d/a/090423/17/1ibae.html.（檢索日期：200904/26）

[87] 「馬總統：外交重點在協助廠商尋找新商機」，中央通訊社，http://tw.news.yahoo.com/article/url/d/a/090423/5/1ibsq.html.（檢索日期：2009/4/23）

[88] 「台灣關係法 30 週年　馬總統盼美方軍售 F16C/D 戰鬥機」，NOWnews 今日新聞，http://tw.news.yahoo.com/article/url/d/a/090423/17/1ibae.html.（檢索日期：2009/4/26）

[89] 國防部「四年期國防總檢討」編纂委員會，《中華民國 98 年四年期國防總檢討》（台北市：國防部，民 98.03），頁 40-41。

在上項國防政策指導下，國軍的軍事戰略構想為「防衛固守、有效嚇阻」，並完成下列任務：一、防衛固守，確保國家領土安全；二、有效嚇阻，維持堅實可恃戰力；三、反制封鎖，維護海空交通命脈；四、聯合截擊，阻滯敵人接近本土；五、地面防衛，不使敵人登陸立足。[90]國防部評估中國人民解放軍的可能軍事行動將以戰略威懾、局部封鎖（包含奪占外島）、關鍵目標打擊或不對稱作戰，未來若解放軍具有具備奪占台灣本島能力後，因特殊情勢或急迫需要，會直接發動大規模攻台作戰。[91]

不過，馬英九認為美國對台軍售相當重要，台灣不會在安全上搭美國的便車，台灣在「防衛固守、有效嚇阻」的原則下，強化自身力量的決心。除了建立一支全募兵制軍隊、國防預算不低於國內生產毛額的 3%，基於兩岸軍力的失衡，希望美國根據「台灣關係法」繼續提供防衛性武器。[92]

簡言之，如同孫子曰：「上兵伐謀，其次伐交，其次伐兵，其下攻城」，要運用一切軟、硬手段來保衛台灣的安全，才能帶來台灣海峽的和平。[93]除了本身硬權力的建構之外，透過國際戰略、外交等軟性力量的發揮，也是必要思維。

---

[90] 國防部「四年期國防總檢討」編纂委員會，《中華民國 98 年四年期國防總檢討》（台北市：國防部，民 98.03），頁 47-48。

[91] 國防部「四年期國防總檢討」編纂委員會，《中華民國 98 年四年期國防總檢討》（台北市：國防部，民 98.03），頁 28。

[92] 「台灣關係法 30 週年　馬總統盼美方軍售 F16C/D 戰鬥機」，NOWnews 今日新聞，http://tw.news.yahoo.com/article/url/d/a/090423/17/1ibae.html.（檢索日期：2009/4/26）

[93] 「馬總統：防衛固守、有效嚇阻　確保國家安全」，中華民國國防部，2009

陸、結語

　　經由本文上述研究過程，基本上可以瞭解「圖二：兩岸集體身分下台灣安全戰略分析架構圖」的適用性，換言之，透過兩岸互動過程所型塑的洛克無政府文化，牽動集體身份的形成，進而瞭解台灣的客觀國家利益內涵，導引馬政府國家安全戰略的產出，經由回饋過程再度影響兩岸的無政府文化生成。

　　不過在研究過程發現，集體身份與客觀國家利益的確實掌握，是國家能否建構完整安全戰略的主因。以下部分，先進行建構主義的檢討，次則論述多邊主義的引用，進而提出建構台灣多邊安全戰略的建議。

　　首先，建構主義集體身份論述的檢討，包括兩個層面的變化，都會影響「集體身份」是否能夠持續運作的關鍵，第一、影響「集體身份」的必要條件：「自我約束」的改變機率；所謂「自我約束」是一種主觀性的作為，除了決策者因素之外，決策機制的相互制衡，也會影響決策的產出。基於不同國家體制，決策者能夠主導「自我約束」的能量不同。在專制獨裁國家，決策者的意志主導一切，例如北韓金正日政權發射飛彈一事；但在自由民主國家，政策制定以民意為依歸，美國處理伊朗核武問題，還必須考量國際輿論與國內政治動向。

年 2 月 13 日。http://www.mnd.gov.tw/Publish.aspx?cnid=67&p=32103.（檢索日期：2009/4/6）

　　以台灣為例，至 2012 年以前，尚有多項選舉，朝野兩黨為了國內政治利益，會提出各種激進的主張。相對中國方面，胡錦濤將於 2012 年結束任期，兩岸關係的歷史定位成為北京關鍵課題。另外，兩岸籌畫軍事互信機制的建立，台灣基於傳統與華盛頓的關係，也必須考慮美國的立場。[94]

　　另外，兩岸所形成「集體身份」是一種複合性的構成，既有經濟互利、社會文化與反台獨、反分裂的集合，台灣應該強化操之在我的軟性層面，擴大台灣自由民主的利基，政府與民間結合參與兩岸交流。最後，當馬政府急於和北京建立「集體身份」之際，疏忽與國內反對黨建立國家發展與兩岸關係的共識，造成國家團體身份的分裂，亦即國內主權統治文化的裂解，為影響未來發展的變數。

　　所以，強化雙方「自我約束」的先決要件，除了領導人的「自我束縛」之外，兩方制度化協議的簽訂、國際社會的適度介入，加上上民主國家內部政治勢力的支持，應該是成功的關鍵。

　　第二、國家客觀利益優先秩序的調整問題。客觀國家利益區分為：「生存、獨立自主、經濟財富、集體自尊」等四項，透過集體身份下，是一種客觀存在的現實。但是，決策者的主觀判斷，又可能改變其間的相互關係，例如以「經濟財富」為主軸利益，整體戰

---

[94] 關於國防部長陳肇敏提出與中國建立軍事互信機制的三個前提說：「放棄一中框架、撤除飛彈、放棄武力犯台」，中國評論認為是考量美國的態度，並提出陳肇敏把結果當前提 把結束當開始。參見：http://www.chinareviewnews.com/doc/1009/1/5/0/100915044.html?coluid=7&kindid=0&docid=100915044&mdate=0317001944.（檢索日期：2009/4/3）

略與政策，均以此為追求的主要目標。但是，如果決策者的判斷與國家客觀利益急迫性背道而馳，任何的戰略與政策都無法實現。

目前，台灣的整體戰略思維在於結合中國，邁向世界，是以兩岸的經貿關係成為政府施政的要務，包括：相關經貿體制的建立，透過江兩岸兩會協商及 ECFA 的簽訂，讓兩岸經貿關係更加緊密結合，台灣是否因此更加依賴中國，換言之，如果沒有其他避險機制，台灣的經濟安全就會受到北京的威脅。台灣主權「獨立自主」的利益，可能會因為經濟利益的優先性而受到影響。

是以，如何強化兩岸「集體身份」，並完整呈現國家客觀利益的內涵，讓影響集體身份的「自我約束」，與充分條件：「同質性」、「共同命運」與「相互依存」深化，本文以為透過「多邊主義」途徑，可以建構一個有利於台灣的多邊安全戰略。因為多邊主義強調「互惠性」、「擴散性」與「不可分割性」，運用多邊主義途徑來增加台灣對中國單邊主義，或是兩岸雙邊主義的不確定性因素，從多邊主義途徑，增加台灣的安全係數。

魯杰（John Gerard Ruggie）以為多邊主義的獨特性，不但「在於其協調三個或者更多國家組成的國家團體的政策—這是其它組織形式也在做的事情，同時也在於它是在調整這些國家間關係的一定原則基礎上進行的協調活動。」[95]是以，此種安全體系假設和平是不可分割的概念，國家集團在必要的情況下，有義務經由外交手

---

[95] 約翰‧魯杰（John Gerard Ruggie），「作為制度的多邊主義的剖析」（Multilateralism: The Anatomy of an Institution），蘇長和等譯，魯杰（John Gerard Ruggie）主編，《多邊主義的重要意義：一項制度與型式的理論與實踐》（杭州：浙江人民出版社），頁 8。

段、經濟制裁或使用武力來對付威脅或是侵略做出反應，任何一個理性的可能侵略者，面對此種潛在的集團範圍的反應下，都會因而被威懾而自我克制，從而戰爭就可以減少。[96]

中國學者蘇長和研究指出戰後世界政治多邊主義的興盛與美國特有的世界政治理念有關，美國認為國際社會與國內社會在性質上一樣，差別之處為：國際社會無法如同國內社會一般有秩序，在於國際社會的制度安排與供給不完整。因此，建立有管制意義的國際制度才是穩定國際社會之道。[97]

是以，本文認為台灣應建構以「海洋國家」為主軸的多邊安全戰略，海洋國家戰略思維，必須先從海權觀念的提倡、釐清台灣的海洋利益為何，才能夠具以設計台灣的海洋戰略，及其下的各項海洋政策與海洋事務機制的建立。[98]在競選期間，馬蕭提出「藍色革命、海洋興國」的海洋政策白皮書，主張：「發展海洋戰略，走出冷戰鎖國思維，邁向海洋」，以及「開放南海，共同開發，促進亞太區域安定」。[99]2009 年 4 月 24 日，馬英九總統表明希望將來成

---

[96] 約翰・魯杰（John Gerard Ruggie），「作為制度的多邊主義的剖析」（Multilateralism: The Anatomy of an Institution），蘇長和等譯，魯杰（John Gerard Ruggie）主編，《多邊主義的重要意義：一項制度與型式的理論與實踐》（杭州：浙江人民出版社），頁 10。

[97] 蘇長和，「譯者序一美國政治與多邊主義」，蘇長和等譯，魯杰（John Gerard Ruggie）主編，《多邊主義的重要意義：一項制度與型式的理論與實踐》（杭州：浙江人民出版社），頁 2。

[98] 請參見：翁明賢、吳東林，「新安全環境下的台灣海洋戰略」，國防政策評論出版，台灣國防安全與海權發展國際研討會，2002 年 1 月，頁 1-39。

[99] 「馬英九、蕭萬長海洋政策」，馬英九、蕭萬長 2008 總統大選競選網站。http://2008.ma19.net/policy4you/oceans.（檢索日期：2009/3/29）

立海洋委員會，扭轉長期施政「重陸輕海」觀念，走向「藍色革命，海洋興國」。[100]在參與和美國戰略與國際研究中心的視訊會議，馬總統也提出台灣的地理優勢地位，東邊是美國、其他邊為日本、中國與東協，作為多邊交流的平台與多方雙贏的平台。[101]

　　事實上，海洋為多邊主義運作的最佳平台。從北京角度言，中國崛起成為事實，為了海外能源運輸與海上貿易安全，突穿第一島鏈逼近第二島鏈、建構兩洋戰略，建立環亞洲大陸的海洋戰略邊疆，以建立十七大所設定的國家發展目標，是必然的戰略思維。是以，北京發展從近岸、近海走向遠洋之藍水海軍，擴大海權的發展過程，台灣扮演關鍵性角色。

　　首先，身為海島國家的地緣戰略位置，從全球化角度言，思考台灣對全球國家的影響，發揮台灣的軟性產業與全球資訊產業能量。第二、從區域性言，對亞太國家的戰略利基在於東海權、西陸權的平衡點，以及中國東出太平洋、南下印度洋的關鍵點。第三、兩岸關係：思考兩岸的定位，包括：呂前副總統的「遠親近鄰」關係，進行「創造性的交往」與「創造性的合作」，就是所謂的「3C+1」的概念。[102]此種模糊與擱置兩岸主權的爭議，從積極交往角度，讓台灣的民主發展成為中國未來的示範。

---

[100] 「總統:成立海洋委員會　跨出海洋興國第一步」，http://iservice.libertytimes.
com.tw/liveNews/news.php?no=206075&type=%E5%8D%B3%E6%99%82
%E6%96%BO%E8%81%9E.（檢索日期：2009/4/24）

[101] 「台灣關係法 30 週年　馬總統盼美方軍售 F16C/D 戰鬥機」，NOWnews 今
日新聞，http://tw.news.yahoo.com/article/url/d/a/090423/17/1ibae.html.（檢索
日期：2009/4/26）

[102] 呂前副總統提出的「遠親近鄰」概念是在，2007 年爭取民進黨總統初選提

在台灣的國家安全政策思考上，第一、兩岸政策方面：基於複合鏈結、共存共贏，跨大兩岸複合集體身份的建構；借力使力、擴大利基，加強與中國各階層的交往。同時，善用台灣軟實力多元結合中國、亞太與全球勢力。

第二、外交政策上：經營邦交國與參與國際社會，應該多邊務實、軟硬兼施，發揮台灣存在才是硬道理。另外，東西雙翼拉住「美日」與「印度」關係，強化民主海洋國家的戰略結合。

第三、國防政策：規劃不對稱戰略與戰力；推動與美日安保同盟的模糊戰略結盟、清晰戰術協調。在軍事戰略上應該強調「有限嚇阻、主動防衛」，在海空軍的建軍規劃方向，建立從台灣本島、外、離島至東沙島、太平島、至麻六甲海峽的防線（近岸、太平洋、南海），以達「沿海防禦、區域控制、遠洋延伸」的戰略目標，確立台灣的海洋戰略邊疆。

出的「3C+1」的觀念。所謂 3C+1 中的 3C 為「和平共存」（co-existence）：兩岸在主權方面，不要兵戎相見；「分工合作」（co-operation）：在產業發展上可以分工合作；「互助共榮」（co-prosperity）：在人文社會方面，兩岸可以互助共榮；至於 1C 為兩岸性的交往，達到「創造性合作」（constructive engagement）。 http://www.chinareviewnews.com/doc/1009/4/1/4/100941429/html?coluid=1&kindid=0&doc.（檢索日期：2009/4/16）

中共「軍事安全互信機制」之分析

楊開煌

（銘傳大學公共事務學系教授）

壹、前言

　　自從馬總統上台之後，兩岸關係的變化是大家有目共睹的，特別的兩岸兩會的協商，兩岸直航的啟動，大陸觀光客的開放等，為兩岸關係鋪陳了新的氣氛和新的機會；於是兩岸之間，有些過往曾被一再提及，但在民進黨執政期間不可能涉及的議題，就自然而然地被提出，如台灣的國際活動空間、兩岸的政治定位、兩岸的和平協議以及兩岸軍事互信機制等，如今不但被屢屢提出而且出現不少新的機會，如連戰代表馬總統參與 APEC 領袖高峰會，又如今（2009）年 WHA 目前也傳出令人鼓舞的信息，而軍事關係在兩岸關係中佔據十分重要的地位，按兩岸之間先易後難的協商原則，兩岸軍事關係絕非優先議題，然而在胡錦濤最近的發言中，溫家寶的報告中也都點到兩岸軍事議題，加上大陸若干涉台的軍人也在這一段時間內陸續公開發言，呼籲改善兩岸軍事關係，當然在兩岸政

治關係逐步改善的同時，要考慮到兩岸軍事關係的改善，這是必然的。因此，雖然兩岸軍事關係問題不是當前優先議題，但是仍然引起極大的關心。[1]同時，在目前兩岸關係的形勢來看，兩岸軍事關係重構的可能性已經存在，所以自去年五月以來，有并兩岸建立「軍事互信機制」的相關的討論、論文、研討會、座談會已經引起很多的關注，而且已經涉及幾乎是所有的層面，然而此一議題依然引起本文的關注的原因是胡錦濤在「攜手推動兩岸關係和平發展　同心實現中華民族偉大復興」（即一般簡稱「胡六點」的講話）[2]乙文中，特別使用了「建立軍事安全互信機制」乙詞，而非中共以往的「建立軍事互信機制」的用語，究竟胡錦濤的講話中所使用的「建立軍事安全互信機制」，與一般通用的「建立軍事互信機制」，有否差異，有何差異，其背後的思惟邏輯為何，或者只是修飾形容而已，其後個人在大陸也與若干軍事學者討論，有人提醒認為應該重視此一名詞的使用，也有人並不特別注意，因而更加值得進一步推敲；以便深入理解中共所說的「建立軍事安全互信機制」或「建立軍事互信機制」的涵義與我方學者、精英所討論的「建立軍事互信機制」是否完全一致，這是本文希望討論的重點。

---

[1]　「兩岸軍事也應截彎取直，建立互信」，http://www.xmnn.cn:8080/sjmpl/jspl/200807/t20080724_645997.htm，2008/07/24.

[2]　「攜手推動兩岸關係和平發展　同心實現中華民族偉大復興」，http://www.chinataiwan.org/wxzl/zhgzhywx/200901/t20090105_810383.htm，2008/12/31

貳、問題之轉折

對兩岸當局而言，兩岸關係不論是在國民黨與共產黨時期，或是共產黨與民進黨時期，本質的都是一種「敵對關係」，「敵對關係」的根源在於台灣「主權」的看待，以及由之延伸的台灣安全的不確定感，再則兩岸制度和價值的差異所帶來的不信任；所幸在近廿年的兩岸交流後，「敵對關係」開始出現變化，只是其中來自兩岸軍事關的「不安全感」，因為沒有正式的交流，仍處在嚴重的敵對狀態之下，這種軍事關係的敵對原本是服從和服務於政治關係的敵對，同時也必然回過頭強化了政治的敵對關係，所以每當兩岸的政治關係出現變化，或是在希望兩岸關係和解的時候，化解軍事對立關係的呼籲就會被提出。

一、呼籲結束兩岸敵對狀態

早在 1979 年中共全國人大常委員發表《告臺灣同胞書》時，就呼籲兩岸就「結束軍事對峙狀態」進行商談。1992 年 10 月中共召開「十四大」，江澤民在政治報告中指出：「我們再次重申，中國共產黨願意同中國國民黨儘早接觸，以便創造條件，就正式結束兩岸敵對狀態、逐步實現和平統一進行談判。在商談中，可以吸收

兩岸其他政黨、團體和各界有代表性的人士參加。」[3]這時已將兩岸「結束兩岸敵對狀態」的名詞，作為中共當局對台灣正式的政治號召提出。

其後中共當局就不斷地提出相同的呼籲，1993 年中國發表「臺灣問題與中國的統一」白皮書，提出「為結束敵對狀態，實現和平統一，兩岸應儘早接觸談判」[4]1995 年「江八點」提出時，大陸又建議「雙方可先就『在一個中國的原則下，正式結束兩岸敵對狀態』進行談判，並達成協議。」[5]1997 年 9 月中共「十五大」說：「作為第一步，海峽兩岸可先就『在一個中國的原則下，正式結束兩岸敵對狀態』進行談判，並達成協議；」[6]2000 年 2 月中共發表「一個中國的原則與臺灣問題」白皮書，提出政治談判可以分步驟進行，第一步，先就在一個中國原則下正式結束兩岸敵對狀態進行談判，並達成協議，共同維護中國的主權和領土完整，並對今後兩岸關係發展進行規劃。[7]2002 年「十六大」說「在一個中國的前提下，

---

[3] 1992 年 10 月 12 日，http://cpc.people.com.cn/GB/64162/64168/64567/65446/4526308.html，「加快改革開放和現代化建設步伐 奪取有中國特色社會主義事業的更大勝利」

[4] 「臺灣問題與中國的統一」，http://www.gov.cn/zwgk/2005-05/25/content_661.htm，（1993/08）

[5] 「江八點與李六條對照表」，http://newcongress.yam.org.tw/taiwan_sino/chiang-lee.html

[6] 1997/09/12，http://cpc.people.com.cn/GB/64162/64168/64568/65445/4526285.html，「高舉鄧小平理論偉大旗幟，把建設有中國特色社會主義事業全面推向二十一世紀」。

[7] 「一個中國的原則與臺灣問題」，http://www.gov.cn/gongbao/content/2000/content_60035.htm，（2000/02）

什麼問題都可以談，可以談正式結束兩岸敵對狀態問題」[8]面對如此積極的態度，當時掌權的李登輝在所謂「李六條」的回應中，也提出「我們將由政府有關部門，針對結束敵對狀態的相關議題進行研究規劃，當中共正式宣布放棄對台澎金馬使用武力後，即在最適當的時機，就雙方如何舉行結束敵對狀態的談判，進行預備性協商。」[9]的具體途徑，其後由於眾所週知的原因，這些建議並沒有實現，其後的兩岸關係發展反而每下愈況。而在台灣則一再提出相似的建議，不過使用的名詞是建立「軍事互信機制」，在我方政府最早使用相似「建立軍事互信機制」的詞彙，應該是在羅本立擔任參謀總長時期，參謀本部就曾進行過兩岸「信任建立措施」的研究，1996 年年底的「國家發展會議」的研究報告中就已經提出，兩岸架設「熱線」並互派代表，是結束敵對狀態並簽署和平協議的要件之一。到了 1998 年 4 月 17 日當時擔任行政院長的蕭萬長，在立法院回答立法委員張俊雄質詢時，就曾公開提議：「為避免軍事誤判，兩岸應建立軍事互信制度，交換軍事活動訊息，以便軍事活動透明度，達到兩岸和平。」[10]不過同年 7 月時任國防部長的蔣仲苓則認為「言之過早」，到了 1999 年 2 月 9 日當時的國防部長唐飛在國防部記者會中也表示「兩岸軍事預警機制的建立，不是一廂情願可以做到的，必須等到兩岸政治對話發展到某一程度時，軍事對話即可順理成章的推動。」[11]在民進黨掌權後，2000 年 5 月 31 日國防

[8] 江澤民，「全面建設小康社會，開創中國特色社會主義事業新局面」，http://www.southcn.com/news/ztbd/llb/bg/200211160429.htm（2002 年 11 月 8 日）。
[9] http://newcongress.yam.org.tw/taiwan_sino/chiang-lee.html，江八點與李六條對照表。
[10] 轉引自王振軒、趙哲一，「建立信任措施──兩岸建立軍事互信機制之研究」。
[11] 參前註。

部長伍世文在立法院答詢時，公開表示，兩岸設立兩岸軍事熱線，不但「可行」，同時也表示可由退役將領負責與對岸聯繫開始做起。2002 年 2 月間，新任國防部長湯曜明就聲稱，國防部將致力於兩岸「軍事透明化」，建立兩岸軍事「互信機制」。此一時期，有關此一議題，相對於台灣的期待，中共總以「兩岸對話與談判，平等協商，正式結束敵對狀態」加以因應，北京當局此種的用語，說明了中共對建立「兩岸軍事互信機制」乙詞的疑慮，原因是「軍事互信機制」，原本是由「歐洲安全合作會議」發展而來，初次提出於1973 年的歐安會預備會議，成形于 1975 年簽署的《赫爾辛基最終協議》，再經 1986 年的《斯德哥爾摩文件》及分別於 1990、1992、1994 年簽訂的《維也納文件》修訂後日臻完善。此一機制的產生原本是冷戰時代的產物，目的是使北約組織和華沙集團之間，減少因「誤解」而產生衝突和戰爭的危險；其方法主要是「指在軍事領域內建立的各種直接涉及改善安全環境的各種措施，包括溝通性措施、透明性措施、限制性措施與驗證性措施，也有學者另增宣示性措施和海上安全救援措施兩項」[12] 立意在於避免戰爭，維持和平；對於兩岸的形勢，具有很實用的意義，而關鍵就在於「歐洲安全合作會議」，是由歐洲的主權國家參與的區域性國際組織，1998 年中共的國防白皮書說：「國家間建立信任是維護安全的有效途徑」[13] 是以「軍事互信機制」也就是國與國間的協議，兩岸之間絕不能讓人誤認為是國與國的關係，所以中共一直使用「結束兩岸敵對狀態」，以顯示是一國之內的事務。

---

[12] http://hk.huaxia.com/gate/big5/blog.huaxia.com/html/02/8402_itemid_1850.html，「構建兩岸軍事互信機制的若干問題芻議」，(檢索日期 2009/01/12)

[13] http://www.gov.cn/zwgk/2005-05/26/content_1107.htm，「中國的國防」，(1998/07)

二、建立兩岸軍事互信機制

　　直到 2004 年，台灣的政局走向，出現與北京當局的願望完全相反的情勢，2004 年 5 月 17 日北京當局為了因應兩岸關係的變局，受權「中台辦」發表「517 聲明」，聲明中提及「恢復兩岸對話與談判，平等協商，正式結束敵對狀態，建立軍事互信機制，共同構造兩岸關係和平穩定發展的框架。」[14]這應該是中共領導人首次正式提出兩岸「結束敵對狀態」關係之外首次提出軍事議題，而且直接使用在西方比較流行通用的「建立軍事互信機制」的詞彙，當然中共很謹慎在兩建立「軍事互信機制」之前，加上在「一個中國」的原則下，兩岸商談「建立軍事互信機制」，此後「結束敵對狀態」和「建立軍事互信機制」的用語就常見於中共領導人的講話，以及中共的重要文獻中被運用：2004 年 12 月中共的國防白皮書稱「只要臺灣當局接受一個中國原則、停止「台獨」分裂活動，兩岸雙方隨時可以就正式結束敵對狀態，包括建立軍事互信機制進行談判。」[15]2005 年胡在參加全國政協的民革、台盟、台聯的聯組會上，提出「胡四點」，其中第一點就指出「只要臺灣當局承認「九二共識」，兩岸對話和談判即可恢復，而且什麼問題都可以談。不僅可

---

[14] 「中台辦、國台辦就當前兩岸關係問題發表聲明」http://news.xinhuanet.com/taiwan/2004-05/17/content_1472605.htm，（2004/05/17）

[15] 「2004 年中國的國防」http://www.gov.cn/zwgk/2005-05/27/content_1540.htm，（2004/12）

以談我們已經提出的正式結束兩岸敵對狀態和建立軍事互信、臺灣
地區在國際上與其身份相適應的活動空間、臺灣當局的政治地位、
兩岸關係和平穩定發展的框架等議題」。[16]之後在胡連公報中又說
「促進正式結束兩岸敵對狀態，達成和平協定，建構兩岸關係和平
穩定發展的架構，包括建立軍事互信機制，避免兩岸軍事衝突。」[17]
在「胡宋公報」中亦說「推動結束兩岸敵對狀態，促進建立兩岸和
平架構。兩岸應通過協商談判正式結束敵對狀態，並期未來達成和
平協定，建立兩岸軍事互信機制，共同維護台海和平與安全，確保
兩岸關係和平穩定發展。」[18]在上述的講話和文獻中，北京當局的
用語都是「結束敵對狀態」「建立軍事互信機制」，顯然北京當局
一方面是從國共內戰的兩軍停火的角度來面對此一議題，另一方面
再加上葉劍英在 1981 年「向新華社記者發表的談話」時，就指出
「國家實現統一後，臺灣可作為特別行政區，享有高度的自治權，
並可保留軍隊。」[19]鄧小平的「一國兩制」又作了台灣可以保留軍
隊的承諾，所以兩岸的「軍事互信機制」，是可以單指「兩軍」，
而絕非「兩國」之間的協議；突破了「建立軍事互信機制」只能是
國與國間協議的迷思與窠臼，北京當局的用語也就沒有障礙。不過

---

[16] 「胡錦濤提新形勢下發展兩岸關係四點意見」http://www.chinataiwan.org/
wxzl/zhgzhywx/200508/t20050812_195918.htm，（2005/03/04）

[17] 「胡錦濤與連戰會談新聞公報」http://www.chinataiwan.org/wxzl/zhgzhywx/
200508/t20050830_198265.htm，（2005/04/29）

[18] 2005.05.12，「中國共產黨總書記胡錦濤與親民黨主席宋楚瑜會談公報」，
http://www.chinataiwan.org/wxzl/zhgzhywx/200509/t20050903_199004.htm

[19] http://www.chinataiwan.org/wxzl/zhyyl/yjy/200104/t20010410_35233.htm，「葉
劍英向新華社記者發表的談話」（1981/09/30）

為了避免外界的過度解釋，所以在兩岸之間，類似的高政治的任何接觸、對話、協商、協議，都必然是在明確的政治原則之下，以2004 到 2008 年的兩岸政治情勢，只要在「結束敵對狀態」「建立軍事互信機制」前設有明確的政治原則，台灣的掌權者就不可能與之討論相關的協定，如此一來，中共使用了國際的用語，一方面中共在議題上既不失立場，又具有主導性；另一方面民進黨政府如果願意協商，自然就是同意「一中」原則，反之民進黨政府不談，中共也成功地塑造了自己不好戰的和平形象。在中央定了調之後，解放軍也開始出面呼籲，先是在 2005 年末，大陸的「海峽之聲」廣播電台邀請「軍事科學院臺灣軍事研究中心」主任王衛星研究員，在「軍事在線」節目中討論台海形勢，他認為大陸一系列對台的新政策，已經取得「反獨」的主動權，他說：「2005 年台海緊張局勢緩和跡象出現了，2006 年，從國際形勢的發展來看，從島內民心的走向來看，從兩岸關係的趨勢來看，均會出現一個相對穩定的格局」[20]這與他在同年三月中共「全國人大」通過「反分裂法」時，接受新華社訪問警告「只要不搞『台獨』，就不必對這部法律感到緊張和害怕」[21]的論點是有明顯的區別。次年的年中在大陸海協會的「海峽兩岸關係研究中心」全體會議中，王衛星也提出「只要承認一個中國原則，承認「九二共識」，不管是什麼人、什麼政黨，也不管他們過去說過什麼、做過什麼，我們都願意同他們談發展兩

---

[20] 2005 年 12 月 30 日，http://mil.fjii.fj.vnet.cn/2005-12-30/24439.htm，「大陸取得反「台獨」戰略主動權——中國權威軍事專家評點 2005 台海軍事」。

[21] 軍科研究員王衛星，「不搞『台獨』就不必緊張和害怕」，記者韋偉 2005 年 03 月 21 日，http://news.xinhuanet.com/mil/2005-03/21/content_2722553.htm

岸關係促進和平統一問題，其他問題也都可以談，包括建立軍事互信機制……」[22]到了 2007 年開始，王衛星先在紀念「江八點」12週年的座談會上，直接呼籲：「兩岸軍人的價值觀應該建立在民族大義之上，『台獨』意味著戰爭，為『台獨』而戰，對臺灣軍人來說，是一場沒有勝利希望的戰爭……兩岸中國軍人應攜手維護和促進兩岸和平與發展，希望兩岸能儘快『結束敵對狀態』建立『兩岸軍事互信機制』」[23]這次的發言，受到各種因素的影響，特別是台灣在民進黨政府的統治下，大家都認為根本沒有可能性。因而並沒有產生漣漪的效果；所以到了同年 10 月王衛星在參加福建泉州的「統一理論」會議上，公開提出兩岸軍人合作「反獨」的構想；其後將之轉為文字登於「瞭望週刊」。王以現役將領的身份，在大陸重要的官方網站上針對台灣地區的軍人，發表「兩岸軍人可以合作反獨」的論點，自然引起海內外的重視。文章指出「台灣的駐軍有愛國主義的傳統，在兩岸和平發展時期，更需要兩岸軍隊的協力維護和共同捍衛。……為「台獨」而戰，對臺灣軍人來說，是一場沒有絲毫勝利希望的戰爭。」[24] 在台灣被認為是統戰的手法，[25]而美

[22] 王衛星，2006 年 05 月 28 日，http://web.jlnu.edu.cn/ggw/html/guonashizheng/lianganguanxi/taiwanwentiwenjian/2006/0528/220.html，「反分裂法的現實意義與深遠影響」，華夏經緯網。

[23] 王衛星：http://www.china.com.cn/overseas/txt/2007-02/01/content_7744278.htm，「望結束兩岸敵對狀態　建立軍事互信機制」，人民日報海外版，（2007/02/01）

[24] http://big5.xinhuanet.com/gate/big5/news.xinhuanet.com/tai_gang_ao/2007-12/14/content_7247317.htm，「兩岸軍人應攜手合作遏制『台獨』」，2007年 12 月 14 日，瞭望週刊。

[25] 2007 年 12 月 21 日，http://big5.xinhuanet.com/gate/big5/news.xinhuanet.com/

方專家也認為有困難。[26]但是宣傳的效果已經彰顯。2008 年 3 月 22 日台灣大選結果公布之後，兩岸關係出現明顯的變化，這一年 7 月在杭州召開的「2008 兩岸關係研討會」，王衛星又提出「兩岸軍事互信機制未來發展路線圖」的構想他說「兩岸軍方完全可以在一個中國原則的基礎上，盡早進入實質性的「和平接觸」，舉行結束兩岸敵對狀態談判，商議建立軍事互信機制，並共同設計『兩岸軍事互信機制未來發展路線圖』」[27] 從以上的發言，我們可以發現北京當局所呼籲建立的「兩岸軍事互信機制」，對中共而言，應該是其對台政策「和平發展」的重要組成部份，所以中共軍方才會一再提出呼籲；其呼籲的內容在民進黨統治時期，主要是對台軍人進行「反獨」宣傳，而宣傳的重點和對象應該是台軍中屬中高階以上的軍人，所以宣傳的內容會強調過去兩岸軍隊一直站在反「台獨」鬥爭的同一條戰線上，維護國家統一、反對分裂圖謀；強調過去在對外鬥爭中曾有的合作默契，強調國軍的愛國傳統，強調臺灣軍人也是中國軍人；所以才會在 07 年末開始進行兩岸軍人可以合作反獨」的宣傳；到了 08 年 3 月之後，開始進行建立「兩岸軍事互信機制」的規畫階段，足見共軍在黨的領導下，其推動「兩岸軍事互信機制」政策是有步驟，有針對性而且隨台灣形勢的變化而有相應的策略。

tw/2007-12/21/content_7287526.htm.
臺軍報專論「反駁」兩岸軍人攜手維護和平「喊話」，國際先驅導報
[26] 2008 年 10 月 21 日，http://www.singtaonet.com/glb_military/200810/t20081021_883143.htm，美國專家：兩岸軍事互信機制良機未到　障礙多
[27] 王衛星，「未來路線圖　兩岸成友軍」(2008/07/11)，http://udn.com/NEWS/WORLD/WOR1/4421745.shtml，聯合報記者林琮盛。

三、建立兩岸軍事安全互信機制

　　2008 年 12 月 31 日胡錦濤以中共總書記、國家主席、中央軍委主席身份,在北京紀念「告台灣同胞書」發表卅年的紀念會上,發表「攜手推動兩岸關係和平發展　同心實現中華民族偉大復興」的講話,提出了「兩岸可以就在國家尚未統一的特殊情況下的政治關係展開務實探討。為有利於穩定台海局勢,減輕軍事安全顧慮,兩岸可以適時就軍事問題進行接觸交流,探討建立軍事安全互信機制問題。」這是第一次中共領導人使用建立「軍事安全互信機制」乙詞,來取代以往慣用的「軍事互信機制」乙詞,在剛出現時並沒有引起注意,事實上,到現在共軍內部也沒有完全統一的說法。例如:

1. 共軍軍科院少將羅援在「兩岸建立軍事安全互信機不可失」乙文,不但使用「軍事安全互信機制」乙詞,而且文中特別說明「軍事安全互信機制」與「軍事互信機制」的差異。強調了差異的意義。[28]

2. 國防部新聞事務局局長兼國防部新聞發言人胡昌明在國務院新聞辦公室舉行的新聞發佈會上說「兩岸適時就軍事問題進行接觸交流,探討建立軍事互信機制問題,有利於雙方減輕軍事安全顧慮,有利於穩定台海局勢,推進兩岸關係的和

---

[28] 「兩岸建立軍事安全互信機不可失」,2009/01/05,羅援,http://big5.xinhuanet. com/gate/big5/news.xinhuanet.com/tw/2009-01/05/content_10605899.htm.

平發展。」[29]不過這是記者的轉述，我們無法確知發言人準確的用語。

3. 共軍軍科院少將王衛星再撰文「兩岸軍人攜手共建軍事安全互信」文中使用了「軍事安全互信機制」乙詞，不過並沒有特別強調此一名詞的意義，而是說明了政治互信與軍事互信的關係：「在兩岸互信關係的建立中，政治互信是安全互信的基礎，而軍事互信則是安全互信的核心。……建立兩岸軍事安全互信，關鍵是看雙方有沒有政治層面上的相互信任。」[30]

4. 2008 年 2 月 12 日在香港《文匯報》刊出署名文章說，臺灣海峽兩岸建立軍事安全互信機制，至少有三大好處。期待該項機制越早設立越好。三大好處：一是利于和平統一，可將兩岸關係牢牢地穩定在「一中原則」、和平發展框架之內，二是利于遏制「臺獨」氣焰，穩定臺海局勢，三是利于兩岸軍人、軍隊互訪交流。[31]

5. 我們也注意到胡錦濤講話的英文釋本在相關的章節其英譯是「He also suggested the two sides to step up contacts and exchanges on military issues "at an appropriate time" and talk about a military security mechanism of mutual trust, in a bid to

---

[29] http://www.chinataiwan.org/wxzl/qtbwwx/gwyzchbf/gfb/200901/t20090121_819741. htm，國防部發言人，「兩岸應為適時軍事交流共同努力創造條件」，（2009/01/20）

[30] 王衛星，「兩岸軍人攜手共建軍事安全」http://www.chinareviewnews.com/ doc/1008/6/6/3/100866395.html?coluid=1&kindid=0&docid=100866395&mdate=0203104040，2009 年 02 月 03 日。

[31] http://big5.am765.com/sp/xwzt/jslw/200902/t20090213_428231.htm，「兩岸建立軍事互信機制具三大好處」。

stabilize cross-Straits relations and ease concerns about military security」[32]此一譯本是「a military security mechanism of mutual trust」和一般所譯的「CBMs」（Confident Building Measures）是不一樣。

以上的引用文本，可以基本確定中共當局在處理兩軍關係上的用語又有了改變，特別是在英譯文本上，捨棄了國際通用的「CBMs」，而採用字對譯的方法，這樣的變化如果完全沒有那就不必多此一舉，如果是肯定的，那麼其代表的意義為何，應該是作為「兩軍」的另一軍的我們，必需注意的變化。

參、軍事安全互信機制之探索

一、文本陳述

自從中共的對台政策由解放台灣轉向和平統一之後，共軍方面除了發表停止砲擊金門之外，幾乎沒有相關的文件涉及兩軍關係的討論。

---

[32] http://www.chinataiwan.org/english/key/is/hu/200901/t20090104_809106.htm，President Hu offers six proposals for peaceful development of cross-Strait relationship，（2009/01/04）.

　　1983 年鄧小平在談論「一國兩制」的構想時，鄧小平曾說「臺灣還可以有自己的軍隊，只是不能構成對大陸的威脅。大陸不派人駐台，不僅軍隊不去，行政人員也不去。臺灣的黨、政、軍等系統，都由臺灣自己來管。」[33]這是說明在兩岸統一後，台軍仍可保留，基本上比抗戰勝利時國軍收編「八路軍」的方式要寬大一些；但是統一前如何，並沒有說明，所以在「江八點」提出「結束敵對」之後，1998 年中共的第一部國防白皮書說「中國政府努力謀求以和平方式實現國家的統一，但不承諾放棄使用武力」但也沒有處理兩軍關係。[34]2000 年國防白皮書出版時，已經是面對民進黨執政的時期，政治上是「聽其言，觀其行」沒有定性，國防白皮書放說法也是軟硬兼施：「中國政府盡一切可能爭取和平統一，主張通過在一個中國原則基礎上的對話與談判解決分歧。但是……『臺灣獨立』就意味著重新挑起戰爭，製造分裂就意味著不要兩岸和平。……中國人民解放軍…決不容忍、決不姑息、決不坐視任何分裂祖國的圖謀得逞。」[35]2002 年國防白皮書說法依然沒有改變，「以最大的誠意、盡最大的努力爭取和平統一的前景，但決不承諾放棄使用武力。中國堅決反對任何國家向臺灣出售武器或與臺灣進行任何形式的軍事結盟。中國武裝力量堅決捍衛國家主權和統一，有決心、有能力

---

[33] 鄧小平，「中國大陸和臺灣和平統一的設想」http://cpc.people.com.cn/GB/
69112/69113/69684/69696/index.html，1983 年 6 月 26 日，鄧小平文選第三卷。

[34] 「中國的國防」(1998/07)，http://www.gov.cn/zwgk/2005-05/26/content_1107.
htm

[35] 「2000 年中國的國防」，2000-10-16，http://www.gov.cn/gongbao/content/
2001/content_61220.htm

制止任何分裂行徑。」[36]邏輯地論，此時的兩軍角色是敵、是友，必須依台軍的政治態度而定；主張「和平統一」為友，反之為敵。

2004 年國防白皮書雖然警告的意味雖然加重，「如果臺灣當局鋌而走險，膽敢製造重大『台獨』事變，中國人民和武裝力量將不惜一切代價，堅決徹底地粉碎『台獨』分裂圖謀。」[37]但是也呼籲建立互信機制，如前段所述。2006 年國防白皮書中對台獨的挑釁採取了淡化的方式，只說「反對和遏制「台獨」分裂勢力及其活動，……確保能夠在各種複雜形勢下有效應對危機、維護和平，遏制戰爭、打贏戰爭。」[38] 不過在建立「互信機制」的議題，已建立對台軍進行心理喊話的階段。2008 年國防白皮書中對台灣問題的描述，就只強調美國必須停止軍售的議題。當然意謂著，台灣問題在中共的政治挑釁的名單中，已經不是優先問題，所以兩軍關係也可以進入實質的摸索階段。

二、軍事安全互信機制的意涵

如果細讀中共的文本或是軍事專家的相關論述，從「結束敵對」「建立軍事互信」到「建立軍事安全互信」我們可以爬梳出共軍在

---

[36] http://www.gov.cn/zwgk/2005-05/26/content_1384.htm，「2002 年中國的國防」，（2002/12）。

[37] 「2004 年中國的國防」，http://www.gov.cn/zwgk/2005-05/27/content_1540.htm，（2004/12）。

[38] http://www.gov.cn/gongbao/content/2001/content_61220.htm，「2006 年中國的國防」，（2006/12）。

此議題上，一直存在一個很清楚的主線，此即努力地為兩岸的軍事關係，尋找到較為符合北京當局建構的兩岸政治關係下的軍事安排。所以建立兩岸「軍事安全互信」機制和「建立軍事互信」機制之間，並非是一種取代的關係而是一種蛻變：

第一從角色上看也體現出軍事是作為服務於政治目標的保證：任何政治目標的完成，當然是需要所有的角色密切配合，各自發揮其不同的功能；在和平統一的時期，解放軍的角色是去排除各種破壞統一的障礙，所以在「結束敵對」的政治目標下，解放軍的角色就是應對三種情況，「如果出現臺灣被以任何名義從中國分割出去的重大事變，如果外國侵佔臺灣，如果臺灣當局無限期地拒絕通過談判和平解決兩岸統一問題」[39]，到了「建立軍事互信」時期，解放軍的角色除了繼續扮演反台獨、反分裂的角色之外，也扮演對台軍的統戰和推動兩軍交流的角色。到了「建立軍事安全互信」時期，解放軍的角色除了原本的統戰和交流之外，又增加了「營造有利於國家和平發展的安全環境的角色」。[40]

第二從功能上看充分呈現軍事關係是服從於政治關係：在「結束敵對」關係時期，北京當局似乎並沒有刻意思考「兩軍」，在「結束敵對」的政治任務下，軍事的功能並不突出，所以此時軍方的相關文本只是重覆黨的政治號召，也捍衛黨的政治號召；同理在「建立軍事互信」或是「建立軍事安全互信」亦是如此，不過到了黨號召「建立軍事互信」之後，解放軍在兩岸關係的發展中開始有了相

---

[39] 同註「2000 年中國的國防」。

[40] 「2008 年中國的國防」，（2009/01），http://www.gov.cn/zwgk/2009-01/20/content_1210224.htm

對獨立的功能，而且從「建立軍事互信」到「建立軍事安全互信」用語來看，其功能是越來越明確，換言之，在兩岸和平發展的大目標下，軍方的功能是為和平發展加分提供保證，不因為任何的誤判而影響到和平發展的大目標。

第三從作用上看，解放軍在兩岸政治關係的發展也發揮其輔助和強化的作用：用王衛星的話說就是「軍事互信則是安全互信的核心」，所以兩岸的「政治互動」是絕不能缺少「軍事互動」這一塊，否則政治互信就不可能長久；從另一面向來看，兩岸要建立「政治互信」，這不僅需要我們改變一些陳舊的思維，也需要……雙方都要表現出足夠的政治勇氣。有了勇氣，就有了無限的可能。……對此，兩岸軍人共同負有義不容辭的神聖職責。」[41]按王衛星的想法，軍事互動就不僅僅是政治互動的靜態的組成部份，甚至應該形成與政治互動之間的辯證的關係，有時還可以憑藉著軍人的勇氣，大膽地突破政治的窠臼，推動政治互信的發展。

三、軍事互信機制與軍事安全互信機制之推敲

自從胡錦濤使用了建立「軍事安全互信機制」之後，雖然在對外的說詞上尚未完全統一口徑，但是中共希望區分出：中共與其他國家的軍事互信機制，以及兩岸的軍事安全互信機制的差異，則是

---

[41] 王衛星，「兩岸軍人攜手共建軍事安全」，（2009/02/03），http://www.chinareviewnews.com/doc/1008/6/6/3/100866395.html?coluid=1&kindid=0&docid=100866395&mdate=0203104040

完全一致。我們從中共軍方將領的分析文章來看，兩者之間確實存在著若干不同：

第一、兩者面對的基礎不同：按羅援的說法「（CBMs）在這裏，『confidence』應該翻譯為『信任』，也就是說「CBMs」就是『建立信任措施』」[42]中共與其他國家簽定「CBMs」，前題在於彼此對對方的主權、制度存在基本的尊重和信任，但彼此的制度和文化的差異，可能導致彼此的某些行為或政策產生誤判，或是因彼此的某些隅發的事件產生誤解，導致兩國之間的緊張升高，戰爭的可能性升高，所以須要建立彼此的「信任」。而兩岸之間的問題主要發生在彼此的基本定位上的疑慮，這種疑慮源自歷史上的恩怨情仇，以及相隔近百年的對立和隔絕，再加上彼此制度、價值的差異可能導致的誤解，特別在涉關「主權」議題上產生的誤解，因而兩岸之間，相關機制的探討則在於透過「軍事」這一個高度「主權」議題的互動，來確立兩岸政治互動是同屬一的主權前提下的「兩軍」互動。

第二、兩者的目的不同：國與國間的「CBMs」的簽定，其初始的目的在於消除彼此的誤解，自古至今絕大部份的戰爭源自誤解，所以減少誤解就大大降低戰爭的可能性，所以「CBMs」的原始目的而言，應該不是為了消弭戰爭，是消弭由誤解而導致的戰爭，而非消除戰爭本身，和戰爭的可能性。但是兩岸之間建互信的各種設想，其根本的目的則是為了消弭戰爭，用中共的語彙是「消弭內戰～中國人的不打中國人」；這是兩者在目的上的根本不同，

---

[42] 羅援，「兩岸建立軍事安全互信機不可失」，http://big5.xinhuanet.com/gate/ big5/ news.xinhuanet.com/tw/2009-01/05/content_10605899.htm，2009/01/05。

因為北京當局認為新世紀的頭廿年是中國發展的戰略機遇期,此一時期,中共的任務是「一心一意謀發展,聚精會神搞建設」,絕不希望有其他的干擾,只為建設現代化國家的目標達成了,其他問題也都好解決,所以兩岸之間建立「軍事安全互信機制」消除戰爭才是真正目的。

第三、兩者的具體作為不同:以「CBMs」的設想而言,彼此的制度差異以致造成誤解和誤判,所以「CBMs」的具體的設想是如何減少誤解和誤判,其辦法就分為二大類:增加透明度,設定緊急和制度化的查證方式,而這些規範都必須先協商,有了協議才能執行;兩岸之間是因為彼此的信任不足,信心不夠,基礎的疑慮目前無解,所以大陸與台灣之間的「軍事安全互信機制」之建立的具體步驟,是由相關已經啟動的機制、管道,進一步開放並加入包括有軍方角色的人士交流和互動,所以是直接從外圍的、相關的、退休的人員交流開始,而非從兩邊的協商開始;[43]是在交流行動中找尋可能的規範,而不是先訂規範再去執行;是彼此各自在自己能做部份先示好開始,釋出有意義的政策去探討消弭戰爭的可能性,而不是雙方談判之後再開始。

總而言之,「軍事互信機制」與「軍事安全互信機制」兩者之間,雖然彼此在政策作為上也有不少相互借鑑之處,然而也確實存在著根本的差異。國與國間建立「軍事互信機制」是對政治信任的

---

[43] 胡錦濤,http://news.xinhuanet.com/newscenter/2008-12/31/content_10586495_1.htm,「攜手推動兩岸關係和平發展 同心實現中華民族偉大復興」,(2008/12/31);王衛星:「未來路線圖 兩岸成友軍」,(2008/07/11),http://udn.com/ NEWS/WORLD/WOR1/4421745.shtml,聯合報記者林琮盛。

補充和保證,而兩岸之間的「軍事安全互信機制」的建立則是政治互信的本身和目的,對中共而言,甚至可以說不論是使用「結束敵對」、「軍事互信機制」或「軍事安全互信機制」任何一個詞彙,其所包含的意義都是以兩岸軍事安排來突顯兩岸政治安排,此一用心是一貫的、不變的。

肆、兩岸軍事安排之政治意含

綜觀中共在處理台灣問題,不論政治目標如何調整,軍事力量一直是達成政治目標的最後保證,在改革開放之前是「解放台灣」,不論是武力解放或是「和平解放」,「武力」都是必要至少也是不可或缺的手段;在改革開放之後,提「和平統一」的政策方針,但是絕「不承諾『放棄武力』」的堅持,使得武力在台灣問題成為非杠和平的因素,但是是保證統一的最後手段和憑藉;1995 年的台海危機,中國在力量相對弱勢的對比下,依然使用了準戰爭的手段,展現自己在台灣問題上的強大決心;2000 年的國防白皮書更把這個意思表達的十分明確;[44]經過大陸卅年的「改革開放」的努力,中國的綜合國力大大提升,其國際影響力也明顯有所強化,特別表現在台灣問題的較量上,先是在 1999 年 7 月的「特殊國與國

---

[44] 2000 年的國防白皮書說「如果出現臺灣被以任何名義從中國分割出去的重大事變,如果外國侵佔臺灣,如果臺灣當局無限期地拒絕通過談判和平解決兩岸統一問題,中國政府只能被迫採取一切可能的斷然措施,包括使用武力,來維護中國的主權和領土完整,實現國家的統一大業。」

關係」論[45] 以及其後在 2002 年 8 月的「一邊一國」論[46]的鬥爭，兩次的挑釁都使對台灣對「一中」原則的挑戰，成為茶壺裏的風暴，走不出兩岸關係的範圍。其實這就意味著白皮書所謂「外國侵佔臺灣」的情境是不存在的，至於「無限期拒統」也無法界定；因此，只有「法理台獨」才是真正的、潛在的挑戰；在此情況判斷下，中共的對台政策出現了軟硬兩手同時抓的轉變：一方面是在福建佈署飛彈，以嚇阻「法理台獨」的威脅，另一方面就是以優惠的政策，寄希望於台灣同胞。在此情況下，「武力」的功能已經從保證統一到保證「反分裂」。

2004 年的「517 聲明」的發表代表，軍方角色在兩岸關係上再次調整，在新世紀開始中共對中國的國家發展作了重要的判斷，那就是中國必需牢牢把握新世紀頭廿年的發展「戰略機遇」期，這段時期維持中國的和平環境就至關重要，所以「和平發展」就成為國家首要的戰略任務，尤其是台海之間的和平更加重要。此時北京當局在台灣問題上，出現兩個重大的策略調整，一是制定「反分裂國家法」，[47]一是呼籲中、美基於共同戰略利益，希望共同維護台海安全。[48]這一政策明顯是在強化對「台獨」挑釁的外在約束，確保台海的和平情勢；前者在台灣有許多負面的評論，然而從解放軍的

---

[45] 1999 年 7 月當時台灣掌權的李登輝，企圖將兩岸關係定位為特殊國與國關係，引發北京當局「一個中國」原則的保衛戰，結果世界上絕大多數國家重申一中原則，反對台灣的定位，使得台灣在國際社會遭受重大挫敗

[46] http://issue.udn.com/FOCUSNEWS/TWOSIDES/a/a101.htm，「兩岸是一邊一國」（2002/08/03）。

[47] （2005/03/14）。

[48] 新華社，http://www.gov.cn/ldhd/2006-04/21/content_259420.htm，「胡錦濤同布希會談　就中美共同關心問題達成共識」，2006 年 04 月 21 日。

角度來看，全文共 10 條中，「有 7 條內容是解決臺灣問題的和平方式，提出了發展兩岸關係的 5 個「鼓勵」、6 個「可以談」，以及切實保護臺灣同胞的權利和利益，讓臺灣同胞能從中獲利等內容。而涉及「非和平方式」解決臺灣問題的表述僅 2 條。」所以是限制用武的法律。這是「大陸方面更以法律的形式規定要採取措施維護兩岸和平穩定，發展兩岸關係。」[49]換言之，此法重新規範了解放軍在兩岸關係中的角色和功能；其角色是兩岸和平的捍衛者、確保者，其功能在於嚇阻「台獨」，以阻止戰爭。

經過近些年大陸經濟的起飛、奧運的成功舉辦、科技方面的突破、國防預算的長時期兩位數的成長和國際事務的積極介入，如今的中國是世界第三大經濟體，今（2009）年在世界經濟大衰退的情況下，大陸的經濟成長據各方的估評仍在 6.7%～8%之間，此一數字代表了今年中國經濟成長對世界經濟成長的貢獻是全球的 50%，因此，中國的世界觀、國際觀都出現了巨大的變化，從大陸自身而言，其大國心態已經逐步成熟，2008 年的國防白皮書[50]一開始就說「當代中國與世界的關係發生了歷史性變化。中國經濟已經成為世界經濟的重要組成部分，中國已經成為國際體系的重要成員，中國的前途命運日益緊密地同世界的前途命運聯繫在一起。中國發展離不開世界，世界繁榮穩定也離不開中國。」在此一基礎上，

---

[49] 王衛星，「反分裂法的現實意義與深遠影響」，2006 年 5 月 28 日，http://web.jlnu.edu.cn/ggw/html/guonashizheng/lianganguanxi/taiwanwentiwenjian/2006/0528/220.html，華夏經緯網。

[50] 2008 年的國防白皮書，2008 年 12 月，http://www.gov.cn/zwgk/2009-01/20/content_1210224.htm，以下括弧內文分引自白皮書之前言、安全形勢、國防政策。

中國的國防將「主動適應世界軍事發展新趨勢，以維護國家主權、安全、發展利益為根本出發點，以改革創新為根本動力，在更高的起點上推進國防和軍隊現代化。」對台海形勢的判斷是「『台獨』分裂勢力謀求『臺灣法理獨立』的圖謀遭到挫敗，台海局勢發生重大積極變化，兩岸雙方在『九二共識』共同政治基礎上恢復協商並取得進展，兩岸關係得到改善和發展。」所以在新世紀裏中共的國防政策目標之一，就是「營造有利於國家和平發展的安全環境」。從國防白皮書的論述來看，在新形勢下，解放軍在兩岸關係中的角色、功能也有所不同，簡而言之，台海之間的安全形勢有了重大的，而且是朝著有利於兩岸和平的道路發展，所以解放軍的角色，也從原先的兩岸和平的「捍衛者」，進一步轉為「和平發展」的參與者、推動者，因為兩岸形勢的重大變化，所以使得原本停留在呼籲、和號召階段的兩岸「軍事互信機制」，成為有可能啟動的政策，因此，中共軍方開始規畫實踐政策的路徑圖。然而有鑑於目前的兩岸關係適逢「和平發展」的戰略機遇期，前瞻未來兩岸關係必定是越來越來越密切，加上國際格局的變化，所以「胡六點」所提出的，也不僅僅是「軍事互信機制」，而是「軍事安全互信機制」，也就是白皮書所謂的「營造有利於國家和平發展的安全環境」，用解放軍私下的說法就定是要營造「大國防」。

　　所謂「大國防」是 2004 年中共中央就提出此一觀點：當時胡錦濤提到：「經濟建設是國防建設的基本依托，經濟建設搞不上去，國防建設就無從談起。國防實力是綜合國力的重要組成部分，國防建設搞不上去，經濟建設的安全環境就難以保障。」所以「中國應樹立大國防觀，加強國防，不僅要把眼光盯在軍事方面，也要重視

經濟、科技、文化、教育。」[51]這是從國防的內涵而言,講「大國防」就不僅僅是片面的軍事的攻防保衛領土主權的安全而已,而以綜合的力量來維護國家各個面向和層面的安全;之後又有人從空間的角度,來說明此一概念,「對於對外經貿大國來說,其國防安全概念,早已超出了國土安全,超越了邊界安全。隨著國家全球經濟利益的發展,保衛其對外經貿的資源地區、投資地區、資源運輸線和外貿線的安全,早已進入了大國防安全觀,拓展和延伸了原有的國防安全概念。大國防安全不僅要靠資本實力,還要靠軍事實力,投資地區、能源資源生產和運輸出現問題,都會直接影響經濟安全和國防安全。中國開始積極參與國際安全、地區安全、反恐、維和活動以及大力加強海軍建設就可作如是觀。」[52]所以上海國防戰略研究所的方敏所長就認為「大國防觀」在安全觀、實力觀、利益觀、疆土觀等方面均有所擴大,它尤其強調了非軍事因素在國防中的作用與影響。[53]這樣的「大國防觀」反應在中共的對台政策中突顯的意義有三:

一是軍事互動在兩岸交流不再被放置在一個特殊的範疇,而應該和其他領域的交流一樣,應該及時啟動,才能真正為兩岸的「和平發展」提供全面的安全保障,易言之,從非傳統安全觀的角度,去思考兩岸的和平發展時期的作為,是源自「大國防觀」的理解。

---

[51] http://news.xinhuanet.com/newscenter/2004-08/09/content_1748562.htm,「中共中央政治局探求富國強兵戰略」(2004/08/09)。

[52] 2007-02-05 , http://big5.ec.com.cn/gate/big5/review.ec.com.cn/article/spjmsp/200702/102857_1.html,「對外經貿依存度越高風險越大」,中華工商時報。

[53] http://www.chinalecture.com/lecture/view_00006469.html,方敏(2007/11/23)。

　　二是大國防安全概念的擴大，拓展和延伸到投資地區、能源資源生產、運輸和外貿線的安全，在此意義下台灣，在法理上是中國的一部份，從當前的兩岸關係來看，未來相互的經濟利益必然是高度重疊，所以台灣就必然是含賅在中國的「大國防安全」所統攝的範圍之內；但是事實上，台灣不在共軍的保護範圍之內，所以除非台灣軍人也是中國軍人的一部份，否則中共的「大國防觀」就無法完成。就此一意義而言，中共倡議建立兩軍的「軍事安全互信機制」，除了作為兩岸政治互信的補充之外，也是著眼於中國「大國防觀」建立的必要措施之一。

　　三是「大國防觀」是以民族的發展和復興為著眼：解放軍將領在描述兩軍建立「軍事安全互信機制」的好處時，特別強調「有利于整合國力資源，臺灣島、海南島、舟山群島呈「品」字形展開，和大陸真正成為相互依托的防禦整體，兩岸軍人將共禦大中華的統一國防。這對中華民族的安全、發展以及騰飛是至關重要的。」[54]所以從兩岸關係意義來看，在大國防觀之下，中共呼籲的兩軍建立「軍事安全互信機制」，並不僅僅是啟動兩岸軍人的互動，防止戰爭的可能，更大的目標是重構一支民族意識的軍人，共同捍衛中國的領土與主權，共同支持和保障中華民族的復興與發展，從此一意義來看，北京當局除了在經濟發展上，把台灣的發展納入中國的經濟範圍之內，進而把台灣在海外的僑民一起納入華人服務範圍，如今則更進一步把台灣的軍人也納入中國軍人的定義之中，當然這樣

---

[54] 羅援，http://big5.xinhuanet.com/gate/big5/news.xinhuanet.com/tw/2009-01/05/content_10605899.htm，「兩岸建立軍事安全互信機不可失」，2009 年 01 月 05 日。

了深遠的戰略設計，並不是人人都贊同的，而且難度很大，所以他們也務實地呼籲「大陸具有復興中華民族的遠大志向，所以在一些事情上，特別是對台事務上，要有包容，要有胸懷。同樣，對岸的朋友們也要調整心態，不要老用仇視和敵意的眼光來理解大陸的政策，把大陸的任何善意都曲解為是一種陰謀；」[55]中共將兩軍的交流，是放置在中華民族的立場來討論與安排的，這是我們在思考建立兩軍的「軍事安全互信機制」時，必須正視的論述。

伍、結論

受到傳統的軍人的政治象徵和角色認知，在中共的對台政策中，兩軍的定位、角色和任務一直是很少被討論的一個領域，特別在和平時期，軍人一方面是「和平」的最直接受益者，另一方面又是最不能堂堂正正地，公開論述和平時期的兩軍交流，解放軍則從結束敵對，到兩軍在「一中」原則下建立「軍事互信機制」，再到建立「軍事安全互信機制」，應該說是從借用西方的策略到轉化成為自己的政策，尋找到一條有中國特色的互動模式。

這一個互動模式帶有強烈的政治色彩和明確的政治任務：在「結束敵對」時期的政治任務是保衛政權的正統地位；到了建立「軍事互信機制」的政治任務則是「反台獨、反分裂」保護國家主權和

---

[55] 王衛星，「重構新型兩岸關係要展示胸懷」http://bbs1.huanqiu.com/archiver/tid-43529.html，（2008/7/1）；本文雖在網路上署名王衛星，但本人對作者的真實性有保留，因本文文風不像是解放軍現役將領的表述～特說明。

領土；再到建立「軍事安全互信機制」的政治任務則是保障民族復興。在上述的政治任務要求下啟動兩軍的互動，雖然在實踐中仍然各有山頭，步調不一，但是，最終仍然歸口管理，總匯其成，因此，讓人感到共軍的主動、積極和自信。

反之，台灣在這一方面規畫得早，然而由於近年以來，內部意識形態混亂，政爭惡鬥、族群分裂的情況，完全建立不出一套系統的論述，從而喪失了話語權，故而處處被動，於是所有的設計，就只是抄襲或重覆西方國家已經實踐的技術性的方法和步驟，既沒有自己的政治目標也就沒有自主性。兩岸和平如果是現階段台灣內部討兩岸議題的唯一共識，政府有必要建構一套系統的論述，才能用以指導我們的政策發展，才能積累政策的效果，當前面對北京當局的主動，台灣自己的合理論述的建構，更是當務之急。（2009/03/20，2009/05/26 修正）

歐巴馬政府的對華政策：台灣的機會與挑戰

李明

（國立政治大學外交系教授）

壹、前言

美國第 44 任總統歐巴馬（Barack Hussein Obama）已於今（2009）年元月就任。歐巴馬是美國第一位非洲裔出身的總統，他的勝出宣告美國人超越了種族藩籬，不再以出身膚色決定國家最高領導人，這是美國民權一項劃時代的進步。歐巴馬也以個人領袖魅力，被視為媒體為選舉宣傳造勢成功的極致。對美國及世人而言，懍於過去小布希（George W. Bush）八年施政的特殊作風、強調單邊主義（unilateralism）與軍事行動為先、又屢與盟國齟齬的強勢外交相較，歐巴馬的當選，象徵小布希時代結束。美國在許多對外政策上會有重大的修正，各國政要正引頸企望歐巴馬政府將為世界帶來不同的未來。

不容否認，二次大戰以來，美國已在東亞地區發揮了重大的影響力，與東亞國家的生存發展息息相關。美國對亞洲的外交，

向來又以對中國、日本為兩條主軸。冷戰時代中共與美國尖銳對立時，美國固然對中共採取圍堵政策，因而堅持對日本南韓的防衛承諾；即使在今天，美國仍然認定日本是亞洲首要盟邦，必須維護其安全。和以往不同的是，今日美國必須同時正視中共綜合國力快速壯大、國際影響力增強的事實。吾人亦深知，冷戰結束之後，美國與中共關係經過長時間的調適，已不再凡事競爭對抗，在許多區域和全球性議題上，逐漸有較多的共識與合作。小布希時代後期，中共與美國關係已趨相對穩定，除對台軍售之外，似無其他捍格之處。

美國與中共競合關係日益密切，且對台灣安全福祉維有重要聯繫，歐巴馬新人新政，在此之際，吾人似有必要探究美國新政府對華政策（包括對中共與對台的態度與做法），以歐巴馬政府與前朝政府相較，梳理新政府在這個議題上的持續與變遷，看台灣的國際環境情勢與美台關係。與對台灣來說，新的形勢下，有機會與挑戰，台灣應該積極創造機會、並審慎因應挑戰。依據 Kenneth Waltz 的概念，他以三個映象（images）討論戰爭的起因，他區分個人、國家與國際體系等層次，認彼等影響戰爭發生的頻率與程度。[1]本文試以同樣的途徑，觀察歐巴馬政府在對華政策的制訂與施行過程顯示的特質，及與中共產生的競合關係。

---

[1] Kenneth N. Waltz, *Man, the State and War: A Theoretical Analysis*（New York: The Columbia University, 1959）.

貳、個人層次：歐巴馬的成長背景與個人理念

　　歐巴馬的父親老歐巴馬（Barack Obama）是來自肯亞（Kenya）的留美學生，母親則為白人女性安・鄧漢姆（Ann Dunham）。歐巴馬於 1961 年在夏威夷出生，也曾在印尼生活過。歐巴馬受其外祖父母的養育，他受過哈佛大學法學院的洗禮，擔任過社區工作者、執業律師、與芝加哥大學憲法學講師，曾任伊利諾州參議員、聯邦參議員，2008 年當選為美國總統。他的成長背景與當代的政治人物頗不相同──他出身少數族裔，使他必須加倍努力爭取自我實現、他的跨國生活經驗使他亦超越了狹隘的族群認同，他憑著自身的奮鬥，完成了高等教育以及走上從政的道路，最終以「我們相信改變」（Change We Believe In）口號，改變了美國歷史。

　　歐巴馬在 1988 年進入哈佛大學法學院就讀，他曾自認：

> 有時候學法律會使人感到失望，將狹隘的條例和晦澀難解的程序用於格格不入的現實；感覺像是一種美化過的帳簿，在幫權力者管控事情，好像反而經常在對那些沒有權力的人說明：他們的處境很公平。[2]

---

[2] 王輝藥、石冠蘭合譯，Barack Obama 原著，《歐巴馬的夢想之路：以父之名》（*Dreams from My Father: A Story of Race and Inheritance*）（台北：時報文化，2008 年），頁 424。

　　雖然如此，在他的內心深處，仍認為法律「是記憶，記錄著一個國家與它的良心長期以來的對話」。歐巴馬尤其能體會道格拉斯（Frederick Douglass）和德拉尼（Martin R. Delany）的精神，同時還認為傑佛遜（Thomas Jefferson）和林肯（Abraham Lincoln）等人曾為法律語句注入新的生命。[3]這些人的共同主張是人生而平等自由、以及廢除奴隸制度等。這些先賢的主張，對於歐巴馬而言，是即為鼓舞且受到歐巴馬尊崇的，也對歐巴馬的思維產生極大的啟發。

　　歐巴馬在他另一本著作大膽希望，也闡釋了他的價值觀，他認為人的價值觀（value）塑造著每個人的世界圖像，而且正用以推動其行為。美國人信仰個人自由，任何人的權利不能被國家以不正義的方式予以剝奪，個人可以透過適當機制決定所希望的生活方式。但他認為如此理所當然的自由，在許多地方仍無法成為事實，而自由生活方式，仍在世界許多角落受到拒斥。[4]他並認為自助、自我提升、冒險犯難、努力不懈、尊重紀律、自我克制、辛勤工作、節儉、以及個人的責任感，都是美國賴以永續存在的重要價值。此外，美國也需要各種不同價值的調和，尊重個人自由與社區利益同時存在、尊重自治與團結並行不悖，這些價值乃健康的社會所亟需，因此不能偏廢。

　　在世界知識方面，歐巴馬也有過人的看法，他不認為美國強行介入伊拉克符合美國的利益。他認為美國在 911 事件之後，顯然缺乏前後一致的安全政策。他提問：美國為何入侵伊拉克，卻對北韓

---

[3]　對於上述美國前賢的介紹，可參見前揭書，頁 424。

[4]　Barack Obama, *The Audacity of Hope: Thoughts on Reclaiming the American Dream*（New York: Vintage Books, 2006），p. 65.

及緬甸束手無策？為什麼美國介入波斯尼亞卻對達富爾（Darfur）不聞不問？美國又如何對待一個經濟自由、卻政治不自由的中共？。[5]

　　歐巴馬在這本 2006 年出版的論著當中，總結美國的外交政策。他首先提醒美國人：美國無法再回復過去曾當道的孤立主義（isolationism）。其次，歐巴馬認為當前的國際安全環境與 50 年前、25 年前、甚是 10 年前有重大不同。衰弱及失敗的國家、暴虐的統治、貪腐的政府、經常性的暴亂、國內多數族群陷入貧窮、和破壞傳統文化的國家等，都取而代之成為國際新的安全威脅。第三、在防衛安全方面，歐巴馬更重視與盟邦的合作與共同行動。美國在巴爾幹半島與阿富汗戰爭已有與盟邦共同參加的經驗，美國必須更重視對外行動的合法性（legitimacy）。他認為「合法性」使力量擴增。最後，美國在國際社會推行民主政治雖是正確的道路，但不能單靠美國的力量。民主且是養成的、漸進的，舉行選舉並非即顯示民主政治即大功告成，民主必須出於國民自覺，美國應在此展現耐心。[6]

　　在他的就職總統演說裡，歐巴馬提到：美國現在正面臨一項作戰，迎面來的是遠方的暴力與仇恨網絡，美國的經濟也大幅衰退、有些人顯露了貪婪與不負責任，以及美國在因應新時代的國家時爆發的集體錯失（collective failure）。歐巴馬說，美國的前輩不是僅靠飛彈與坦克打敗法西斯主義與共產主義，更重要的是憑藉堅強的盟約和持久的信念。他們知道美國的長處在審慎的運用力量；美國的安

---

[5]　Barack Obama, *op. cit.*, p. 357.

[6]　Barack Obama, *ibid.*, pp. 373-375.

全來自於師出有名；美國的用兵在於和緩、謙虛與自抑。[7]歐巴馬成功地詮釋了美國的現況，提示了美國參與世局事務應採取的態度。

　　檢視歐巴馬時期的外交政策，承襲著前任政府的全球安全承諾，是一種全球主義（globalism）以面對國際事務；同時寄望以較務實的手法，減少美國與各方的摩擦與衝突，是一種務實主義（pragmatism）。出於這些理念，可見歐巴馬相當有自信、同時知道如何謹慎作為的政治人物。他相當具有國際觀、希望有所作為；針對美國前任政府的外交政策痛下針砭，同時不濫用權力。因有這樣的領導特質，在與中共和亞洲國家交往之際，不會有重大突兀，或引發不必要的衝突。

　　歐巴馬就任之後，已下令關閉古巴關達那摩灣（Guantanamo Bay）的美軍軍事監獄，在伊朗新年時對伊朗民眾表示祝賀，並傾向與歐洲國家建立更平等對待關係。在 2009 年 4 月初參加 G20 高峰會議之後，歐巴馬前往其他歐洲盟國訪問，歐巴馬承認美國對國際金融風暴負有責任，承認美國對歐洲國家在過去顯現了傲慢與不經心。在捷克演說時，進一步表示將敦請國會通過「全面禁止核子武器條約」，使今後的世界能免於核武威脅。鑑於小布希政府在 2002 年曾宣布退出反彈道飛彈協定（Anti-Ballistic Missile Treaty），歐巴馬的外交政策與前任的差別由此可見一斑。美國學界咸認為歐巴馬將與小布希大幅不同，尤顯示出歐巴馬外交政策的務實屬性。[8]

---

[7] "Obama Inaugural Address." http://obamaspeeches.com/P-Ohama-Inaugural-Speech-Ingugural.htm,（檢索日期：2009 年 4 月 5 日）

[8] Michael D. Shear and Scott Wilson, "On European Trip, President Tries to Set a

惟美國作家 John Lee 亦基於「個人層次」的分析，評論歐巴馬與具有高度魅力的甘乃迪（John Kennedy）和雷根（Ronald Reagan）相同，極可能因為能扭轉全球對美國的不信任感，重新將美國推向柔性國力（soft power）的顛峰。Lee 認為歐巴馬可能「煽起中國的恐懼」，又謂「歐巴馬兼得軟實力與硬實力之後，最終將不可避免地與他國碰撞」。首先，中共仍將美中競爭當成戰略競賽的主軸；其次，中共認為美國是獨特的超級強權，「不僅殘酷地建立和維繫權力」，並「推廣民主價值」；第三，北京「恐懼美國的民主過程」，認為「民主過程將導致不安的政策轉變」。基於上述，John Lee 指出，歐巴馬的重建美國的領導角色，將「傷害中國」，導致中國「恐懼歐巴馬」。[9]雖說有 John Lee 的論證，但這樣帶有悲觀主義的論調，仍需時間方能檢驗。歐巴馬與胡錦濤都稱得上是務實的政治人物，雅不願擴大彼此的摩擦爭執，況且雙方的政治經濟互賴（interdependence）正在深化，國家層次的交往趨於緊密，應是另一必然融入影響的因素。

參、國家層次：中共與美國的國家利益

歐巴馬在 2007 年 4 月在芝加哥全球事務協會(Chicago Council on Global Affairs）發表演說時，闡釋新世紀世界局勢裡，美國應扮

New, Pragmatic Tone," *The Washington Post,* April 5, 2009.

[9] John Lee, "Why China Fears Obama: The Danger of An Attractive America," *International Herald Tribune*, February 2, 2009.

演的角色。在那場演說當中,他兩度提到中共。首先他指出中共的勃興,對美國是機會也是挑戰;他說一個經濟與政治事務均愈趨活躍的中共,對大家來說,提供了繁榮與合作的機會,但同時也為美國與東亞地區盟國帶來挑戰,他期待與中共建立「堅強的雙邊關係和類似六方會談的非正式聯繫」,以獲致穩定繁榮的亞洲。其次,歐巴馬也期待中共參與全球的防治污染與減碳努力。歐巴馬認為美國、歐盟、俄國與中共目前一共排放了將近全球三分之二的二氧化碳排放量,在節能減碳的努力中,他們有更多合作空間,美國希望在這個議題與中共進行更多的合作。

歐巴馬接著在 2007 年 7、8 月號外交事務(*Foreign Affairs*)期刊闡釋了他在當選總統之後的內政外交政策。那篇以「恢復美國領導力」(Renewing American Leadership)為題的文章,說明美國的威脅,是來自大規模毀滅性武器、全球性的恐怖主義攻擊,他認為這些威脅大體上是從流氓國家(rogue states)或崛起的強權(rising powers)產生,這些都對美國以及自由主義制度形成衝擊。此外,衰弱國家(weak states)以及氣候變遷都將帶來全球共同的難題。[10]對中共的理解,證實了他對中共的認識,是他在芝加哥演說理念的延伸。他認為,鑒於中共、日本、南韓的重要性持續擴大,美國有必要增進亞洲的穩定與繁榮,共同對抗諸如恐怖攻擊和禽流感等跨國威脅。歐巴馬亦指出,他將鼓勵中共扮演一個負責任感的新興強權(a responsible role as a growing power),美國在全球事務當中,與中共將有合作,但在其他領域也會有競爭。美國未來的挑戰,將

---

[10] Barack Obama, "Renewing American Leadership," *Foreign Affairs*, July/August 2007, Vol. 86, No. 4, pp. 2-4.

是與中共擴大合作關係，但同時需加強與中共競爭的實力。同時，中共將在不久之後取代美國成為全球最大的二氧化碳排放者，美國與歐亞各國必須在乾淨能源議題上充分合作，中共、印度歐盟與俄國將是美國針對這項議題的重要伙伴。[11]

中共的崛起，歐巴馬總統確實已經瞭然於胸，為與他的前任小布希不同的是，剛開始就任之前，小布希認為中共就是一個競爭者（competitor），如此顯示了相當的敵意；歐巴馬則採取了較為平衡的觀點，中共與美國之間，存在著「非敵非友、亦敵亦友」的關係，保留了美國對中共政策較大的彈性空間。美國將視不同的議題，與中共將有不同性質的互動。

一、關於中國威脅的論辯

冷戰期間，中共與美國有蘇聯作為共同的敵人。在冷戰高峰之際，中共與美國尚且結合成為準同盟的關係，在中共的立場是避免兩面作戰，「社會帝國主義」蘇聯是中共最大的敵人；在美國的立場言，「聯中制蘇」是當時最佳的選擇。冷戰結束之際，鄧小平領導下的中共已經進行改革開放政策超過 10 年，國際已無重大的戰爭必須使中共與美國維持先前的緊密關係。天安門事件尤其使美國對中共的人權記錄到了深惡痛絕的程度。雖天安門事件之後不久，美國全力修補與中共關係，惟美國與中共間的隔閡始終存在。

---

[11] Barack Obama, *op. cit.*, p. 12-15.

　　美國對於中共的不信任，除了兩國意識型態上的重大差異之外，更出自於美國戰略學者及官員對未來的美中關係不表樂觀。其中最具代表性的是芝加哥大學教授米爾斯海默（John J. Mearsheimer），他在所著大國政治的悲哀（*The Tragedy of Great Power Politics*）指出國際社會的無政府特質與充斥的恐懼心態，新興國家的興起必然將引起現存大國的疑懼，因而形成不可避免的對抗，這種悲觀的論調，無形中造成中共崛起對現存國家（美國）不利的論證，同時也指向兩國至少在東北亞的安全競爭當中將有衝突。米爾斯海默認為冷戰結束之後，中共與美國日本的關係並未變好 ──「反而更壞」，中共將把美國與日本視為潛在的敵國。東北亞出現安全競爭的另一個指標，是在這裡出現的飛彈科技競賽，中共在台灣正面部署飛彈、北韓也在 1998 年 8 月針對性地發射飛彈越過日本領空。美國在東北亞駐有軍隊，中共與北韓可不見得認為美國與日本是在「維持和平」。[12]因此中共與美日之間的對立始終存在。

　　小布希時代美國在外交上的積極作為，被認為是單邊主義（unilateralism）的極致，特別是自從 2001 年發生 911 事件以後，美國的動作更加明顯，更受到美國的合理化。911 事件確實是美國外交政策的轉捩點，美國的外交政策展現了強勢外交的一面。而強勢外交的精義，是顯示美國的專注軍事力量、施行先制攻擊、以及只問力量不問動機、以來決定美國是否加以干預。如中共學者王緝思所認識：自從伊拉克戰爭之後，美國的軟實力「受到嚴重的消耗」，雖然硬實力、特別是軍事實力空前強大，但美國的「不安全

---

[12] John J. Mearsheimer, *The Tragedy of Great Politics*（New York: W.W. Norton, 2001）, pp. 375-377.

感與孤獨感也空前強烈」。設若一旦美國進入「困獸猶鬥」的境地，其行為「更加難以預測、難以制約，對全球安全形成的衝擊將會更加猛烈」。[13]王緝思在其論文中卻也指出，美國全球戰略的重心已有所調整，由於美國的反思，「決定了未來的若干年內不會將中國視為主要的安全威脅」，而且「在反恐、防擴散、伊拉克戰後重建、維護中東地區的穩定等它所關注的議題上，更加需要中國的合作」。王緝思雖正確指出美國與中共在上述的議題上必須合作，但同時也承認「中國的經濟繁榮和技術進步，當然會促成軍事力量的增強」，然而這正是美國所擔心和防範的。

牛軍與藍建學則坦率指出，在後冷戰時期，美國的國家安全戰略和在亞太地區的主要利益在於：（一）是憑藉軍事力量取得對該地區的領導權，以絕對優勢軍力取得它在亞太地區不曾獲得的主導地位、嚇阻其他國家排擠美國，「是美國亞太戰略的最大動力」。（二）確保和加強軍事存在，遏制甚至先發制人打擊可能阻擋美國取得主導權的地區力量。以及（三）建構並主導地區安全機制。美國在亞太地區已有幾個雙邊的軍事合作條約，為領導亞太安全事務、防止排擠美國的軍事存在，美國必然要建構起它能夠控制的多邊安全機制，也必定要加強和擴大亞太國家的安全關係。[14]至於後冷戰時代的中共亞太安全戰略，則可以概括為：「確保中國的國家主權和領土完整、確保周邊的穩定與和平、確保在亞太保持與其利

---

[13] 王緝思，「中美關係：尋求穩定的新框架」，牛軍主編，《中國學者看世界：「中國外交卷」》（北京：新世界出版社，2007 年），中國外交卷，頁 235-236。

[14] 牛軍、藍建學，「中美關係與東亞安全」，牛軍主編，《中國學者看世界：「中國外交卷」》（北京：新世界出版社，2007 年），頁 247-248。

益相適應的地位」。對中共安全利益的威脅，據其看法，涵蓋傳統的如國家主權分裂、領土遭到侵佔、周邊武器擴散等；以及非傳統的如恐怖主義、跨國犯罪、環境惡化、毒品等安全問題。而中共的亞太安全戰略內容，則在於：（一）軍事上堅持積極防禦和後發制人戰略原則，打敗任何可能危及中國主權和領土完整的企圖。（二）營造和平穩定的周邊安全環境，為國家的現代化戰略望創造有利的外部條件。以及（三）積極促進與亞太大國的雙邊安全合作，積極參與多邊安全安排，並認為中共越來越自信地參與亞太地區多邊的安全安排，並發揮越來越大的影響力。牛、藍二人認定：中美兩國相互依存不斷上升，但中國在不少領域對美國的依存度高於美國對中國的依存度，因此「這是美國在中美關係佔據主動的原因」。又說「中美關係出現波折，大部分是由於美國單方面採取破壞性行動所引起」。[15]該文提到：相互依存的關係使雙方在處理時，「越來越不能自行其是」。這些領域包括：雙方的經濟貿易關係，合作更深入，但摩擦更深刻；若干安全領域的關係，如針對恐怖主義威脅、朝鮮半島無核化、處理大規模殺傷性武器擴散等議題，雙方有共同的利益；在台灣、西藏等涉及中國主權與領土的問題，雙方設若衝突，代價將越來越大，雙方均不希望兵戎相見，從而導致災難性的後果，因此中美之間「正在形成共同控制台灣海峽形勢的需要和條件」。在人權問題等內容的意識型態鬥爭，則嚴重地「制約著中美關係的改善」，但認為「人權問題在中美關係中的消極影響正在相對弱化，今後也不大可能成為中美矛盾的焦點」。中美兩國在地緣

---

[15] 牛軍、藍建學，前文，頁 241。

政治、資源和市場、意識型態到文明和文化價值等，都有競爭的關係，並存著潛在的對抗。[16]

　　美國國防部今（2009）年致美國國會的中共軍力報告書即代表著美國軍方對中共軍力發展表達懷疑的觀點。依報告書的分析，認為雖說中共已增加了軍事事務的透明度，但美國對中共軍力的認識仍屬不完整。報告書認為中共的軍力發展出現了一些特徵：（一）國防經費超越了中共的經濟成長，中共的軍事開支從 2000 年的 279 億美元躍增至 2008 年的 601 億美元；（二）中共增強了戰略嚇阻的軍力，雖然中共曾保證不首先使用核武，但更先進的導彈設施，使中共領導人擁有戰略攻擊的彈性與選擇；（三）中共也增進了防制能力；（四）中共從 2000 年起增強傳統的短程導彈打擊能力，這些短程導彈不但能攻擊台灣，且能攻擊其他的鄰近地區；（五）中共已大幅擴增其電磁戰與電子戰的能力；（六）中共並未改變統一台灣的目標，從 2000 年以來，先進武器持續設置於台灣對岸，軍事平衡正朝向中共傾斜，過去所稱台灣擁有台海空優的說法現在已不合現實。以此種發展，中共已有能力運用有限度的軍事行動以壓迫台北屈服。[17]報告書也注意到台灣海峽情勢的若干變化。認為自 2008 年 3 月馬英九當選總統之後，台海安全情勢已進入緩和期，台北與北京均認同加強民間的往來與增進經濟聯繫。但截至目前，中共尚無明確的行動減少對台灣當面的軍力。針對美國發佈的中共

16　牛軍、藍建學，前文，頁 240-247。

17　"China's Evolving Military Capability," Office of the Secretary of Defense, U. S. A., *Annual Report to Congress: Military Power of the People's Republic of China, 2009.*

軍力報告書，中共外交部發言人則「嚴加駁斥」，認為美方是「繼續渲染所謂的『中國威脅論』，嚴重歪曲事實，干涉中國內政，中方堅決反對」。並稱中共「始終不渝走和平發展道路，奉行防禦性國防政策，致力於維護世界的和平穩定」，並建議美國「摒棄冷戰思維和偏見」。[18]中共與美國間針對中共是否對周邊國家和地區有威脅，是始終不會有定論的。

二、台灣議題

　　雖然美國與中共的關係是建立在「三個公報」和「台灣關係法」的基礎上，惟中共常強調「三個公報」要求美國承認中共對台灣的完全主權、阻止美國高級官員訪問台北、阻止美國對台軍售等。美國則始終以「台灣關係法」主張台灣的安全為美國所嚴重關注，美國有義務提供台灣防禦性武器作為回應。美國前總統柯林頓（Bill Clinton）曾在1996年3月台灣總統大選時，注意到中共對台的可能武力威嚇，曾經指派兩艘航空母艦戰鬥群至台海附近壓制中共氣焰。1998年6月30日他在上海發表「不支持台灣獨立、不支持一中一台或兩個中國、不支持台灣參加以國家為主體的國際組織」的「三不政策」，則為美國總統首度在公開的場合提到對台政策訊息。柯林頓的說法是美國對中共所提「一個中國」政策的最明確回應，但

---

[18] 「2009年3月26日外交部發言人秦剛舉行例行記者會」，http://www.fmprc. gov.cn/chn/xwfw/fyrth/1032/t477027.htm.（檢索日期：2009年4月4日）

其中「不支持台灣加入以國家為主體的國際組織」，則對台灣參與國際組織極為不利的限縮，影響中華民國國際地位及外交士氣甚大。

台灣在 2000 年大選由民進黨的陳水扁當選總統。執政之初，陳氏提出了「四不一沒有」的主張，說明他的基本立場是維持台海現狀。[19]對於「四不一沒有」的說法，中共回應將「察其言、觀其行」，顯係並非寄予信任。惟美國寄望台灣可在民進黨主政下，穩定推行民主改革，因此美國原先曾給予民進黨政府善意支持。在民進黨執政初期，調查亦顯示支持陳水扁的民意將近八成，此局面大致與台灣當時多數民意偏好維持現狀的基本價值相呼應，使初次經歷政黨輪替的台灣得以穩定政局。惟陳水扁的兩岸政策愈來愈受到民進黨基本教義派左右，加以國會朝小野大，不利民進黨施政，陳水扁政府乃改採與在野黨針鋒相對的政策，兩岸政策上乃出現重大轉折。2002 年 8 月 3 日，陳水扁提出兩岸「一邊一國」的主張，形同放棄原有的「四不一沒有」政策。2004 年總統大選時，陳水扁祭出防禦性公投綁大選，使中共加深對台灣政局走向台獨的疑懼。2005 年 3 月，中共以通過「反分裂國家法」相回應，直指陳水扁政府的明顯朝台獨「滑坡」，進一步以使用武力相逼。兩岸關係進一步緊張，直至 2007 年 3 月 4 日，陳水扁所提的「四要一沒有」，提到「台灣要獨立、台灣要正名、台灣要新憲、台灣要發展」以及「台灣沒有左右問題，只有統獨路線」，等於宣示全盤推翻前述的「四不一沒有」政策，兩岸關係僵持直至陳水扁任期終止。

---

[19] 2000 年 5 月 20 日陳水扁在就職演說提及「四不一沒有」：即不宣台灣獨立、不會更改國號、不會推動兩國論入憲、不會推動改變現狀的統獨公投，也沒有廢除國統綱領與國統會的問題。

　　民進黨在 2000 年後執政八年，適巧當時為小布希（George W. Bush）主政。小布希在競選總統時，曾說明中共是戰略競爭者（competitor），對台灣而言並無惡感，反而對中共有一份防禦的心態。惟 2001 年 911 事件發生後，美國外交政策的焦點轉至反恐，美國需要中共在國際的合作與支持，同時美國與伊拉克、北韓與伊朗關係急遽惡化，及至 2003 年 3 月之後美國在伊拉克用兵，美國更不願在東亞地區與中共形成對抗局勢。陳水扁任期後半的烽火外交與邊緣政策（brinkmanship）確實造成美國的困擾，小布希與台灣漸行漸遠。2004 年 12 月 4 日，小布希甚至在德州自家農莊對到訪的中共總理溫家寶數落台灣當局（Taiwan authority）「企圖推翻現狀」的不是。

　　歐巴馬政府既以務實外交為導向，關於台海事務，他主要目標當在化解此地區緊張的因素。2008 年 5 月，他在致賀馬英九當選總統函件指出，美國支持台海兩岸建立互信的舉措。歐巴馬也支持中國大陸與台灣之間關係的改善，他也認為「在善意的努力下」，兩岸關係迎來了自二十世紀九十年代中期以來的最好時機。[20]歐巴馬的樂觀想法並非無的放矢，在台灣的「二次政黨輪替」之後，馬英九為改善兩岸關係的務實政策、全力與美國重建互信的努力，已終結了過去陳水扁政府與中共和美國同時為敵的政策。年來海協會、海基會簽署各項協議之後，兩岸關係有了實質性突破，美國被捲入兩岸衝突的可能性越來越小。

---

[20] Barack Obama, "US-China Policy Under An Obama Administration," *China Brief*, October 2008, pp. 12-16.

　　總的來說，中共方面仍認為美國對台軍售的趨勢不會改變。認為站在美國的立場，「售武」將加強台灣的防務，有助於在海峽維持健康的平衡。認為歐巴馬陣營的觀點，是「美台發展軍售關係與兩岸關係改善可以同步推進」，加強台灣的防衛力量並不會破壞降低緊張局勢的進程，反而實際上「可以推進該進程」。又稱「美國認為提供武器才可以增強台灣與大陸接觸、商談的信心」。因此歸結「歐巴馬政府仍將不時向台灣出售武器」。[21]依過去多年的經驗，美國對台軍售的議題仍極為敏感，中共官方不會同意美國對台軍售的觀點或說法，今後仍將是中共與美國摩擦的主要議題。

三、貿易失衡與人民幣值議題

　　根據學者的看法，歐巴馬就職之後的相當時間，在亞洲將會面臨幾個難題。其中之一，即是亞洲的經濟危機。由於美國形成的金融風暴，讓亞洲國家受到重創，特別是亞洲國家長期仰賴美國市場，亞洲各國對美輸出持續不振，這讓包括中共、日本、南韓、台灣在內的諸多國家發生重大危機。中共領導人雖然宣示將大規模促進活化內需市場，但對外貿易確實受到嚴重影響。中共的對外貿易縮水，將同時也影響東南亞國家的經濟，東南亞國家大幅向中共出口的榮景似已不再。[22]Brian Klein 並稱，歐巴馬任

---

[21] 郭擁軍，「奧巴馬對台政策不『變革』」，《世界知識》，2009 年第 1 期，頁54-55。

[22] Brian P. Klein, "Asia's Challenges for Obama," *Far Eastern Economic Review*,

期之始，希望促成中共的生產線能調適成為高附加價值的商品製造，而不再仰賴低價的玩具、衣服以及製鞋工業，但短期內也將形成中共外貿青黃不接的窘境，以及減少出口。民主黨控制的美國國會也有可能將中共的人權議題用以和中共的外貿議題掛勾。[23]美國在這點上，常認為中共所從事的是不公平貿易。歐巴馬如何進行調適，包括如何因應國會的壓力，並平衡美國與中共的利益，也考驗著歐巴馬的智慧。

　　美國與中共除了經貿上的緊密依存度之外，雙方在財政上，也形成孿生兄弟，再也無法彼此分離。中共是美國目前最大的債權國，擁有最多的美國國債與私人債券，儼然中共在支持美國人的日常生活，美國則似寅吃卯量。原來的美國一些評論家認為北京人為地壓低了人民幣的匯率，以便獲取貿易優勢。2009 年 1 月底，美國財政部長蓋特納（Timothy Geithner）曾指責中共操縱人民幣匯率，當時蓋特納曾在回答國會質詢時表示，美國政府將積極使用外交手段此使中國改變匯率政策。惟 2009 年 4 月，歐巴馬向國會提交的國際貨幣操作報告當中，並沒有將中共列為匯率操縱國，已與過去他競選總統時的強硬立場明顯不同。歐巴馬在競選總統時，曾嚴厲批判中共，當時他指責中共操縱人民幣匯率，並且暗示會通過法案對中共加以懲罰。事實上，美國與中共在人民幣匯率問題上取得妥協之際，雙方的經濟關係也已變得更形緊張。北京當局最近表達了對其鉅額美國國債投資的憂心，美國相當依賴來自中共的借

November 2008, pp. 22-15.

[23] Brian P. Klein, *op. cit*., p. 23.

款，而歐巴馬政府的當務之急，是消彌中共對持有美國資產安全性的憂慮。[24]

肆、全球層次：中美頗有競合

歐巴馬總統在 2009 年出就任時，東亞地區許多原本並不和睦的國家趨向改善關係、東亞地區對立降低，起碼不再劍拔弩張。中國國家主席胡錦濤已進入第二任任期，南韓李明博總統係於 2008 年 2 月接任。曾任小泉純一郎首相外務省長官的麻生太郎，也在 2008 年 9 月 24 日接任，象徵一個比較務實穩健的日本政府，以穩定與周邊國家關係為要務。中華民國經過二次政黨輪替，2008 年 3 月結束民進黨陳水扁政府的八年施政，由誓言改善兩岸互動、修補台美關係的馬英九當選總統。馬總統已於 2008 年 5 月接任，開啟兩岸關係的新時代。在俄羅斯，梅德維杰夫（Dmitry Medvedev）擔任總統普亭（Vladimir Putin）政府常任副總理二年餘之後，在 2008 年 5 月就職為俄羅斯聯邦第三任總統。俄國與美國雖在北約東擴議題上頗有爭議，惟普亭與梅德維杰夫等俄國領導人，並不會在東亞地區與美國發生重大利益衝突。東南亞國家國協（ASEAN）十國，外交政策上採取在中共與美國之間平衡的作法，不得罪任一大國，其中若干國家如新加坡、馬來西亞、印尼與菲律賓等國，傳

---

[24] Deborah Solomon, "Obama Administration Softens Its Stance on China Currency," *The Wall Street Journal*, April 16, 2009. http://online.wsj.com/article/SB123982680459622079.html

統上與美國關係較中共尤深，近年來中共標榜和平發展，東協國家審慎地在中共與美國力角逐天平上求取平衡。

胡錦濤在 2007 年 10 月中共十七大的報告中指出，中共政府將朝著「全面建設小康社會的目標」，繼續努力奮鬥，「確保到 2020 年實現全面建成小康社會」。胡錦濤強調中共急需適應國內外形勢的新變化，「堅持中國特色的社會主義經濟建設、政治建設、文化建設與社會建設」，他所期待的 2020 年的中國，將成為「工業化基本實現、綜合國力顯著增強、國內市場總體規模位居世界前列的國家，成為人民富裕程度普遍提高、生活質量明顯改善、生態環境良好的國家，成為人民享有更加充分民主權利、具有更高文明素質和精神追求的國家，成為各方面制度更加完善、社會更加充滿活力又安定團結的國家，成為對外更開放、更加具有親和力、為人類文明做出更大貢獻的國家」。對世局的觀察，胡錦濤則認為，「世界多極化不可逆轉，經濟全球化深入發展，全球和區域合作方興未艾，國與國相互依存日益緊密，國際力量對比朝著有利於維護世界和平方向發展，國際形勢總體穩定」。胡錦濤提出中共一貫辯證式的陳述，他說「同時，世界仍然很不安寧。霸權主義和強權政治依然存在，局部衝突和熱點問題此起彼伏，全球經濟失衡加劇，南北差距拉大，傳統安全威脅和非傳統安全威脅相互交織，世界和平與發展面臨諸多難題和挑戰」。繼之，胡錦濤強調「中國將始終不渝走和平發展道路。……中國奉行防禦性的國防政策，不搞軍備競賽、不對任何國家構成軍事威脅。中國反對各種型式的霸權主義和強權政治，永遠不稱霸，永遠不搞擴張」。中共改革開放政策施行多年之後，中共領導人確認中共與世界的更緊密聯繫，因此，

胡錦濤更稱，「中國發展離不開世界，世界繁榮穩定也離不開中國」。[25]最後的一句陳述，則說明了胡錦濤對於中共未來參與全球事務的滿滿信心。

一、金融風暴與貿易保護主義

　　金融風暴發生之後，中共接連對其所持有美國政府債券和在美元投資的安全性表示擔憂，同時中國人民銀行行長周小川也對美元當作全球儲備貨幣的事宜性提出質疑，他要求國際金融體系應做大幅度的改革（radical reform），認定美元已經不宜於再做為全球主要的的通貨。針對此說法，美國財政部長蓋特納加以駁斥，謂美元的地位不容撼動，中美雙方似乎在金融面有解不開的心結。[26]2009年 4 月 2 日，歐巴馬總統到倫敦參加 G20 高峰會議，這是歐巴馬就任後首次出席國際峰會，且 G20 峰會與美國如何修補與歐盟、中共以及若干開發中國家的經濟關係，尤有重要的意義。在峰會中，歐巴馬承認美國在一些導致全球經濟危機的問題上「負有責任」，卻也警告其他國家「必須提出更多不依賴於美國消費者的解決方案」。歐巴馬則宣示，全球需要做的工作包括各國在如何監管金融公司、衍生品市場等達成協議，並且在反對保護主義、表達新

---

[25] 參閱「胡錦濤在黨的十七大上的報告」，2007 年 10 月 24 日，新華網特別專題。http://news.xinhuanet.com/newscenter/2007-10/24/content_6938568.htm

[26] "Handle with care: China suggests an end to the dollar era," *The Economist*, March 26, 2009, http://www.economist.com

興市場經濟關注的問題拿出合適的舉措。G20 會議達成了五項重大的協議，包括對銀行等金融機構作更嚴格、更透明的監管；採取必要的行動以恢復全球經濟的增長；確保加大國際經濟合作及加強IMF 的經濟指導作用，以支持開發中國家的成長；摒棄保護主義和啟動全球貿易；透過實現最低發展目標和信守援助承諾幫助世界上最貧窮的人口。中共在 G20 會議當中扮演吃重的角色，並與美方達成協議，認應增加國際金融機構資源，也願意在推進國際金融體系改革、加強金融監管和維護金融業穩定方面與美方展開合作。

　　歐巴馬與胡錦濤在倫敦的會面，在去年金融風暴爆發之後，確實為雙方的交往提供新的助力。胡錦濤與歐巴馬會面之後，白宮即宣布歐巴馬將於今年下半年訪問中國大陸，白宮也稱兩位領導人同意「創設一項新的美中戰略與經濟對話機制」，美方負責人將是國務卿希拉蕊和財政部長蓋特納，中方負責的官員將是國務委員戴秉國與國務院副總理王岐山。此項安排說明了中美雙邊關係有了新的進展，對此美國中國商會（U.S. Chamber of Commerce）表示，「美中戰略與經濟對話」將推動兩國在一些重要問題上的合作，這將涵蓋擴大貿易和投資、打擊保護主義、提高能源安全、保護環境、保護智慧財產權以及解決全球失衡問題。[27]在倫敦峰會期間，胡錦濤以中共擁有 2 兆美元的外匯儲備，聲明將提供國際貨幣基金會（IMF）400 億美元貸款，中共期待 IMF 在 2011 年檢討特別提款權（Special Drawing Rights, SDR）的配置時，中共能因此獲得「紅

---

[27] Henry J. Pulizzi, "Obama to Visit China, Resume Dialogue," *The Wall Street Journal*, April 2, 2009. Http://online.wsj.com/article/SB123858255970677821.html.

利」。中共也宣稱將貸款 950 億美元給諸如印尼、阿根廷與白俄羅斯等國，此舉也有助於這些國家的金融穩定，也受到包括美國在內的西方世界歡迎。[28]由於中共以充足的財力大方地因應各界需求，作法已受到相當矚目，有謂胡錦濤與歐巴馬是整個倫敦峰會的焦點，並不過分，也說明中共與美國在維護金融風暴之後的國際金融秩序立場是趨向一致的。

二、對待流氓國家與核不擴散議題

小布希總統時代的美國，與伊拉克、伊朗、北韓關係緊張，小布希尚且稱呼這幾個國家為「邪惡軸心」（Axis of Evil），說明他們與美國的立國精神、國家利益的嚴重對立，以及他們的軍事發展（特別是核武研發），將對地區與全球的安全造成嚴重威脅。2003年小布希成功地推翻了伊拉克的海珊（Sadam Hussein）政府，樹立了親美的新政權，伊拉克的動亂雖尚未完全解決，至少美國在中東的心腹大患已經去除。

伊朗是美國所稱的流氓國家之一，美國與伊朗的仇怨始自於1978 年 10 月的伊朗革命，原國王巴勒維（Reza Pahlawi）出亡，1979 年什葉派領袖何梅尼（Ruholla Khomeini）成立回教政權。現在的艾馬迪尼杰（Makmud Ahmade-Nejad）尤其醉心於核武發展，與美國主導的核不擴散政策針鋒相對。因此，美國與伊朗的對抗至

---

[28] "Taking the summit by strategy," *The Economist*, April 13, 2009. http://www.economist.com.

今已將近 30 年。伊朗認為美國對其核武研發計畫具危險敵意，乃重視與中共的交往，藉中共的力量與美國抗衡。早先中共與俄國、哈薩克、吉爾吉斯、塔吉克、烏茲別克等中亞國家，於 2001 年 6 月在上海成立「上海合作組織」（Shanghai Cooperation Organization, SCO），伊朗與印度、巴基斯坦和蒙古則皆為該組織的觀察員。伊朗則在最近申請成為上合組織的正式會員國，針對此事，美國曾表態反對，中共則「樂觀其成」。小布希對伊朗的政策是相當僵化的，美國主張只有伊朗停止提煉濃縮鈾，美國才準備與伊朗直接談判，因此等於關閉了談判之門。如此，也使中共與美國對伊朗議題南轅北轍。

中共經濟發展急需能源，能源的短缺使中共石油公司四處出擊尋求能源供應。由於國際社會對伊朗進行制裁，包括中共也曾支持對伊朗施行制裁，但北京還是基於自身利益的考量，低調地跟伊朗進行能源交易與合作。中共一家國營公司中石化先是跟伊朗簽署了總投資額高達 20 億美元的開發伊朗油田協議，2008 年 2 月中國海洋石油總公司又簽署協議，將開發伊朗北部儲量高達 23 千億立方米的天然氣田，屆時伊朗將為中國提供液化天然氣。儘管中共稱中海油純粹是在商言商，美國仍認為中共不應在此時向伊朗進行投資。此外，美國指控中共俄國一些公司不理會聯合國對伊朗的制裁，繼續無視決議向伊朗出售敏感技術。2009 年 4 月，紐約一家金屬公司「LIMMT 經濟和貿易公司」因涉嫌向伊朗空運了 15,000 公斤用於製造長程導彈的鋁合金，因而遭到美國政府起訴。

雖然如此，伊朗與美國的關係，月前卻出現鬆動的跡象。3 月 20 日伊朗回曆新年之際，歐巴馬以錄影講話方式，表達了對伊朗

的祝賀，並兩度以伊斯蘭共和國稱呼伊朗，這樣的大轉變等於告訴世人，歐巴馬已經徹底放棄了小布希當年施行有年的強硬政策。

北韓則是更棘手的課題。北韓曾在 2006 年 7 月朝向日本海試射短程飛彈、10 月又進行地下核子試爆而震驚全球。為此聯合國在 2006 年 10 月 24 日通過 1718 號決議，要求北韓停止一切的核試驗以及發射飛彈的舉動。2007 年 2 月，六方會談恢復，北韓曾應允朝向放棄核武的路途前進，以換取美國與南韓的各項經濟能源援助，以及最終與美國完成外交關係正常化。旋又因北韓拒絕查核人員查證其廢核內容與進度，六方會談陷入僵局。美國的態度與日本南韓相仿，均主張對北韓積極制裁，惟中共與俄國反對上述三國的立場，認為積極制裁無助於解決問題。北韓又威脅謂，任何聯合國的進一步制裁，均將被平壤視為「宣戰」，屆時朝鮮半島「將陷入火海」云云，朝鮮半島情勢更形緊張。今年 4 月 5 日，北韓宣布成功發射了一枚人造衛星，惟西方軍事家則稱北韓事實上為發射長程彈道飛彈。4 月 13 日，聯合國安理會發表「主席聲明」，譴責北韓發射火箭飛越日本領空，違反前述的 1718 號決議，並要求北韓莫一犯再犯。北韓外務省隨即於 4 月 14 日強硬回應，宣稱北韓當局將不再參與「朝核六方會談」，並稱不再受六方會談達成協議的約束，並稱將恢復進行核子計畫，北韓核武危機再度回到原點。

過去美國因應北韓核武議題時，曾考慮以武力攻擊北韓核設施，此議受到中共的強烈反對。中共一向要求美國冷靜以對，以免造成東亞地區更大的禍端。鑒於中共已成為北韓生存最大的憑藉，也是北韓最大的外交助力，北京對平壤的影響因此遠超過任何其他參與六方會談的國家。雖然中共小心謹慎地處理和北韓的關係，以

免將北韓逼上牆角，最後孤注一擲，但咸認北京還是會適時地運用它節制平壤的角色。而美國也正期待中共會在朝核問題上展現大國的風度，以與美國合作共同敦促北韓回到談判桌，並且恢復棄核政策。北京的反應，應是與美方相呼應、並符合美國政策的。對於北韓的動向，中共外交部發言人姜瑜則稱，在當前形勢下，中國「希望有關各方都能從大局著眼，共同推動朝鮮半島無核化進程發展」。[29] 中共終究還是希望朝鮮半島走向「無核化」，只是手段與美國不同，也不會對北韓採取盲動的政策，更不會支持國際組織對北韓施行過度制裁。

自從 1991 年蘇聯崩潰之後，中共一直是北韓主要的政治和經濟支持者。在長時間內，北京都扮演著最後捐助者的角色，在北韓無法從其他國家獲取能源、食品、與資助時出面相救。大多數年份，中共對北韓的援助都有 1 至 2 億美元上下，最近兩年的雙方貿易量亦大幅增加。[30] 識者認為，中共迫切希望的並非經濟效益，而是防止北韓的垮台。[31] 事實上，「不希望北韓垮台」的立場，是朝鮮半島周邊國家（美國南韓日本在內）的共識。只要北韓不悍然發動武裝衝突，中共仍有影響北韓外交動向的能力，況且周邊各國都如此期待。總之，中共與美國在朝鮮半島的合作空間仍大，雙方的政策主軸還是將北韓帶回談判桌，差別是誰將提出較大的誘因讓北韓心甘情願地回心轉意。

---

[29] 《中國時報》，民國 98 年 4 月 15 日，A3 版。

[30] Evan Ramstad & Gordon Fairclough, "Beijing Opposes Action on Korean Missile," *Wall Street Journal*, April 8, 2009. http://article.wn.com/view/2009/04/07/Beijing_Opposes_Action_on_Korean_Missile/.

[31] *Ibid.*

三、氣候變遷與全球環保議題

　　中共與美國在戰略上的競爭對抗，不必適用在未來雙方對於氣候變遷與環境保育的立場，因為者是兩國共同關心的議題。特別是在歐巴馬時代，美國必須做出一些成績，以彰顯出他和小布希對環保議題忽視的不同態度。同理，中共現在是排放二氧化碳量僅次於美國的國家，中共在國際也有壓力，中共同樣必須告訴世人，北京已經對人類共同的命運承擔責任，而非以往的漫不經心。進入 21 世紀之後，美國與中共在經濟與環保的合作深化，已成為不爭的事實。去年爆發的美國金融危機固然使中共與美國關係發生重大改變，使彼此的互賴加深；中共逐步出現的自然環境受破壞，以及地球氣候的變遷，使美國與中共更覺得雙方的命運更緊密地連繫在一起。中共最近超越了美國，成為造成世界環境污染最主要來源，環境污染與氣候變遷，更是影響未來全球發展的課題，亦非認真合作不為功。

　　美國是全球最大的發達國家，中共則是最大的發展中國家。美國的人均二氧化碳排放量依然是中國大陸人均排放量的 5 倍，但總排放量中共仍獨占鼇頭。中共與美國已開始著手進行合作，進行的幾個項目包括低污染製煤工業、增進能源效率與節約的技術、改良輸電系統、發明再生能源、蒐集和交換排放廢氣的資訊、以及經援環保科技等等。這些努力顯示了雙方在環保議題上，出現了空前的努力，無論在政府或民間部門、科技或學術領域、金融工業或公民團體，均蒙受感染。中美雙方針對金融與環保的大規模合作，部分

彌合了在其他議題的不和，有助於引領一個「公開的、和平的對抗時代」（a new era of open, peaceful confrontation）。[32]雙方的對抗，如果有必要的話，與合作互為補充（complementary）；合作才是雙方互動更重要的成分。「合作帶來的信賴與好意，使誠實的對抗變得不具威脅性；對對方的批判、或對抗導致的退讓，將使合作成為永久的（substantive）與規範化（principled）的。[33]

伍、台灣的機會與挑戰

內政與外交實唯一體的兩面，從現實主義學派國際政治學者摩根索（Hans J. Morgenthau）而言，政府施政的良窳、以及外交政策的成敗，是國家力量的要素。這兩個要素是無形的，卻比若干有形的國家力量更重要。[34]這在現代而言，更是不可或缺的「軟實力」。台灣過去十餘年的退卻內耗，使台灣失去許多經濟發展與外交穩健的機會，因此殊為可惜。以李登輝時期的務實外交而言，確曾為李氏聲望帶至高峰，他自己也獲得民主先生（Mr. Democracy）的稱號。台灣在 1996 年的總統直選，遭致中共以武力威嚇相向，但同時也讓當時的柯林頓政府嚴重關切台灣安全，以實際的行動警告中

---

[32] John Delury, "China and U.S. Collaborate, Confront," *Far Eastern Economic Review*, January/February, 2009, p. 25.

[33] John Delury, *op.cit.*, pp. 25-26.

[34] Hans J. Morgenthau, *Politics Among Nations: The Struggle for Power and Peace*（New York: Alfred A. Knopf, Inc., Sixth edition, 1985）, chapter 9: "Elements of National Power," esp. pp. 158-169.

共、並成功化解一場台海危機。李登輝推動對大陸經濟交往，起先是以「積極開放、有效管理」精神作基礎，之後則改以「戒急用忍」踩了煞車，直至 1999 年 9 月李登輝提出兩岸關係為「特殊的國與國關係」，兩岸關係降至冰點。

陳水扁執政時期，內政外交政策搖擺不定，政策持續性（policy consistency）完全喪失，更不受民眾信任或盟友同情。台灣與大陸經濟交往密切，卻與大陸時生齟齬，甚且不時以台獨傾向相刺激；台灣相當仰賴美國提供防禦性武器，卻時常挑戰美國的對華政策，意圖改變國體、無視於同時毀壞美台互信與兩岸關係，以致台灣完全失去美國的支持。民進黨時期的作法，使美國跟中共擔心台海情勢失控，他們雙方均認為一旦任何一國被台海戰事捲入，將是極其嚴重的災難。職是之故，扁政府的作法，只是激起美國與中共共同防備台灣、共治台海，以壓制台灣的「挑釁作為」。因之，當時台灣的國際形象乃成為「麻煩製造者」（trouble maker），得不到國際奧援。

眾所周知，台灣的安全威脅主要來自於對岸。周邊國家對於台灣的安全最關切者厥為美國與日本。2002 年 12 月美日兩國即召開了第一次國務卿與外相、國防部長與防衛省長官「二加二」對話（US-Japan Security Consultative Committee）。當時的考量，即是關切中共的軍事和經濟崛起，兼及對台海情勢穩定的關切。2005 年 2 月 19 日美日兩國召開會議所發表的宣言裡，提及台海和平是美日共同戰略目標之一，並鼓勵台灣海峽相關問題應透過對話和平解決。[35]美日也在該次會議會談中擬定美日合作準則，明訂「周邊

---

[35] "Joint Statement US-Japan Security Consultative Committee（February 19,

有事」時，美國得要求日本對美軍提供補給、運輸、維護和醫療支持。另外一方面，美日兩國且自 2004 年起，即公開表態支持我國申請成為世界衛生大會（World Health Organization Assembly, WHA）觀察員。

這些對台友好舉動當然引起中共的嚴重抗議。但由於過去台灣對外行為的不可預測，以及美日政府的警覺，2007 年 5 月 1 日美日再度召開「二加二」對話之後的聲明，即未像兩年前一樣提到台灣，且在 5 月 14 日與歐盟在 60 屆世界衛生大會共同反對我國以「台灣」名義申請加入世界衛生組織。其意義至為明顯，美日均認為，台海兩岸任何一方都不應改變現狀，台海也不應有軍事衝突。日本防衛大臣久間章生且在華府明白表示，美日都相信只要台灣不獨立，台海就不會發生戰爭。[36]美日兩國所關切者，即是民主的台灣，其安全不可無謂受威脅，尤其應謹慎以對中共，不能授其可趁之機；但並非表示台灣可以隨意尋釁。由此可見，台灣的安全繫於自身者多，外部壓力並非不可克服。

台灣的安全固然繫於友我力量的增長，以及適當的防禦性武器不虞匱乏。更重要的是兩岸關係的穩定，以及台灣經濟能力的恢復與提升。馬英九總統就職後的兩岸關係不但已然解凍，且已有大幅進展，其癥結在於馬英九提出的「不統、不獨、不武」政策，真正能讓周邊國家，包括中共、美國、日本無可挑剔。由於和平與發展為當前國際政治的普遍價值，符合此價值之外交政策，可預期地將

2005)," Japan Ministry of Defense. http://www.mod.go.jp/e/d_policy/dp10.html
[36] 轉引自陳一新，「因應台灣外交邊緣化之措施」。Http://trc.cpu.edu.tw/meeting/paper/96/0629/paper/960629_5.pdf.（檢索日期：98 年 4 月 24 日）

受到國際尊重與支持。馬總統亦提出兩岸「外交休兵」的構想，寄望兩岸不再進行對抗、停止無謂虛耗、興起善意對待、維持台海和平。誠然這樣的政策是否成功，還需要時日加以檢驗，但各周邊國家從此不再視我國為麻煩製造者了。[37]

台灣過去的經濟發展提供中共領導人一種鑑戒與壓力，台灣的經驗，說明在中國的土地上，不但經濟發展可以傲人，一樣可以有民主自由。那怕是過去台灣的民主經驗跌跌撞撞，台灣的政治轉型帶來世人鮮活的感受與重大的影響。曾經擔任世界銀行行長的伍佛維茲（Paul Wolfowitz）即指稱，台灣 2008 年的總統選舉，是第二次由反對黨獲勝，足證台灣民主制度的鞏固與成熟。伍佛維茲特別提及：台灣的民主轉型，不但是台灣人民獲益，同時也是興起美國人支持台灣的動力。台灣的努力，告訴美國：美國對台灣的支持，建基於台灣的自由帶來了政治與經濟的大幅進步。這樣的訊息，也應已傳承到歐巴馬政府，美國應盡全力支持台灣在中國文化的基礎上所進行的民主實驗。[38]

台灣改變了國際形象、改善了兩岸關係，給自身一個較好的環境重新建構國家安全政策。未來兩岸不必針鋒相對，美台關係不必爾虞我詐。與中共維持和緩關係，共同處理國際議題，已經成為美國主流共識；此時此地，台灣改採和緩政策對待大陸，信守「一個中國、各自表述」的「九二共識」，不但符合美國的利益，更可為

---

[37] 請參見李明，「新政府兩岸外交休兵政策之理念與作為」，林碧炤，《兩岸外交休兵新思維》（台北：財團法人兩岸交流遠景基金會，2008 年），頁 17-36。

[38] Paul Wolfowitz," A Chance to Build on Taiwan's Progress," *Far Eastern Economic Review*, November 2008, pp. 26-29.

台灣與中共謀求雙贏。未來的美國與中共關係，並非完全平順，但台灣可以立於不敗之地。誠如某媒體評論員的說法，中美最大的難題，「已不在台海之間」，而勢將轉一到中國大陸內部，那就是「貿易問題」和「人權問題」。尤其是目前，分析說道，由於歐巴馬急於擺脫金融危機走出經濟衰退，在美國拼經濟的過程裡，可能會「跟中國槓上」。因此，未來中共與美國可能會有貿易與人權議題摩擦。[39]

總的來說，台灣的機會絕非建築於「中共美國的關係變壞」上，尤其是美國已認識到中共逐漸成為新興強權，中共也認為美國霸權不會就此沒落。美國重視與中共的合作，中共也不急於找美國對抗，雙方皆認識到美中關係將是 21 世紀最重要的雙邊關係，未來雙方也不會執意於彼此揭瘡疤。關於金融議題，中共仍將繼續購買美國的公債，成為美元的最大支持者；歐巴馬政府也將避免直接了當地攻擊中共的人權記錄。處在這種夾縫當中，台灣會不會被「犧牲」？是令人注視的問題。事實上，台灣只要與大陸掌握歷史契機，繼續維持自身的經濟成長，同時爭取美國等友邦的關心支持，利用地緣政治的優越性，務實推動兩岸經貿的正常化，應可建立「各方均贏」的架構。[40]倘若台灣經濟重新站起，又「各方均贏」，台灣當不虞被「邊緣化」，也方能進一步鞏固國家安全。

---

[39] 富權，「奧巴馬對華政策焦點將從台海轉向內地」，《新華澳報》（澳門），2009 年 1 月 19 日。

[40] 甘逸驊，「台灣如何面對興起中的美中全球共治」，《聯合報》「時論廣場」，2009 年 4 月 10 日。

陸、結論

在台灣的立場，吾人自然關切歐巴馬總統的對華政策，歐巴馬的對華政策，也直接關係著兩岸互動的形式與前景。歐巴馬與小布希的家庭背景、行事作風以及對外政策均不相同，因此一個單邊主義的、軍事優先的、強勢作風的外交政策因而不復見。在對華政策上，歐巴馬面對的是一個經濟強大、軍事力量不可小覷的中共，歐巴馬對中共的外交作為，事實上受到相當的侷限。在此情況下，必然合作的多，對抗的少，此不應僅係外交辭令，也是實際政治（*realpolitik*）的圖像。

中共與美國在許多議題上有爭議，如中國到底「是不是威脅」，這是一個沒完沒了的問題，任何國家，只要不站在中共的立場，即不免質疑中共為何必須維持一個強大的軍隊，特別是一個可以投射超過其國土的導彈部隊、或提升遠洋作戰的能力，但是從中共立場而言，美國方是當代的霸權主義者。[41]中共且認為美國仍是干預台灣的潛在敵手，中共維持強大海軍的作用，正是用以嚇阻美國。中共過去屢次聲言國際關係要「民主化」，中國的發展「不得受限」、中國「一定要統一」等，美國必須與盟國（包括日本、歐盟等）注視中共的對外行為。即使如此，中共維持強大海軍的傾向，也可用以解釋中共對運送能源、與對南海領海的堅決維護等。「中國威脅論」的真

---

[41] "Distant Horizons: China flaunts its naval muscle," *Far Eastern Economic Review*, April 23, 2009.

實性是見仁見智的，比較困難的將是，中共如何說明其使用武力的時機，此不但是美國日本所關心，也是台灣無法逃避的課題。

美國與中共仍有其他可能摩擦或衝突，包括貿易失衡、人民幣幣值的維持、如何對待流氓國家、以及核不擴散等議題，但是這些議題當中，仍有相當的合作空間，美國與中共的合作面將擴大，雙方的合作日形重要。雙方在台灣的議題上可能也有爭議，如美國對台軍售議題。軍售議題是敏感問題當中最敏感的部分，美國對台軍售難受中共的認同，但基於台灣關係法，歐巴馬將不會漠視台灣的安全需求。未來美國可能視台灣的需要，協助台灣加入一些功能性、較不與中共相抗的國際組織，此舉在兩岸關係好轉之後，將有傾向對台有利的空間。台灣在 2009 年 5 月得以觀察員身分參加世界衛生年會，未嘗不是兩岸關係改善、台灣國際參與提升的寶貴指標。

以 Kenneth Waltz 的三個映象（images）理論來觀察，以個人層次言，歐巴馬政府應是一個有理念又兼具務實政策的團隊，目前兩岸領導階層兼有溫和務實屬性，因此有助於形塑美中台三方較佳的互動。以國家層次言，美國與中共的競合，為穩定中有競爭，對抗的因子逐漸退潮。以全球體系言，東亞地區目前也是合作多於對抗，中共與美國在各項議題上彼此需要、中美台也在經濟議題上彼此需要。歐巴馬總統希望兩岸維持和平穩定關係、美國對中共固然增進合作，同時美國亦將可望對台維持友善。處此時刻，中華民國的安全，建基於自身的經濟的發展、務實的外交行為、穩健的大陸政策、友邦的善意相助、以及國內的發展共識，惟其兼顧這些因素，方能得道多助，也才能在激烈變遷的國際環境裡，維持國家安全與尊嚴，並謀求國家長治久安。

世界秩序典範變遷中的台灣國際戰略

施正權

（淡江大學國際事務與戰略研究所副教授）

壹、前言：混沌轉型中的世界秩序
── 台灣國際戰略的契機

從 20 世紀 90 年代起，冷戰結束，國際權力結構的解構與重組，政治禁制力的解除，擴大了國際體系成員的行動自由；而資訊革命與全球化的加乘作用，更使得全球進入混沌轉型的狀態 ── 整合、分裂與震盪。拉胥羅（Ervin Laslo）將此一變遷稱之為「大變動」（macroshift），「是社會演化動力的一個分歧點 ── 在我們這個互相交流、依存的世界裡，大變動就是人類文明幾趨於完整狀態的分歧點。」[1] 換言之，「大變動就是一種文明轉型，科技是其中的

---

[1] 鄂文・拉胥羅（Ervin Laslo）著，杜默譯，《開始》（Microshift: Navigating the

促因，關鍵民眾的價值觀和意識則是決定因素。」[2]拉氏認為：「到了 20 世紀末葉，全球化臻於一個新的階段：世界體制明顯地變得越來越不持久，這會產生可預見的後果。到了 21 世紀第一個 10 年時，由包括政治範疇的衝突、經濟範疇的脆弱性和金融範疇的不穩定，以及氣候和環境問題惡化的種種所引發的高度緊張，會使得社會進入大變動的『混沌躍進』期。……不是趨向於可維持的全球性平衡，就是地方與全球性的危機和隨之而來的瓦解。」[3]概括地說，拉氏不僅指出了此一世界秩序轉型的總體性 —— 包括政治、經濟、環境、生態、社會、文化等的加乘效應，更指出，人類的價值觀、信念和倫理觀等「軟性」因素要比傳統的政治、經濟和商業管理與再管理等「硬性」因素，對世界秩序混沌轉型的成敗，更具重要性。[4]

相對於拉氏的分析，事實上自 20 世紀末葉以返，也有若干重要的著作，提出類似的看法。例如，1991 年羅馬俱樂部（The Club of Rome）發表了《第一次全球革命》（The First Global Revolution），指出當前世界已面臨包括政治、經濟、社會、文化、心理、科技以至環境等各方面糾結在一起的「世界困局」（World Problematique），並強調新的道德和精神價值觀的重要 —— 新世界倫理、不同價值和諧並存與呼籲世界團結等。[5]里斯本集團（Group of Lisbon）1995

Transformation to a Sustainable World）（台北：大塊文化出版公司，2001 年），頁 32。

[2] 同前註，頁 40。

[3] 同前註，頁 57。

[4] 同前註，頁 97。

[5] 羅馬俱樂部（The Club of Rome）著，黃孝如譯，《第一次全球革命》（The

年所出版的《競爭的極限》（Limits to Competition）則主張重構全球社會契約，以建立全球市民社會，並認為霸權是解決不了問題的，而應是合作式的共存共治。[6]2008 年薩克斯（Jeffrey D. Sachs）在其所著《66 億人的共同繁榮：破解擁擠地球的經濟難題》（Common Wealth: Economics for a Crowded Planet）一書中，再度強調：「我們當今面臨的核心問題，就是世人對解決全球問題喪失信心，對全球合作也抱持著憤世嫉俗的懷疑態度。意見領袖對千禧年發展目標或溫室氣體減量等全球目標不屑一顧，視之為不切實際的空想。」「要達成全球目標，再也不能仰賴美國的領導，而是需要堅決的全球合作。這樣的合作必須仰賴政府、國際組織、私部門、學術界以及非政府組織所構成的活躍網絡。」[7]

當然，前面冗長的引述，並非認為當前世界秩序變遷的主導力量，僅是全球意識與全球合作，而是相對於長久以來，高階政治所主導的世界秩序是受制於「代表經濟實力的 GDP、展現國防實力的兵力投射能力、凸顯國家發展潛力的科研能力，以及跨國企業與政府間綿密的利益共生關係」的觀點，[8]人類當前所面臨的大變動，

First Global Revolution）（台北：時報文化出版公司，1992 年），頁 10，第 10 章。

6　詳參閱里斯本集團（Group of Lisbon）著，薛絢譯，《競爭的極限》（Limits to Competition）（台北：正中書局，2001 年），第 4 章和結論。

7　傑佛瑞・薩克斯（Jeffrey D. Sachs）著，陳信宏譯，《66 億人的共同繁榮：破解擁擠地球的經濟難題》（Common Wealth: Economics for a Crowded Planet）（台北：天下雜誌公司，2008 年），頁 327。

8　曾復生，〈剖析二十一世紀的國際戰略格局〉，《新世紀國際安全戰略與兩岸關係發展》，淡江大學國際事務與戰略研究所 20 週年所慶暨學術研討會論文集，台北：淡江大學台北校園，2002 年 3 月 23 日，頁 23。

絕非此一以競爭為基本原則的舊典範所能因應；加速惡化的低階政治總體現象與久懸未解的高階政治問題，都有賴於新典範的建立 —— 全球意識與全球合作。質言之，當舊典範未能成功解決問題之際，也就醞釀著典範轉移的契機，而拉氏所謂變動的分歧點，即新典範的抉擇與執行。

世界秩序的典範在轉變，國際行為者的重要性愈趨一致化，人類共同議題的總體化，凡此皆使得國際行為者的互動模式迥然不同於傳統國際政治模式，也為國際行為者提供更廣大的行動自由。處於大變動世紀的台灣，在面臨中共此一既衝突、合作且競爭的獨特互動模式，如何提升典範柔軟度，契入大變動的正向發展脈絡，不僅可能提升台灣的國際行動自由，亦有助於凸顯台灣的國際政治困局於全球，以及國際形象的優化。

貳、概念的說明與界定

在本文的分析中有三個主要概念 —— 世界秩序、典範、國際戰略 —— 看似耳熟能詳，但在內涵與層次上，實際運用時，卻有某種程度的複雜性。為便於分析的聚焦與使讀者能接受本文的觀點，茲予以說明和界定如下：

一、世界秩序

　　世界秩序長期以來是國際關係研究與激烈爭論的主要概念之一。不僅是意涵的爭論，更及於它的建構與變遷的深究。[9]大抵而言，世界秩序的研究，正如同國際關係理論的演展，可分為理想模式與現實模式，前者重於道德、合作、全球意識；後者重於權力、衝突、國家權力的管制。本文不擬介入這長期以來爭辯不休的議題：究竟國際社會是否為一有秩序的狀態，而是從近代國際體系建立起來，人類文明的演進 —— 農業文明，以迄於今以資訊革命為動力的大變動時代，加以檢視，人類文明基本上是上升的，也就是有一可供發展的秩序環境存於其中。然而，邁入 21 世紀，資訊革命所引發的科技爆發浪潮，導致人類文明再度進入轉型 —— 大變動，尚未知其結果為何。所以，我們假定國際社會是有秩序的前提下，對世界秩序作一操作性的概念界定。

　　從秩序的根源上看，中西方是有相當的差異。中國人是從道德價值的根源來說明宇宙秩序。例如，戴震在《原善》中即指出：「……條理之秩序，禮至者也，條理之截然，義至者也，以是見天地之常。」[10]就西方而言，宇宙秩序即理性的表現。斯多噶學派

---

[9] 詳參閱倪世雄等，《當代西方國際關係理論》（上海：復旦大學出版社，2001年），頁 457-474。

[10] 方東美著，馮滬祥譯，《中國人的人生觀》（The Chinese Spirit of Life）（台北：幼獅文化事業公司，1984 年），頁 44-45。

（Stoic school）即以人類的理性是自然的一部分的理論，來建構其自然法的概念基礎 ——「理性的假設為一種宇宙的力量」，「理性支配整個宇宙的每一個部份」。[11]然而，若就人類歷史發展與心理需求看，人類對秩序的需求毋寧是一致的。例如，涂爾幹（Emile Durkeim, 1858～1917)即指出：「……對歷史的研究似乎可以表明，秩序的生活要比脫序（無規範，anomic）生活方式占優勢。」[12]而馬斯洛（Abraham Maslow, 1908～1970）則認為：「我們社會中的普遍成年者，一般都傾向於安全的、有序的、可預見的、合法的、有組織的世界……。」[13]質言之，秩序係指「在自然界與社會進程運轉中，存在某種程度的一致性、持續性和確定性。」[14]因此，社會秩序（social order）即「社會群體構成分子之互動的固定模式之程序，亦即此一互動程序是長期相當的安定，而且他們所採取的方式亦是相當預期得到的。」[15]擴而大之，世界秩序（world order）即國際群體構成份子之互動的固定模式之程序，此一程序是具有長期相當的安定性、一致性、持續性和確定性，而他們所採取的模式亦是相當可以預期的。

　　從根源上了解世界秩序的概念，係包括所有非國家行為者與國家行為者；相對地，在國際關係研究上，世界秩序的概念是以國家

---

[11] W. Friedman 著，楊日然等譯，《法理學》（Legal Theory）（台北：司法周刊雜誌社，1984 年），頁 108。

[12] Edgar Bodenheimer 著，結構群譯，《法理學》（Jurisprudence）（台北：結構群文化事業公司，1990 年），頁 254。

[13] 同前註，頁 257。

[14] 同前註，頁 246。

[15] Robert E. Dowse & John A. Hughes, Political Sociology（London: John Wiley & Sons, 1972），p.16.

行為者為主，霍夫曼（Stanley Hoffman）的歸納具有高度的代表性。他認為世界秩序有三個不可分割的定義要素：

1. 世界秩序是國家間關係處於和睦狀態的一種理想化的模式。
2. 世界秩序是國家間友好共處的重要條件和有規章的程序，它能提供制止暴力，防止動亂的有效手段。
3. 世界秩序是指合理解決爭端和衝突，開展國際合作以求共同發展的一種有序的狀態。[16]

　　儘管在行為者涵蓋上有所不同，但在秩序狀態的維繫與合理、合作的解決問題，以求發展，卻是相當程度的契合。而這樣的概念對於前述大變動分歧點的走向的決定，亦有若合符節的解釋力。當然，這與現實模式的觀察是迥然不同，這也就形成了在解釋力與支撐力上的變化，亦即典範變遷的現象。換言之，就支撐或解釋世界秩而論，長久以來國際關係理論的爭辯與演進，某種程度亦是世界秩序典範的變遷。

二、典範

　　1962 年孔恩（Thomas S. Kuhn, 1922～1996）在其所著《科學革命的結構》（The Structure of Scientific Revolutions）一書中，將

---

[16] Stanley Hoffman, Primacy or World Order（Columbus: The McGraw-Hill Companies, 1978）, p.109 & p.188. 本文轉引自倪世雄等，前引書，頁 458。與世界秩序相近或類似的概念尚有國際秩序，世界體系、世界格局、國際體系、國際格局等，詳細的分析與討論，請參閱潘忠岐，《世界秩序：結構、機制與模式》（上海：上海人民出版社，2004 年），頁 1-18。

典範（paradigm）的概念引進科學史的研究，而使得此一概念廣為人知，進而廣泛地被利用於不同的社會科學研究中；然而，即便是孔恩本人，在書中的概念運用，也是極為不一的。例如，梅斯特蒙（Margaret Masterman）即整理出孔恩對此一概念的用法竟有22種之多。[17]因此，孔恩在此書出版近7年之後，撰寫一篇後記，除了提出擬修訂之處、回應批評，以及當前思想正在發展的方向之外，特別再為典範的意義提出說明。他歸結地指出，在此書的大部分篇幅中，典範有兩種不同的使用方式：

1. 它代表一特定社群的成員所共享的信仰、價值、與技術等構成的整體。
2. 它指涉那一整體中的一種元素，就是具體的問題解答，把它們當做模型或範例，可以替代規則作為常態科學其他謎題的解答基礎。[18]

事實上，孔恩所面臨的問題，仍然在後來的社會科學研究中呈現著：分歧的典範概念。[19]

儘管典範的概念在運用上是如此的紛雜不一，但他在1969年後記中再說明，卻足以引發我們所欲界定之典範概念之靈感。在前述分析中我們歸結出世界秩序的特性是長期相當的安定、一致、持續與確定，而世界社會行為者的行動模式也是相當可以預期的，那麼這些特性何以產生？主要原因有二：

---

[17] 孔恩（Thomas S. Kuhn）〈後記：1969〉，孔恩著，王道還編譯，《科學革命的結構》（The Structure of Scientific Revolutions）（台北：允晨文化公司，1985年），頁268。
[18] 同前註，頁260。
[19] 閔宇經，〈社會科學的典範研究：典範、科學、進步〉，《藝術學報》，第68期（2001年8月），頁179-180。

1. 世界社會的成員擁有共享的信仰、價值、原則或規範所構成的整體。
2. 這樣的一個整體足以提供世界社會問題解答。質言之，世界秩序的典範概念即世界社會成員所擁有足以維繫秩序或解決秩序相關問題的一整套信仰、價值、原則或規範。

三、國際戰略

國際戰略一詞自八〇年代以還，在中共國際關係學者與戰略學者的廣泛使用下，漸為一般論者接受和採用；然而，在現代戰略概念體系中 —— 例如中共、美國、台灣的戰略體系 —— 並不多見。就相關概念與層次來看，稍嫌混淆不清。就概念而言，廣義的界說是包含一切對外關係的戰略。李少軍即認為：「涉及對外關係的戰略可稱為對外戰略，也可稱為國際戰略。」「國家要實施和貫徹自己的對外政策，就必須有適宜的措施與手段，這種措施與手段實際上就是國際戰略。」[20]康紹邦與秦治來則對此類型定義作了綜整，認為國際戰略的概念有以下三點：

1. 國際戰略是國家及其他國際主體最高領導層對國際大局的宏觀把握和對外大政方針的決策。

[20] 李少軍主編，《國際戰略報告》（北京：中國社會科學出版社，2005 年），頁 32-34。

2. 國際戰略是處理國際事務和對外工作的總的方針和原則，它應包容並超越軍事戰略、安全戰略、地緣戰略、外交方針政策、對外經濟戰略、對外文化宣傳戰略等。

3. 國際戰略是一個較長時期內關於對外目標的全局性的謀劃和決策。[21]

概括地說，廣義的國際戰略係指國家如何運用力量以執行對外行動的全程的綜合、規劃與指導。而狹義的概念則仍將行動目標侷限於政治和軍事。例如，張季良即認為：「國際戰略指的是一國對較長一個時期整個國際格局、本國的國際地位、國家利益和目標以及相應的外交和軍事政策等總的認識和謀劃。」[22]本文擬運用的是廣義的概念。

另就層次而言，李景治和王明進認為國際戰略和國家戰略、大戰略等概念是屬於同一層次。[23]康紹邦和秦治來則指出，國際戰略隸屬於國家發展戰略。[24]高金鈿進一步說明這兩者的從屬關係，即國家發展戰略決定國際戰略，國際戰略反過來又必須為國家發展戰略的實施和實現服務。[25]如果就現代戰略體系看，國際戰略應是從屬於國

---

[21] 康紹邦、宮力等，《國際戰略新論》（北京：解放軍出版社，2006 年），頁 15。另有類似的界說，但強調國際鬥爭的特性，詳參閱余起芬主編，《國際戰略論》（北京：軍事科學出版社，1998 年），頁 3；高金鈿主編，《國際戰略學》（北京：國防大學出版社，1995 年），頁 7。

[22] 楊曼殊主編，《國際關係基本理論導讀》（北京：中國社會科學出版社，2001 年），頁 155。

[23] 李景治、羅天虹等，《國際戰略學》（北京：中國人民大學出版社，2003 年），頁 9。

[24] 康紹邦、宮力等，前引書，頁 15。

[25] 高金鈿主編，前引書，頁 14。

家發展戰略，亦即國家戰略。[26]在一個國家的戰略體系裡，國家戰略（大戰略、總體戰略、國家安全戰略）是居於最高指導地位；而於其下有不同層次與類別的戰略 —— 政治戰略、經濟戰略、心理戰略、軍事戰略（國防戰略）、科技戰略等，運作的範圍則包含國際與國內，因為從前述各種與國家戰略的相關名詞的概念來看，都未曾刻意強調運作範圍，至多是強調平時與戰時皆適用。[27]換言之，國家在生存與發展目標的達成上，自是內外兼具，交互作用。所以，國際戰略即是在國家戰略指導下累積、分配、發展，以及運用前述各種力量，以便在國際社會中爭取國家利益的一種行動的藝術與科學。

參、世界秩序典範的變遷

自 1648 年《西伐里亞和約》（Treaty of Westphalia）建立近代國際體系以來，國際戰爭發生的頻率並沒有下降。根據統計，在 1652～1999 年期間，18～19 世紀，每 50 年平均大約發生 18 次國際戰爭；20 世紀前 50 年發生 45 次國際戰爭，後 50 年發生 77 次國際戰爭。大抵而言 20 世紀國際戰爭次數少於 19 世紀，然而高於 17 和 18 世紀。因此，如果說和平是一種常態，則戰爭即一種普遍現象。[28]所以如何維持常態，管制普遍現象，即成為國家領導者與學者努力的重點。

---

[26] 中共學者為中國所設計的戰略概念體系，大體有四種構想，而其中最高層級都是國家戰略（國家發展戰略）。高金鈿主編，前引書，頁 14。

[27] 詳參閱鈕先鍾，《戰略研究入門》（台北：麥田出版社，1998 年），第 1 章。

[28] 中國科學院中國現代化研究中心，《中國現代化報告 2008——國際現代化

　　概括地說，從 17 世紀迄今，在世界秩序之維護的典範中主要有權力平衡、集體安全與世界政府。前二者曾支配著以歐洲為中心的世界秩序與 20 世紀的全球化世紀秩序，而後者則僅止於概念建構與理論探討。而從 20 世紀末跨入 21 世紀，大變動的總體演化，使得全球治理的概念與設計的探究備受關注。本文不擬深入分析其已有的豐碩研究成果，僅就其變遷過程概略討論，以作為台灣當前國際戰略之思考與制定的參考。

一、權力平衡（Balance of Power）

　　在近代世界秩序的維繫中，權力平衡是曾經發生實際作用的一個典範，然而，它的概念卻是古老且複雜的。在修昔底德（Thucydides, 460～406B.C.）所著《伯羅奔尼撒戰史》（History of Peloponnesian）一書中即有權力平衡的思維，他認為這一場戰爭的根本原因是雅典國力的增長，而這引起斯巴達的畏懼。[29]至於概念的複雜性，從歷來國際關係學者對此一概念的界定或定義的歸納，都可見一斑。

　　摩根索（Hans Morgenthau, 1904～1980）在分析權力平衡概念時，開宗明義就先說明它具有四種不同的意義。[30]魏特（Martin

---

　　研究》（北京：北京大學出版社，2008 年），頁 129-130。

[29] Michael Sheehan, The Balance of Power: History & Theory（New York: Routledge, 1996），p.25.

[30] 摩根索（Hans J. Morgenthau）著，張自學譯，《國際政治學》（Politics Among Nations）（台北：幼獅文化事業公司，1976 年），頁 237。

Wight, 1913～1972）認為在運用時，權力平衡至少有 9 種不同的意義。[31]哈斯（Ernst Haas, 1921～1986）的研究發現，權力平衡至少有不同 8 種不同的涵義。[32]而吉尼斯（D. Zinnes）在研究運用上則歸納了 10 種不同的定義。[33]克勞德（Inis. L. Claude Jr.）在綜評 25 位學者與政治家對權力平衡的實踐所作的說明之後，將權力平衡的涵義歸納為三類：

1. 一種情勢（situation）── 即國與國之間權力的分配大致或完全均等的狀態，其次是指一種不均衡的狀態，再者是泛指權力分配的狀態，不論均衡與否。

2. 一種政策（policy）── 即將權力平衡視為促成或維持均衡的一種政策或指導政策的原則。

3. 一種制度（system）── 這是權力平衡最共通的用法，即作為在多國世界中，國際關係運作的一種特定的安排。[34]

　　儘管權力平衡的概念呈現如此紛雜的現象，但就實踐的角度看 ── 維持國際秩序，曾經是個有效的制度。哥倫比斯（Theodore A. Couloumbis）和沃爾夫（James H. Wolfe）即認為，古典權力平衡曾經歷兩個黃金時期，而在第二次世界大戰後進行修復：

---

[31] H. Butterfield & M. Wight, Diplomatic Investigations（London: Allen & Unwin, 1966）, p.151.

[32] Ernst Haas, "The Balance of Power: Prescription, Concept or Propaganda?" World Politics, Vol. V, No. 4（July 1953）, pp.447-458.

[33] D. Zinnes, "An Analytical Study of the Balance of Power Theories," Journal of Peace Research, Vol.4（1967）, pp.270-285.

[34] 克勞德（Inis. L. Claude Jr.）著，張保民譯，《權力與國際關係》（Power and International Relations）（台北：幼獅文化事業公司，1986 年），頁 8-14。

1. 第一個黃金時期，從 1648 年西伐里亞和約到 1789 年法國大革命 —— 主要有兩個特徵：歐洲統治貴族之間的合作意識與其國家之間政治和經濟的劃一性。換言之，啟蒙的道德價值讓他們團結在一起，為確保彼此利益，避免了戰爭。而主要平衡者是英國，憑恃其海權優勢，防止任何歐洲大國霸權。

2. 第二個黃金時期，從 1815 年維也納會議到 1914 年第一次世界大戰爆發：因為意識形態的劃一性，而使戰爭被限縮到最小的地步；大國之間認識到限制戰爭的破壞力與殘暴性將使交戰各方相互收益，使得國際戰爭法規獲得長足發展，因而彼此間的紛爭得以透過外交談判加以解決，維持了權力平衡。[35]

概括地說，權力平衡作為一個管制國際關係中的權力問題的制度，的確在相當長的時期維持一個合理的穩定與秩序；然而，也正是重心在於權力政治，所以國家利益、國家權力優勢、結盟、戰爭、秘密外交、嚇阻行動等，都成為主導此一制度的主要目的或工具，也使得在維持秩序的有效性，大打折扣。[36]然而，摩根索在評估權力平衡制度的缺點之際，也同時指出，道德與知識的力量是權力平衡制度有效運作的基礎。[37]諷刺的是權力平衡制度的瓦解，正是道

[35] 哥倫比斯（Theodore A. Couloumbis）、沃爾夫（James H. Wolfe）著，白希譯，《權力與正義》（Introduction to Interntional Relations: Power and Justice）（北京：華夏出版社，1990 年），頁 288-291；倪世雄等，前引書，頁 283。

[36] 有關權力平衡制度的批判，詳請參閱克勞德（Inis. L. Claude Jr.）著，張保民譯，前引書，第 3 章；李登科等編著，《國際政治》（蘆洲：國立空中大學，1996 年），頁 252-254。

[37] 摩根索（Hans J. Morgenthau）著，張自學譯，前引書，頁 307-319。

德的崩潰；即使是二十世紀的集體安全制度，由於權力平衡在大國之間的運作，相對地侷限了集體安全在維持秩序上的功能，這也就是凸顯前述羅馬俱樂部、里斯本集團、布達佩斯俱樂部等專家學者呼籲全球道德、全球合作與全球責任的重要性。

二、集體安全（collective security）

正如權力平衡概念的淵遠流長，集體安全亦是一個相當古老的概念，可以上溯自古希臘時期；[38]但是集體安全理論受到重視，進而形成制度，則係二十世紀之後。人類歷經兩次世界大戰、冷戰，進入廿一世紀，再回首檢視集體安全概念實踐的過程，則失敗的 1919 年國際聯盟（League of Nations）和亟待改革與轉型之已屆 64 年的聯合國（United Nations）的發展經驗與教訓，都對廿一世紀世界秩序的維持，具有啟發性。

就理念而言，集體安全比權力平衡更具高度道德性。它的基本理念是「人人為我，我為人人」（One for all and all for one），[39]基本假設是所有國家保證所有國家的安全，所有國家對付一個國家（all for all, all against one）。[40]因此，摩根索認為這樣的假設無異是假設國家的行為經歷一場道德革命 —— 集體安全制度中的每一

---

[38] A. Leory Bennett, International Organizations: Principles and Issues, 4th ed.（New Jersey: Prentice-Hall Inc., 1988），p.135.

[39] 摩根索（Hans Morgenthau）著，張自學譯，前引書，頁 577。

[40] 倪世雄等，前引書，頁 376。

個國家要拋棄國家的私利,並放棄為國家的自私自利目的服務的國家政策;每一個國家要有互助的理想和自我犧牲的精神;國家也願為了理想需要作最大犧牲的戰爭。然而,當國家利益、超國家利益與道德發生衝突時,顯然地,每一個國家不可避免地將站在本國利益的立場,因而癱瘓了集體安全制度的運作。[41]

就實踐過程而言,以聯合國為例,在高階政治問題的解決成就較少,在低階政治問題的解決則有其一定之成就與貢獻。前者成就有限主要係五個常任理事國的否決權之濫用;其次,聯合國缺乏專屬之制裁力量;再者,各國不願為集體安全犧牲國家利益或部分主權。[42]後者牽涉層面甚廣,在概念發展上已從國家安全演化成人類安全——從全球經濟關係問題、社會與環境發展,以迄國際人權問題等,與各國皆有密不可分的關係,且可能影響各國局部或全面的發展,因此在共識上較易形成,聯合國的貢獻也就較為顯著。[43]

進入廿一世紀,由於二十世紀末冷戰結束,資訊革命引發科技全球化所帶來的大變動,一方面使得大國之間的關係較為緩和;而大變動使得人類文明發展進入分歧點的激烈動盪現象,也使得主要大國較願意共同面對此一問題。然而,果如論者所言,「在很大程度上,大國關係的好與壞決定著世界秩序的和平與動盪」,[44]那麼今日的集體安全又只不過是古典權力平衡的變形或復辟,所以核子

---

[41] 摩根索(Hans J. Morgenthau)著,張自學譯,前引書,頁 580-581。

[42] 李登科等編著,前引書,頁 267-269。

[43] 保羅・肯尼迪(Paul Kennedy)著,卿勸譯,《聯合國過去與未來》(The Parliament of Man: The United Nations and the Quest for World Government)(海口市:海南出版社,2008 年),第 4-6 章。

[44] 倪世雄等,前引書,頁 390。

大國的核武壟斷與國際議程設定的霸權現象，將持續下去，世界秩序也可能在動盪中前進。相對於此一論述，也許哈斯（Richard N. Haas）對廿一世紀國際關係結構的分析，會為我們帶來高度的啟發性。哈斯認為廿一世紀國際關係的主要特徵是將逐漸轉型為「無極」（nonpolarity）──整個世界並非由一兩個國家或幾個國家所支配，而是由許多國際行為者擁有與執行不同類型的權力，這代表著不同於過去的一種結構性的轉變：新世界秩序。同時，哈斯為此一新變局提出三項建議：

1. 在應對無極的世界，多邊主義是必須的。

2. 無極的世界將使外交更為複雜化，因此在國家之間的諮商與聯合的建構，以及鼓勵盡可能彼此合作的外交政策，將具有優先性，進而維護這樣的合作免於無可避免之爭議的影響。

3. 無極的世界將更為困難與危險，然而促進更大程度的全球整合，將有助於提升穩定。建構一個各種管理的核心團體與各種承諾合作多邊主義，也將大步向前邁進，可將此稱之為「協商的無極世界」（concerted nonpolarity）。[45]

概括地說，近代以還的世界秩序大抵建構在以國家為主要行為者的一個合理的穩定和秩序，亦即國際關係中權力的適當管制，或是大國關係的穩定，從權力平衡以迄集體安全莫不如此。但是，正如前述，這兩種典範的有效與否，相當程度也建立在道德與合作的共識上；因此，在進入廿一世紀大變動的文明演化之際，如何在現

---

[45] Richard N. Haass, "The Age of Nonpolarity," Foreign Affairs, Vol. 87 Issue 3, （May/ June 2008），pp.44-56.

實模式與理想模式之間取得一個最適結合，亦正如哈斯前述的建議，將是廿一世紀世界秩序典範主要內涵。

三、全球治理（global governance）

正如同阿洪（Raymond Aron, 1905～1996）所言：「戰略思想是在每一個世紀，或是在歷史的每一個時刻中，從各種事象本身所產生的問題，吸取其靈感。」[46]世界秩序的典範亦是在不同時期的世界事象中，獲得啟發，導向變遷。因此，誠如前述，冷戰的結束，資訊革命所帶來的科技衝擊，促成了人類文明的大變動；而從二十世紀九〇年代以來，「全球治理」的概念開始為許多世界政治領域的學者所採用。[47]然而，也因為全球化的快速全球變革的複雜性與總體性，雖然迅速地喚起如何，以及應該如何治理國際事務的問題，但是吉爾平（Robert Gilpin）卻主張最好把全球治理僅視為純粹的語詞，因為烏托邦的空想只會造成最糟的結果。[48]相對地，羅森諾（James N. Rosenau）則認為全球性治理的概念可以提供描述跨越國家與社會的決策、政治合作與解決問題等相關現象的語言。

---

[46] Raymond Aron, "The Evolution of Modern Strategy," in Alastair Buchan, ed., Problems of Modern Strategy（New York: Prager Publisher, 1970），p.25.

[47] Martin Hewson & Timothy J. Sinclair, eds., Approaches to Global Governance Theory（New York: New York University Press, 1999）. 本文轉引自俞可平主編，《全球化治理》（北京：社會科學文獻出版社，2003 年），頁 32。

[48] David Held、Anthony McGrew 等著，林祐聖等譯，《治理全球化：權力、權威與全球治理》（Governing Globalization: Power, Authority and Global Governance）（台北：韋伯文化出版公司，2005 年），頁 11。

換言之，作為一個分析取向，全球治理反對以國家為中心的國際政治與世界秩序的傳統概念，分析的主體轉變為全球性、區域性與跨國性的合作決策與執行體系。[49]

　　儘管全球治理概念因為理解與解釋全球變革面向的不同，顯得過於廣泛或複雜，但概括地說，大抵有三種不同的用法：

1. 試圖追溯國際典則（international regimes）模式的廣泛變化。
2. 關注當代世界組織處理世界問題能力的變化所具有的潛在意義。
3. 關注塑造全球治理形式正在上升中的政治力量。[50]

　　從當前大變動的趨向看，不再侷限於傳統安全，而延伸至非傳統安全的全球變革所產生的各種議題，已超越傳統領土主權管轄範圍和既有的全球政治結盟領域，必須透過國際合作才能解決。換言之，就解決前述問題以維繫世界秩序而論，全球治理所指涉的不僅在於建立正式制度與組織，以制定管理世界秩序的法令與規範，如國家組織的建立、政府間的合作等，同時也包括了所有非政府組織與壓力團體、多國籍企業、跨國社會運動，主要目的在建立一跨國統治與威權體系。而為了推動此一新責任機制，國際典則是一重要的中介體，它主要在表達為了解決共同問題，而尋求新合作與規範模式的必要性——即在國際關係的特定議題領域中，能促使行為者期望趨於一致的規範、法則與決策程序。[51]

---

[49] 同前註，頁 12。

[50] 俞可平主編，前引書，頁 48。

[51] David Held 等著，沈宗瑞等譯，《全球化大轉變》（Global Transformation）（台北：韋伯文化出版社，2001 年），頁 63-64。

里斯本集團在《競爭的極限》一書中即提出有效的全球治理（effective global governance），即按共同確認的規則辦法，由人與機構來治理，使相關的各方合理促成以下目標：

1. 有效率的世界經濟。

2. 普遍的社會正義。

3. 真正的文化多元性與文化自由。[52]

因此，人類若有心成就全球治理，則全球契約不僅是必要，也是審慎的抉擇：

1. 滿足基本需要的契約──消除不平等。

2. 文化契約──文化間的相互包容與對話。

3. 民主契約──走向全球化治理。

4. 地球契約──永續發展。[53]

綜上所述，全球治理要達成的目標是普世價值，而維持世界秩序的是國際典則；全球治理的主體包括各國政府、政府部門、國際組織以及非正式的全球公民社會組織；全球治理的對象包括已經影響或將影響全人類的跨國問題；全球治理的效果，涉及對全球治理效果的評估。[54]同時，全球治理亦如權力平衡、集體安全一般，在實踐過程中，必然面臨許多現實的制約因素；[55]然而，借用摩根索的話來說，全球治理要能付諸實現，那現代國家行為必須歷經一場

---

[52] 里斯本集團（The group of Lisbon）著，薛絢譯，前引書，頁 171-172。

[53] 同前註，頁 171-172，193-202。另有關全球治理之制度設計的詳細分析，請參閱基歐漢（Robert O. Keohane）著，門洪華譯，《局部全球化世界中的自由主義、權力與治理》（北京：北京大學出版社，2004 年），頁 279-302。

[54] 俞可平主編，前引書，頁 14-18。

[55] 同前註，頁 29-30。

道德革命──全球意識的形成、全球倫理的建立，以及共治共存的合作。相對地，此一道德革命的趨勢、國際行為體的多元化、人類問題的跨國化，在在都突破了傳統主權思考，也巨幅改變了國際行為者的互動模式，這也就為受制於傳統主權規範下的台灣國際戰略開啟了另一廣大的行動自由空間──契入大變動的脈絡的國際行動自由。

肆、台灣的國際戰略

　　儘管從權力政治的觀點而論，誠如前述，世界秩序的穩定與否，相當程度決定於大國關係的穩定；然而，不論是拉胥羅的「大變動」分析或羅馬俱樂部提出的「世界困局」，其解決方案莫不結合兩大因素：

(一) 道德──全球倫理與全球意識。

(二) 全球合作──霸權解決不了問題。

　　而在問題的內涵上則綜括了高階政治與低階政治的所有問題，尤其是後者，有後來居上之勢。例如，羅馬俱樂部的《第一次全球革命》、里斯本集團的《競爭的極限》、安南（Kofi A. Annan）的千禧年報告《我們人民：21 世紀聯合國的角色》（We the People: the Role of the United Nations in the 21st century）、拉胥羅的《大變動》，以及薩克斯的《66 億人的共同繁榮》等，在在都顯示出合作與道德的重要性，特別是大國。而這樣的發展形勢，就戰略行動自由而言，正如間接戰略的運用，可以爭取更多的行動自由。

　　受限於中共日益強大的綜合國力所行使的外交力與經濟力，讓台灣不僅在傳統國際外交空間備受打壓，即使非政府組織活動也備受掣肘。[56]而這種死結決非當前兩岸「外交休兵」所能緩解。析言之，如果從《中華人民共和國憲法》、《國防法》與《反分裂法》三位一體的剝奪中華民國國際法人格的前提不變下，如何將我國封鎖在現有 23 國的國際空間，再透過國際的三戰戰略──法律戰、與論戰、心理戰，漸次剝奪，而後利用兩岸和解趨勢，加強兩岸問題內政化的國際印象，也就成為必然之策。相對於此，台灣如何完善地契入廿一世紀大變動的脈絡，在高階政治與低階政治之間，明辨虛實，識迂直之計，以開拓國際行動空間，自是應對中共前述多手策略的首要之道。

一、國際政治戰略

　　雖然在外交休兵的前提下不再作邦交國之爭奪戰，但是如何落實鞏固邦交國，仍為首要。例如，從過去的金援外交轉為普遍援助──基礎建設、醫療人道援助、賑濟風災、經貿合作、文化交流、資訊通訊科技等，[57]始有助於爭取邦交國人民的普遍認同與支持。

---

[56] 詳參閱〈中國大陸阻撓我國際空間事例〉，中華民國外交部，http://www.mofa.gov.tw/webapp/np.asp?ctNode=1462&mp=1.（檢索日期：2009 年 3 月 31 日）

[57] 〈外交部歐部長立法院第七屆第一會期外交業務報告〉，中華民國外交部，http://www.mofa.gov.tw/webapp/ct.asp?xItem=32211&ctNode=1810&mp=1.（檢索日期：2009 年 3 月 31 日）

其次，自我國退出聯合國後，即失去參與多邊公約的資格，但處於全球變革時代，人權、經貿、公共衛生、反貪腐、環境生態、國際援助等相關事項的公約，我們可以國內立法方式，將各類攸關我國發展的公約融入國內法，展現對於多邊公約的參與，與全球所關心之共同議題接軌，進而優化我國國際形象。[58]再者，強化非邦交大國關係，儘管並無邦交關係；然而，大國對於低階政治的國際議程設定、非政府組織、多邊公約等，都具有高度影響力，相當有助於台灣參與低階政治的行動自由。再次者，持續和解、交流、合作的兩岸政策，固然有前述落入統戰之虞，但在「尊嚴、自主、務實、靈活」之精神下，形塑台灣「和平締造者」形象，[59]亦有助於台灣在非邦交大國——美國、歐盟等支持下，快速融入解決全球困局的進程。換言之，在功能取向下的非政府組織參與，或城市外交的進行，固然可避免政治外交之爭議，較易進行；但是，若能有贊同與支持台灣的大國相助，不僅可以實質提供解決全球自然或社會的非永續性問題，[60]亦可建構不同於中共的國際形象——積極、誠摯貢獻於全球困局之解決的行動者。質言之，即回歸地球成員務實的外交與實質的外交。

---

[58] 陳長文，〈多邊公約國內法化不能只靠馬總統〉，《中國時報》，2009 年 4 月 20 日，第 A14 版。

[59] 〈外交部歐部長立法院第七屆第三會期外交業務報告〉，中華民國外交部，http://www.mofa.gov.tw/webapp/ct.asp?xItem=37433&ctNode=1810&mp=1.（檢索日期：2009 年 3 月 31 日）

[60] 鄂文‧拉脗羅（Ervin Laslo）著，杜默譯，前引書，頁 59-80。

二、國際援助戰略

　　誠如拉胥羅的分析，「全球化以極危險的速度前進，但有很多國家和人口被拒於門外……世界上有些層面一致成長，其他層面則分崩離析」，因此，「人不能把世界的一部分全球化，同時又破壞其他部分。資訊與通信科技趨向一個全球化的機關和機制卻是瞠乎其後。」[61]針對此一社會的非永續性問題的解決，成功的全球合作，都結合了明確目標、可以大規模推展的有效科技、明確的實行策略，以及資金來源。例如消滅天花的行動、綠色革命的推動、小兒麻痺根絕計劃、家庭計劃、兒童學校教育、鄉間電器化、大規模免疫計劃等。所以，這樣的合作就必須仰賴政府、國際組織、私部門、學術界以及非政府組織所構成的活躍網絡。[62]相對於此一全球活躍合作網絡的建構，台灣的國際援助戰略就必須再行調整。

　　台灣當前的援外策略固然已有完整的構想：

1. 以推廣台灣經驗、切合受援國需求為主軸。

2. 雙邊、多邊暨參與國際組織三面向進行。

3. 政府與民間共同推動。

4. 落地生根、永續發展。[63]

---

[61] 同前註，頁 72-80。

[62] 傑佛瑞‧薩克斯（Jeffrey D. Sachs）著，陳信宏譯，前引書，頁 327-328。

[63] 〈我國民間團體參與國際人道救援工作情形〉，中華民國外交部，http://www.mofa.gov.tw/webapp/lp.asp?ctNode=1445&CtUnit=111&BaseDSD

　　然而就其援助對象而言，仍是以邦交國為主，對於民間之參與僅限於協助。相對於當前全球合作解決社會的非永續性問題，台灣不僅要將民間的國際援助納入整體規劃，並且超越傳統外交思考，就台灣可動用的資源作最適合分配於此——廿一世紀全球援助的新趨勢。換言之，透過援助行動，以形塑台灣作為地球成員一份子，積極投入能力所及的地區，而非侷限於邦交國，應是台灣當前國際援助戰略可以重新思考的要點。

三、國際環境生態戰略

　　卡羅（John Edward Carrol）1983 年所出版的《環境外交：美加跨國界環境關係的回顧與展望》（Environmental Diplomacy: An Examination and a Prospective of Canadian-U.S. Transboundary Environmental Relations）一書中首度使用環境外交一詞，而後即被廣泛採用。[64]至於其涵義有廣狹二義，[65]但其所具的共同特點，則相當程度呈現出戰略之特質：

=7&mp=1（檢索日期：2009 年 3 月 31 日）

[64] John Edward Carrol, Environmental Diplomacy: An Examination and a Prospective of　Canadian-U.S. Transboundary Environmental Relations（Ann Arbor: University of Michigan Press, 1983）.

[65] 編輯部，〈近年來中國關於國際政治若干問題研究綜述（下）之一〉，《世界經濟與政治》，2004 年第 7 期，頁 7。另有關環境外交，各種定義，可參閱〈環境外交的解釋〉，《CNKI　中國期刊全文數據庫》，http://define.cnki. net/define_result.aspx?searchword=%E7%8E%AF%E5%A2%83%E5%A4%96

1. 行為主體的多元化。

2. 外交方式的多樣性。

3. 具有較強的科學技術性。

4. 內容的廣泛性。

5. 結果的公益性。[66]

　　就我國當前外交處境來看，台灣並非聯合國架構下國際環保公約締約國，只能以「自願遵守」（voluntary compliance）的方式，制定相關法與進行產業調適，[67]因而在行動自由就備受限制；然而，就前述環境外交的特點看，超越外交（diplomacy）的思維，而用互動（interaction）加以思考，則環境生態戰略所能獲得的行動自由就寬廣許多。

　　其一，台灣在 60 多年的經濟發展過程中，面對環境生態迭遭破壞所產的問題，例如：家庭廢水、工業廢水、有毒廢棄物處理、空氣污染、土石流、物種劇減等問題，經長期經驗積累與研發，在技術上已具備一定程度的成熟性與穩定性，足以提供有需求的國家參考，甚至予以協助。其二，台灣所具的島國生態環境所面臨的問題，經學界與政府合作所作的研究與方案的研擬，對於全球性生態的非永續性問題，都能作為解決方案或制定政策的借鏡，[68]尤其是

%E4%BA%A4. （檢索日期：2009 年 4 月 1 日）

[66] 丁金光，《國際環境外交》（北京：中國社會科學出版社，2007 年），頁 41-43。

[67] 〈後京都架構下我國環境外交策略〉中華民國外交部，http://www.mofa. gov.tw/webapp/fp.asp?xItem=37506&ctnode=1430（檢索日期：2009 年 3 月 31 日）

[68] 詳情參閱蕭新煌等，《台灣 2000 年》（台北：天下文化出版公司，1993 年）。蕭新煌等，《永續台灣 2011》（台北：天下遠見出版公司，2003 年）。

全世界同為海島國家者。質言之，從解決問題思考取向切入，跨越主權迷思，在多元行為主體中，以能提供解決問題者角色參與；在廣泛問題中，就台灣經驗與台灣技術所能契合者，提供助力，善盡全球公民的責任，進而增強在國際空間的能動性。

四、國際科技戰略

就當前科技全球化來看，它主要表現在以下幾個方面：

1. 全球性重大問題需要世界各國在科技方面通力合作。
2. 科技資源在全球範圍內流動並優化重組。
3. 科學研究領域的國際合作日益加強。
4. 科技人才跨國流動越來越頻繁。
5. 跨國公司的科技活動加速向全球擴張。
6. 國際技術貿易發展迅速。
7. 跨國專利的申請與許可發展迅速。[69]

這 7 個科技全球化面向也呈現著與環境生態全球化相似的若干特質：行為主體的多元化、重大問題的共同化、解決途徑的合作化。而台灣在科技方面的優勢更大於環境生態方面，從產業規模、產業競爭力、產業群聚競爭力，以及創新力都名列世界前茅，其所形成的科技戰略行動力，若加以完善整合，針對前述科技全球化特質，將可能產生有效的戰略行動，拓展台灣國際空間。

---

[69] 趙剛，《科技外交的理論與實踐》（北京：時事出版社，2007 年），頁 22-24。

　　台灣的資訊科技（IT）硬體產業已成為全球第三大生產國，在全球資訊科技產業供應鏈具有其關鍵地位；[70]在全球 64 個調查國家中，台灣全球 IT 產業競爭力排名第六；[71]根據《世界經濟論壇》（WEF）《2008-2009 年全球競爭力報告》，台灣產業群聚競爭力連續 3 年全球第一；[72]而《經濟學家》（The Economist）雜誌所作的全球創新力評比報告，台灣在 82 個經濟體中，排名第六。[73]就戰略力之合成而論，從創新、產業到競爭力都能具有優勢，不僅足以因應科技全球化的經貿面向，更足以契入全球性重大問題之解決，而自然產生在國際空間活動力之效應。例如，在國科會國際合作處積極推動下，台灣一共與包括俄羅斯、澳洲、印度、越南等15 國簽署科技合作協定；2003 年，台灣國科會與歐盟資訊社會總署簽訂第一份官方合作協議——雙邊科技合作保證協議，透過此份協議，台灣將可與歐盟會員國進行科技合作；[74]而台灣在產業群聚競爭力的優勢，使得新竹科學園區成為世界上許多科學園區追求的理想目標。目前竹科與 12 個國家 23 個科學園區簽訂姊妹園區，包括美、日、歐等先進創新科技園區，也包括東南亞、中南美洲、非

---

[70] 佛里曼（Thomas L. Friedman）著，楊振富・潘勛譯，《世界是平的》（The World is Flat）（台北：雅言文化出版公司，2005 年），頁 361。

[71] 〈經濟學人：全球 IT 產業競爭力台灣排名第六〉，《全球台商服務網》，http://twbusiness.nat.gov.tw/asp/superior14.asp.（檢索日期：2009 年 3 月 31 日）

[72] 〈經建會：台灣產業群聚競爭力連 3 年全球第一〉，《全球台商服務網》，http://twbusiness.nat.gov.tw/asp/superior17.asp.（檢索日期：2009 年 3 月 31 日）

[73] 〈《經濟學家》公佈全球創新力最新評比報告，台灣第 6 名，新加坡第 14 名〉，《全球台商服務網》，twbusiness.nat.gov.tw/asp/superior13.asp.（檢索日期：2009 年 3 月 31 日）

[74] 〈科技外交 15 國與我合作〉，《自由時報》，2004 年 11 月 19 日，第 13 版。

洲等開發中的工業園區。透過這些協議，不僅讓台商放心走出去，也使得許多邦交國與非邦交國希望台灣前去協助建立科學（工業）園區。[75]凡此將對台灣日益窘迫的國際行動自由與空間帶來新的契機，而這正是國際戰略根本目的之所在——行動。

就國際戰略的構想與行動而論，台灣尚有國際文化戰略和經濟戰略可以運用；然而，從大變動與世界秩序典範變遷內涵來說，台灣在中共長期國際空間的擠壓下，反而早已積極融入大變動的文明轉型與變遷中的世界秩序典範，而前述四項國際戰略較有可能契入此一脈絡中。但是，無可置否的是變遷中的世界秩序典範仍是交集著權力平衡與集體安全的質素，向全球治理轉型中，因此，國際戰略的思考與規劃自也不能忽視大國在其中的催化作用，而全球意識、全球道德與全球合作則成為大變動中，人類文明走向瓦解或邁向新文明的關鍵。

伍、結語

從近代國際體系建立以來，民族國家一直是世界社會的主要行為者，而國家主權則為國內秩序，乃至世界秩序的主要支配與結構力量。邁向廿一世紀，人類社會累積科技巨大的進步與全球化加速變革所釋放的能量，正悄然地促動著人類文明的大變動，面臨著轉型的分歧點；而兩岸關係的發展也恭逢其盛，在廿一世紀進入轉型分歧點，台灣國際生存與發展空間的開拓亦復如此。

---

[75] 黃得瑞，〈科技外交的資產〉，《自由時報》，2007 年 10 月 20 日，第 A19 版。

在世界秩序典範的變遷中，國家主權與國家利益一直是兩個關鍵考量因素，也是維護世界秩序之成敗的主因；然而，論者認為，資訊時代來臨與全球社會形成，民族國家將告終結。[76]就當前全球化世界的互動過程而論，實則並無主權的削減，而是治權（governance power）的分享或共享，傳統主權的強調往往只是旨在維護本國利益的主張。至於國家利益，在「世界風險社會」[77]漸次形成後，也必然要與全球利益相互配合與增強。人類文明轉型走向崩解或完善，同樣也從此一概念切入，而有全球意識、全球倫理（道德）與全球合作的主張。當然，這並非意味著我們可以愚駿式地期待主權國家的終結，而邁入類似世界政府的理想境界；相對的是，務實地了解從權力平衡以迄全球治理的世界秩序典範變遷中，如何從現實中建構完善世界秩序的應有理念與做法，台灣國際戰略的思考、計劃與行動亦復如此，只是更應好好把握這廿一世紀兩岸關係與人類文明大變動的戰略機遇期。

當然，我們也並非愚駿式地期待中共對台的主權主張在短期內能有所改變；然而，可以審慎期待的是兩岸領導人的最大共識——「擱置爭議、共創雙贏（追求雙贏）」[78]，則台灣在契入大變動邁

---

[76] Jean-Mariè Guéhenno, The End of the Nation-state, trans. By Victoria Elliott （Minneapolis, MN: The University of Minnesota Press, 1993）.

[77] 貝克（Ulrich Beck）著，孫治本譯，《全球危機》（台北：台灣商務印書館，1999 年），頁 55-57。

[78] 〈兩岸關係「箴言」學問大「陸委會」唯馬首是瞻〉，《中國評論新聞網》，2008 年 12 月 24 日，http:// mag.chinareviewnews.com/doc/7_0_100838422_1.html.（檢索日期：2009 年 3 月 31 日）

入正向發展的趨勢中，國家利益的評估，開拓國際行動空間的思考，就再明確不過了——亟需典範的柔軟度與彈性。

誠如薄富爾（Andre Beaufre, 1902～1975）所言，戰略是一種「思想方法」（method of thought），不是一種單一界定的「準則」（doctrine），它將隨著情況的變化而變化。在某些情況中最好的戰略，在另外的情況中卻可能是最壞的。所以，戰略的目的即在於整理事件，依照優先次序加以排列，然後選擇最有效的行動路線。[79]同時，因為資源和環境所具有的變異性（variability），戰略不再可能依照一種以固定基礎的客觀演繹的程序來進行，它必須以假設為起點，並用真正的創造性思想（original thought）來產生答案。[80]馬英九總統在與媒體進行茶敘時表示，台灣要重返國際社會或加入國際組織，當然不會是大陸團的一部分；但在名稱上，最優先是「中華民國」，做不到，「台灣」也可接受，再做不到，「中華台北」可以接受，不會為參加而犧牲主權或尊嚴。[81]就此而論，台灣已呈現在國際戰略思考中的典範柔軟度，亦因為唯有如此才能確保台灣的國家利益，同時在契入世界秩序典範變遷的脈動中，不僅能為新世界秩序的轉型作出貢獻，亦能同時開拓台灣國際空間，進一步在國家利益與全球利益之間，形成共榮共生的理想境界。

---

[79] Andre Beaufre, An Introduction to Strategy（London: Faber & Faber, 1965），p.13.

[80] Ibid., pp.44-45.

[81] 〈參加 WHA 馬英九：可以接受「中華台北」之名〉，《中國評論新聞網》，2008 年 3 月 20 日，http://www.chinareviewnews.com/doc/98_2991_100919297_1_0321204305.html（檢索日期：2009 年 3 月 31 日）

兩岸關係正常化下的台灣外交策略：
活路外交與國際空間

李大中

（淡江大學國際事務與戰略研究所助理教授）

壹、前言

　　兩岸關係自 2008 年 520 馬英九總統就任之後，出現難得的機會之窗，雙方持續朝向推動兩岸關係正常化的道路邁進。目前兩岸互動的基調，是採取「先經貿、後政治」以及「由易入難」的謹慎與循序漸近模式。面對協商時代的來臨，除擴大雙方在經貿、金融、社會、文教、觀光等各層面的交流外，包括台灣合理國際空間的爭取、敵對狀態的解除，軍事互信機制的建立，乃至於兩岸間和平協議的簽訂等多項議題，都是在可預見的未來，兩岸談判的重頭戲，故台北與北京如何在現有基礎上，持續累積善意，強化彼此互信，逐步實現台北、北京與國際社會的三贏局面，成為眾所囑目的焦點。另一方面，國際政治在冷戰結束邁入 21 世紀後，也發生劇烈

的變動，包括全球化的盛行、恐怖主義的蔓延、美國領導地位與實力的備受挑戰、全球金融暨經濟的衝擊等。而在亞太地區，也出現中國大陸的崛起，日本邁向正常化國家，朝鮮半島情勢的高度不確定性，以及東亞區域整合進一步深化等趨勢。處於此一機會與挑戰並存的新時代，有必要深入剖析中華民國目前的整體外部形勢，即是否仍能妥善因應兩岸關係的進展，構思前瞻性、全盤性與具備高度的外交策略。

儘管國際組織的參與，在台灣社會內部具有高度共識，但受制於對岸的政治抵制與兩岸互信的低落，自中華民國 1971 年退出聯合國（The United Nations, UN）與 1972 年退出世界衛生組織（World Health Organization, 以下簡稱 WHO）之後，直至 1990 年代才開始思索如何重新參與的問題，並付諸行動，但迄今我方未曾取得突破。而現階段政府所採取的活路外交，是希望在尊嚴、對等與務實的原則下，藉由營造良性與建康的兩岸和解氣氛，強化北京釋放善意的意願，實現我方多年來之心願。[1]

---

[1] 在 2005 年 4 月 29 日連戰與胡錦濤所達成之《連胡公報》中，其中的的第 4 點共識，即為「促進台灣民眾關心的參與國際活動問題」，而台灣如何參與 WHO/WHA，更被雙方列為優先討論之事項。2008 年 12 月 31 日，中國國家主席胡錦濤藉由於北京紀念《告台灣同胞書》30 周年機會，發表《攜手推動兩岸關係和平發展，同心實現中華民族偉大復興》談話，提出 6 點對台政策方針（即《胡 6 點》），在其中第 5 點「維護國家主權，協商涉外事務」的內容中，則強調兩岸在涉外事務中，應避免不必要的內耗，關於台灣「參與國際組織活動」之問題，可在「不造成兩個中國、一中一台之前提下，可透過兩岸務實協商，做出「合情合理」的安排。參見胡錦濤，《攜手推動兩岸關係和平發展　同心實現中華民族偉大復興——在紀念《告臺灣同胞書》發表 30 周年座談會上的講話》，《新華網》，2008 年 12 月 31 日。Available: http://big5.xinhuanet.com/gate/big5/news.xinhuanet.com/newscenter/2008-12/31/content_10586495.htm.

　　本文的主要宗旨，在於探討兩岸關係正常化的過程中，我方活路外交政策以及國際空間爭取，尤其是以環繞在世界衛生大會（World Health Assembly, 以下簡稱為 WHA）的相關課題，做為研析起點，並兼論其他聯合國專門機構（Specialized Organizations）的參與可能性。本文的主要論點有三，首先，活路外交的提出，其來有自，深具必要性，其用意不僅是揚棄兩岸在對外場域上的惡性較勁，避免不必要的資源虛耗，更可視為兩岸和解的延伸；其二，在 WHO/WAH 的參與方面，現階段唯一務實可行的安排，無疑是謀求 WHA 觀察員資格，此亦為考驗兩岸和解與外交休兵的重要試金石，如能順利成局，展望未來，我方仍應未雨綢繆，步步為營，集中有限資源，聚焦於一個較適合的聯合國專門機構，謹慎規劃，列為下一階段的單點突破目標，至於在挑選的標準方面，應以我有較大參與利基的機構為原則，包括我方在該領域重要性與貢獻、該機構須擁有觀察員的制度設計、以及議題政治敏感度較低等，然而，關鍵在於，若無北京的配合（至少放棄杯葛），任何構思在實踐層面上，恐都將面臨極大考驗；第三，參與聯合國相關活動，應有短、長程目標的區別，也就是短期應聚焦於聯合國系統下的專門機構，逐步謹慎為之，而在長期目標方面，爭取聯合國永久（常設）觀察員（permanent observer）地位，應視為值得思考的方向之一，但欲實現此目標，關鍵仍在於北京所設定的容忍底線，以及兩岸關係的未來走向，仍否沿續現階段的善意、互信與合作動能，此外，我方可能必須向北京表明，未來無意於聯合國正式會員資格之爭取，以此保證換取北京的「重大讓步」。而在章節安排方面，本文共分為 5 大部份，除前言外，本文的第 2 部份為當前我國外交思維方針與重點的分析；第 3 部份則是探討兩岸外交和解的試金石

——爭取 WHA 觀察員的相關議題；第 4 部份為我國國際參與未來策略方向的綜合評估與建議；至於第 5 部份則為本文結論。

貳、當前我國外交思維方針與重點

一、活路外交與外交休兵

自去年 520 馬政府上台後，「活路外交」成為外交政策的主軸，此概念涵蓋雙重意義，即「外交休兵」與「積極外交」，兩者實為互補與相輔相成。以前者而言，所指涉的是指兩岸應拋棄昔日的零合思維，在國際上追求合作與共存共榮，故「外交休兵」僅為手段，其最終目的在於追求台海局勢的繁榮、穩定與長治久安，並促使兩岸在國際社會間創造三贏局面；至於在後者方面，係指我方集中所有可用資源，持續深化與現有邦交國間的關係，提升與區域內重要國家的接觸層級，並以設法融入亞太區域整合架體系，多方參與各專業性與功能性的國際組織為主軸。[2]尤其是過去 8 年間，我邦交國的數目驟減（參見表 1），由 29 下滑至 23 個，（儘管增加 3 個邦交國、但卻與 9 個邦交國斷交）。在得分欄中，儘管台灣近來成

---

[2] 華民國外交部，〈外交政策（含施政報告）：外交部歐部長立法院第 7 屆第 2 次會期外交業務報告〉。Available: http://www.mofa.gov.tw/webapp/ct.asp?xItem=33317&ctNode=1425&mp=1.

功與諾魯（2005 年 5 月）與聖露西亞（2007 年 5 月）復交，並與吉里巴斯建交（2003 年 11 月），但在與萬那度建交的談判過程中，卻因忽略該國複雜的國內政治變數，最後以功虧一簣收場；至於在失分欄中，繼 2005 年 1 月失去格瑞那達之後，2005 年 10 月北京以迅雷不及掩耳之勢，避過我駐外國安與外交系統耳目，挖走我西非地區最重要的友邦之一塞內加爾，緊接著在 2006 年 8 月，另一中非友邦查德與北京建交，又陸續傳出哥斯達黎加（2007 年 6 月）與馬拉威（2008 年 1 月）與我斷交的消息。

以往台海兩岸於外交戰場上，是短兵相接與寸土必爭，形同永無止境的壕溝戰，其後遺症是在國際社會上的惡性競爭，金援外交與支票（金錢）演變成固守邦交的手段，部份國家政府高層的貪污舞弊與中飽私囊，更不幸淪為烽火外交下之後遺症，造成雙方面臨資源虛擲的相同困境。故摒棄昔日烽火外交的主要目的，在於避免部份國家意圖左右逢源，甚至動輒以建交或斷交做為威脅手段，要求提供更多的金援與利益。曾為我邦交國者，而其中反覆易幟的例子，比比皆是，例如聖路西亞、諾魯、賴索托、查德、中非共和國與賴比瑞亞等國在內。

實際上，活路外交與 1990 年代所推動的務實外交，其精神是一脈相承，因為核心概念均為高度的務實主義，也與目前我方「擱置爭議、求同存異、正視現實、共創雙贏」的兩岸政策內涵，相互呼應，意即兩岸所達成的互信，已延伸與擴及至外交領域，故一旦各自的雙邊關係方面出現意外，例如北京故態復萌挖我牆角，或對岸接被動接納我邦交國的主動「投懷送抱」，或我方無法接受邦交國名單上數字增加的誘惑等，則都勢將影響雙方辛苦建構的良性氛

圍與互信基礎。[3]換言之，如果台灣於國際社會持續遭致孤立與進逼，兩岸關係不僅絕無可取得進一步進展，更有可能停滯，甚至出現倒退，重點在於，兩岸和解與外交休兵，已緊密掛勾，轉變為相互依存的關係。[4]

我國的邦交國數目，全盛時期為 67 個（1970 年），而在最低點時僅為 22 個（1979 年與 1988 年）。鑑於北京目前擁有 171 個邦交國，而台北僅存 23 個，故我方希望北京深刻理解其邦交國數字的再增加，無法避免將呈現邊際效用遞減的現象，但對台灣而言，任何一個友邦，皆舉足輕重且彌足珍貴，僅管這些多非人口、領土與政經實力上的大國，但都深具象徵意義，故任何的斷交事件，無論主動或被動，都必將牽動兩岸關係。至於近年來邦交國動向方面，自以巴拿馬、巴拉圭以及薩爾瓦多等國最為引人囑目，舉例而言，薩爾瓦多於 2009 年 3 月 15 日舉行總統大選，結果由左派馬蒂民族解放陣線（FMLN）候選人傅內斯（Mauricio Funes）獲勝，即將於 2009 年 6 月 1 日就職，因傅內斯曾表示若取得執政地位，將考慮與北京建交，故薩爾瓦的情況，正如同巴拉圭與巴拿馬，是兩岸外交休兵能否真正奏效之嚴格試煉，傅內斯在於今年 4 月與我外長歐鴻鍊會晤時，曾表示薩國的外交政策取決於國家利益，而非所謂的意識型態，薩爾瓦多新政府期盼未來台薩雙邊關係，不僅止於外交同盟，亦能夠與我方強化各層面的合作關係。[5]

---

[3] 僅管以我方的角度視之，出現前兩者的機會顯然較後者高出甚多。

[4] 中華民國總統府新聞稿，〈馬總統訪視外交部並闡述「活路外交」的理念與策略〉，2008 年 8 月 4 日。Available： http://www.mac.gov.tw/big5/mlpolicy/ma970804.htm.

[5] 黃礦春，〈歐鴻鍊：薩總統當選人　肯定台薩合作成果〉，《中央社新聞》，

　　倘若北京能藉此向全球展現示範作用，樹立明確前例，拒絕任何對台灣「心存貳心」的邦交國，則雙方的所有邦交國必定瞭然於胸，面對台北與北京，再也無勒索要價與片面改弦易轍的空間，因為兩岸各自的邦交國隊伍，無論是數目或內容都已呈現凍結狀態，如果對於倒戈者採取不予理會與冷漠以待的立場，雙方所有邦交國蠢蠢欲動的念頭，都將自然而止。

　　活路外交的第一項重點，在於鞏固與深化與 23 個邦交國的關係，其中包括中南美洲地區 12 個、非洲地區 4 個、南太平洋地區 6 個、歐洲地區 1 個（教廷）。至於第二項重點，則是持續提升與非邦交國間的實質關係。[6]其中除我國與日本、南韓、紐西蘭、澳洲、印度、東協國家以及歐盟國家之關係外，台美關係自然為其重中之重，本文認為有兩點特別關鍵：第一，台灣必須理解美方於亞太與台海地區的根本利益，應定義台、美關係為隱性的「利害相依的價值同盟」，尤其在政策上不應該「為難老朋友」，故所謂台美間「無意外的關係」（surprise-free relationship）的意涵，正是應放棄前幾年衝撞華府底線的作法，強調在重大議題上與美國先作溝通，避免因遷就於國內政治消費的需要，進行外交上的短線操作，因為如此將消蝕得來不易的優勢與支持，並一點一滴耗盡華府對於我方的耐心，其後果恐將適得其反，即進一步窄化台灣的政策迴旋空間與自主性。[7]尤其是小布希（George W. Bush）卸任前，北京與

2009 年 4 月 3 日。

[6]　中華民國外交部，〈外交政策（含施政報告）：外交部歐部長立法院第 7 屆第 3 次會期外交業務報告（2009 年 3 月）〉。Available: http://www.mofa.gov.tw/webapp/ct.asp?xItem=37433&ctNode=1425&mp=1.

[7]　例如在 2007 至 2008 年間，美國小布希政府對於台灣執意舉辦入聯公投之

華府的互動已出現相當程度改善，遠較小布希的第一個任期更為平順，尤其是在確保台海穩定、支持朝鮮半島六方會談以及確立美中「戰略經濟對話」（Strategic Economic Dialogue）的架構方面，呈現更多的交集與和諧，故穩定的美中關係，可稱為小布希留給民主黨歐巴馬政府最重要的外交政策遺產之一。[8]換言之，美中台關係於前政府時期，逐漸演變為「等腰三角形」的不利狀態，意謂華府與北京的一端趨近，而我方則因兩岸關係的緊張以及台美間的信任危機，導致同時與華府與北京漸行漸遠，反被推擠為此三角中的最遠一端。[9]

第二，現階段美中台三角關係中的三個邊（代表三組雙邊關係），同時呈現穩固的狀態，此發展對於台北、北京與華府三方而言，皆為難得契機，極有希望創造三贏的互動新架構。[10]其中，由於兩岸關係自去年 520 以來的和解趨勢，對於美中關係無疑是關鍵的正面因素，意謂台灣議題不太可能成為兩國間的高度不確定引爆點，一般預料，短期內北京與華府因台海局勢出現意外變化，轉向

看法，可為代表，參見 Thomas Christensen , "A Strong and Moderate Taiwan," Speech to U.S.-Taiwan Business Council Defense Industry Conference, Annapolis, Maryland, September 11, 2007. Available: http://www.usa-roc.org/reports/2007_sept11_thomas_christensen_speech.pdf.

[8] 李大中，〈歐巴馬新府中國政策分析：同舟共濟，如左右手？〉，《問題與研究（日文版）》，2009 年 1.2.3 月號（2009 年 3 月），頁 114-115。

[9] 國內媒體曾引用國家安全會議秘書長蘇起所言，說明此一穩固正三角關係的特性，即：「任何一方都不會在加強與另一方關係的同時，犧牲與另一方關係」。參見陳志平，〈台中美正三角 60 年來最穩定〉，《聯合報》，2009 年 4 月 12 日。

[10] 同前註。

負面發展甚至大動干戈的可能性，已大幅降低；另一方面，美台互信在過去數月間的大幅修補，亦有目共睹；[11]再者，美中關係於現階段的歐巴馬（Barack Obama）──胡錦濤時期，可望依循合作與協調的基調，不致出現重大偏離，尤其是近來雙方互賴程度的強化，已是不爭事實，尤其在處於世界政經局勢動盪不安的今日，無論是因應此波經濟海嘯暨金融危機，對抗全球暖化，或是解決北韓核危機與其他區域問題，北京對於華府的重要性，都遠甚於已往，即便貿易失衡、人權保障、美元主導地位、人民幣匯率等議題，雖然仍可能引發兩國磨擦，但在「合則兩利、分則兩害」的深刻體認下，歐巴馬政府發展「正面與合作關係」的中國政策基調，不致造成關鍵影響，而胡錦濤亦仍舊採取持盈保泰的戰略基調，強調高度務實與永不爭霸。[12]

---

[11] 例如馬英九於 2009 年 3 月 19 日，接見美國在台協會主席薄瑞光（Raymond F. Burghardt）時，後者表示中華民國新政府務實與重建互信的態度，使華府對於雙方合作充滿樂觀，美國亦會鼓勵兩岸持續溝進行通交往，而薄瑞光於致詞時兩度以溫暖感覺（warm feelings）與高度尊重（high regard）形容台美關係。劉尚昀、陳洛薇，〈薄瑞光：美中台關係　馬政府處理佳〉，《中國時報》，2009 年 3 月 19 日；中華民國總統府新聞稿，〈總統接見美國在台協理事主席薄瑞光〉，2009 年 3 月 18 日。Available: http://www.president.gov.tw/php-bin/prez/shownews.php4?_section=3&_recNo=159.

[12] 李大中，〈歐巴馬新府中國政策分析：同舟共濟，如左右手？〉，頁 101。

表 6-1　1990 年代以來我邦交國數目之消長

外長任期 （起-迄）	總統 外長	邦交國家 數目變化 （上任／ 離任）	與我斷交國家	與我建交或復交國家
1990/06- 1996/06	李登輝 錢復	29／31	3 國 （沙烏地阿拉伯、南 韓、賴索托）	5 國 （中非、尼日、布吉納法 索、甘比亞、塞內加爾）
1996/06- 1997/10	李登輝 章孝嚴	31／30	3 國 （尼日、巴哈馬、聖 露西亞）	2 國 （聖多美普林西比、查德）
1997/10- 1999/11	李登輝 胡志強	30／28	4 國 （南非、中非、幾內 亞比索、東加王國）	2 國 （馬紹爾、馬其頓）
1999/11- 2000/05	李登輝 程建人	28／29	無	1 國 （帛琉）
2000/05 -2002/02	陳水扁 田弘茂	29／28	1 國 （馬其頓）	無
2002/02- 2004/04	陳水扁 簡又新	28／26	3 國 （諾魯、賴比瑞亞、 多米尼克）	1 國 （吉里巴斯）
2004/04- 2006/01	陳水扁 陳唐山	26／25	2 國 （格瑞那達、 塞內加爾）	1 國 （諾魯）
2006/01- 2008/05	陳水扁 黃志芳	25／23	3 國 （查德、哥斯達黎 加、馬拉威）	1 國 （聖露西亞）
2008/05- 目前	馬英九 歐鴻鍊	23	無	無

資料來源：自行整理

二、當前國際組織參與概況

目前我國正式參與之政府間國際組織（Inter-governmental organizations），包括亞太經濟合作（Asia-Pacific Economic Cooperation，APEC）、亞銀（Asian Development Bank，ADB）、世貿組織（WTO）、世界動物衛生組織（Office International des Epizooties/World Organization for Animal Health, OIE）、中美洲銀行（Central American Bank for Economic Integration，CABEI）以及艾格蒙聯盟國際防制洗錢組織（Egmont Group）等 28 個，並保有不同名稱之會籍，另以觀察員身份參與其他 17 個政府間國際組織的活動。而現階段工作重點，在於維護既有之會籍與權益。但無庸置疑，國人所最關注的部份，仍為聯合國以及 WHO/WHA 的參與，以前者而言，自 1993 年以來，我方即視加入聯合國為最具指標性與象徵意義的外交工作，故每年均投注龐大的心血與資源，於此首要目標的推動，然而其結果皆鎩羽而歸；[13]至於在 WHO/WHA 方面，我國自從於 1997 年起申請成為 WHA 觀察員以來，已連續 12

---

[13] 以 WHA 第 61 屆會議（2008 年）為例，台灣爭取成為 WHA 觀察員案（我 17 友邦所提），在 5 月 19 日的總務委員會（共 25 成員），是經過 2 對 2 （正方：甘比亞與帛琉 v.s.反方：中國大陸、巴基斯坦）40 分鐘的辯論之後，由蓋亞那籍主席以缺乏共識為由，不排入大會議程，再次封殺我方提案。中華民國外交部，（最新消息：外交部感謝友邦及友好國家對我 WHO 案之堅定支持）。Available: http://www.mofa.gov.tw/webapp/content.asp?cuItem=31760&ctNode=1095&mp=1.

度叩關，至今仍未竟全功。而在實際推動策略方面，首先就參與身份而言，在 2002 年以前是使用台灣（中華民國），其後則是使以衛生實體（Health Entity）的名義申請為主（亦有例外）；其次，在申請路徑方面，1997 年至 2001 年間，我方的作法是委請友邦提案，要求 WHA 總務委員會將「邀請台灣（中華民國）以觀察員身份參加 WHA」案，納入 WHA 全會議程，自 2002 年以後，除每年 5 月於總務委員會之提案外，曾另闢提請執委會討論（32 成員，1 月召開）之新管道，但皆遭失敗命運；[14] 至於在爭取目標方面，WHA 觀察員基本上為我方一貫訴求，而唯一的例外，是在扁政府執政後期（2007 年 5 月），曾捨棄爭取第 60 屆 WHA 的觀察員，當時是採取發函 WHO 幹事長（Director General）的方式，推動以「台灣」而非「衛生實體」為名義申請加入，顯而易見，WHA 全會的表決結果是以 17 票對 148 票（2 票棄權）的懸殊差距，最後使我方再度受挫，此案經主席裁示確定不排入議程。[15]

---

[14] 林正義、林文程，〈台灣加入世界衛生組織的策略〉，《新世紀智庫論壇》，第 18 期（2002 年 6 月），頁 8-9。

[15] 事實上，在 WHA 於 2007 年 5 月 14 日下午召開前，總務委員會於該日上午開議，當時主席認為我友邦要求列入大會議程之「補充項目」，與議程中的新會員入會項目類似，故建議在新會員入會項目中一併進行「2 對 2」辯論，經多數總務委員會成員同意後，由正方（我友邦巴拉圭及甘比亞）與反方（中國大陸與古巴），針對此案應否列入議程進行辯論，最後總務委員會決議否決將該項目納入 WHA 全會議程。中華民國外交部，〈本部新聞：外交部第 60 屆世界衛生大會處理我會員申請案情形〉。Available: http://www.mofa.gov.tw/webapp/fp.asp?xItem=25970&ctNode=1090.

參、兩岸外交和解的試金石：WHA 觀察員

　　歷經 12 年的努力與失望，我國能於今年 5 月順利成為 WHA 觀察員，已成為兩岸和解與北京善意的指標，也是檢證活路外交與外交休兵是否發揮成效的的嚴格考驗。以下針對 WHO 會籍（正式會員與副會員的法理層面分析）、觀察員資格以及我方參與底線與堅持等三方面，逐一分析。

一、WHO 會籍：法理層面

　　依照《WHO 憲章（或稱組織法）》（Constitution of the World Health Organization）規定，WHO 之會籍包括正式會員（full member）以及副會員（associate member）[16]等兩大類，至於觀察員（observer）地位，則是載於《WHA 議事規則》（Rules and Procedures of the World Health Assembly）之相關規定中，換言之 WHO 並無觀察員之制度設計。

　　1. 正式會員：

　　WHO 正式會員之相關規定，詳載於《WHO 憲章》中第 3 章的第 3、4、5、6 等條。其中第 3 條明言：「各國均得成為會

---

[16] 亦有將 Associate Member 翻譯為準會員或聯繫會員。

員國」；[17]而第 4 條的內容為：「聯合國會員國，依憲章規定且依照國內憲法程序，簽署或以其他方式接受本憲章者，得為 WHO 會員國」；[18]而第 5 條是涉及創始會員國的資格，其規定：「凡被邀請派遣觀察員出席 1946 年於紐約所舉辦之 WHA 會議之國家，依第 19 章規定並依其本國憲法程序，簽訂或以其他方式接受本憲章者，得成為本組織會員國，但簽訂或接受本憲章應於第 1 屆 WHA 開會前為之」；[19]而第 6 條指出：「未能依照第 4 條與第 5 條之規定，加入 WHO 成為會員國之國家，得申請加入組織，經 WHA 成員以簡單多數決批准後，即可加入成為會員。」[20]

目前 WHO 共有 193 個會員國，除列支敦士敦（Liechtenstein）之外，所有聯合國會員皆為 WHO 正式會員，而紐埃（Niue）[21]與庫克群島（the Cook Islands）[22]等兩個非聯合國會員國，亦以正式

---

[17] Art. 3, *Constitution of the World Health Organization, (Basic Documents)*, 46th edition, December 2006.

[18] Art. 4, *Constitution of the World Health Organization, (Basic Documents)*, 46th edition, December 2006.

[19] Art. 5, *Constitution of the World Health Organization, (Basic Documents)*, 46th edition, December 2006.

[20] Art. 6, *Constitution of the World Health Organization, (Basic Documents)*, 46th edition, December 2006.

[21] 紐埃人口僅近 2200 人，面積 260 平方公里，位於南半球南緯 19 度，西經 169 度，為一珊瑚礁島嶼，西距東加王國 480 公里，西北距薩摩亞 560 公里，1974 年紐埃在聯合國監督下，自願成為自治政府，並制定憲法，但仍與紐西蘭維持自由結合（Free Association）關係，外交及國防事務委由紐西蘭負責。紐埃人民亦具備紐西蘭國籍，得以定居及自由進出紐國。中華民國外交部，〈外交資訊：紐埃〉，http://www.mofa.gov.tw/webapp/ct.asp?xItem=273&ctnode=1131&mp=1。

[22] 庫克群島人口近 22000 人，面積 240 平方公里，位於南太平洋波里尼西亞

會員身份參與 WHO。重點在於，假設台灣所欲爭取的是 WHO 正式會員，勢必觸碰北京底線，挑動主權敏感神經，故可判定對岸斷無可能接受此安排。

2. 副會員：

至於在 WHO 副會員資格方面，內容詳載於《WHO 憲章》第 3 章第 8 條。

——《WHO 憲章》第 3 章第 8 條：

領地或各組領地（territories or groups of territories），其本身不具備國際關係行為責任者，經對各該領地負責之會員會主管當局代表申請，得由 WHA 批准其加入成為副會員，副會員出席 WHA 之資格，應為衛生專業人士，並為當地原生居民，而副會員權利義務之性質與範圍，應由 WHA 予以決定。[23]

換言之，WHO 副會員的地位，是專門為不具備「國際關係行為責任」之領土所設計，且必須經「對各該領土負責之會員國主管

三角洲之中心地帶，西鄰東加王國與薩摩亞，東鄰法屬波里尼西亞。1900年 9 月 27 日紐西蘭國會通過決議，將庫克群島併入紐西蘭，1901 年 6 月 11 日庫克群島成為紐西蘭疆土之一部分。1965 年在聯合國監督下，庫克群島制定憲法，設置自治政府，而與紐埃之情況類似，庫克群島亦仍與紐西蘭維持自由聯合（free association）關係，在外交與國防事務上，委由紐西蘭政府負責，當地人具有紐國公民資格，可居住或自由進出紐西蘭。中華民國外交部，〈外交資訊：庫克群島〉，http://www.mofa.gov.tw/webapp/ct.asp?xItem=170&ctnode=1131&mp=1。

23 Art. 8, *Constitution of the World Health Organization, (Basic Documents)*, 46th edition, December 2006.

當局代表申請」，至於副會員的權利，依照《副會員與其他領地之權利與義務》（Rights and Obligations of Associate Members and Other Territories）之規範內容，根據第 1 屆 WHA 作成以下決議，即副會員的權力與義務為：（1）參與 WHA 主要委員會的討論，但無表決權；（2）除會務委員會、資格審查委員會以及提名委員會之外，得參加 WHA 的其他委員會或小組委員會，並可擔任職務與參與表決；（3）除第 1 項的限制外，可與會員國平等地參與處理 WHA 及其他委員會的會議事務；（4）提出列入大會臨時議程之事項；（5）與會員國平等接受所有通知、文件、報告與記錄；（6）與會員國平等參與制訂關於召開特別會議之程序；（7）如同會員國，有權向 WHO 執委會（Executive Board）提交建議，並依執委會規範的條例參與其所設立的委員會，但不得成為執委會成員；（8）除會費繳納才考慮其地位之差異外，副會員承擔與會員相同義務。[24]但即便 WHO 副會員享有相當權利，但由於其條件與我國狀況明顯不符，如果接受此安排，不僅正中北京下懷，更是不違背民意待與自我矮化之作法，故從未被我方列為考慮的選項。至於目前 WHO 中的兩個副會員，一為波多黎各（Puerto Rico）[25]，另一為托克勞（Tokelau Islands）[26]，前者為美國屬地，後者為紐西蘭所屬之自治領。

---

[24] *Rights and Obligations of the Associate Members and Other Territories*, （*WHO Basic Documents*）, 46th edition, December 2006.

[25] 波多黎各為美國自治領，地處加勒比海及北大西洋之間，位於多明尼加共和國東面，小安地列斯群島西北，面積 13,790 平方公里，人口約 400 萬人。

[26] 托克勞群島又聯合群島，為紐西蘭屬地，位於中太平洋南部，面積約 12 平方公里，由 3 個珊瑚島群礁所組成，南距薩摩亞 480 公里，西為吐瓦魯，

二、現階段唯一可行安排：謀求 WHA 觀察員資格

爭取 WHA 觀察員資格，應是我國現階段最務實與可行的安排，主因如下：

1.利基：國際支持與兩岸形勢

2004 年，美、日兩國首度表態並支持台灣成為 WHA 觀察員。2008 年 9 月，第 63 屆聯大總務委員會審查我方 16 友邦所提「需要審查中華民國（台灣）2300 萬人民有意義地參與聯合國專門機構活動之基本權利」（Need to examine the fundamental rights of the 23 million people of the ROC to the participate meaningfully in the activities of the United Nations specified agencies）提案。此次我方捨棄昔日「檢討聯大 2758 決議」、「代表權與參與問題」與「東亞和平案」等不同策略，[27] 直接訴求聯合國專門機構之「有意義參與」，其主要目的希望展現更理性與務實態度，以爭取國際社會的最大支持。[28] 即便最後依然無法取得突破，但包括美、英、日以

東與北則是吉里巴斯，人口不足 2000 人。

[27] 參見林正義，〈台灣的聯合國之路〉，《新世紀智庫論壇》，第 37 期（2007 年 4 月），頁 140-142。

[28] 2008 年 8 月 14 日，我國的 16 個友邦代表是於致聯合國秘書長潘基文（Pan, Ki-moon）之信函中，要求依據《大會議事規則》第 14 條規定，在即將召開的聯大第 63 屆會議議程中，列入此一補充項目（推案），即支持中華民國有意義參與聯合國專門機構，同年 9 月 23 日至 29 日，第 63 屆聯大於聯合國紐約總部進行總辯論，會中我方的 18 個友邦，表達納入支持中華民國

及歐盟，都公開表示支持我方此一訴求。重點在於，受惠於兩岸自去年以來的良性互動與和解氛圍，我方取得 WHA 觀察員身份，目前極可能是自 1997 年以來，最接近成局的歷史性一刻。

　　2. 觀察員身份的相關法源：

　　《WHO 憲章》第 18 條第 8 項（Article 18, h）以及《WHA 議事規則》中的第 3 條（rule 3）與第 19 條（rule 19）等規範在內，對於我國爭取 WHA 觀察員地位，至為關鍵，分述如下。

　　——《WHO 憲章》第 18 條（關於 WHA 的職掌）第 8 項規定：WTO 可邀請職責與本組織有關之任何組織（無論此組織為國際、全國、政府或非政府性質），指派代表（representatives），依照 WHA 的規定，參與 WHA 所召開之會議與委員會，但各該代表並無表決權，且當邀請國內組織參與時，必須事先獲得該國政府首肯。[29]

（台灣）立場的內容，其中包括索羅門群島總理、吐瓦魯總理、聖文森總理、聖克里斯多福總理、聖露西亞總理、宏都拉斯總統、薩爾瓦多總統、瓜地馬拉總統、吉里巴斯總統、諾魯總統、馬紹爾群島總統、布吉納法索總統、聖多美普林西比總統、史瓦濟蘭國王、帛琉副總統、貝里斯外長以及甘比亞外長等，在演講中均重申支持台灣「有意義參與聯合國的專門機構」，而巴拿馬總統、新加坡外長及紐西蘭駐聯合國常任代表在發言中，樂見台海兩岸關係邁向和解與穩定的趨勢，並鼓勵北京與台北持續進行溝通對話，至於美國、歐盟、英國及日本等國代表亦示支持我方之務實參與立場。參見中華民國外交部，〈聯合國 97 年提案文件〉。Available: http://www.mofa.gov.tw/public/Attachment/89119133071.doc.

[29] Art. 18（h）, *Constitution of the World Health Organization, (WHO Basic Documents)*, 46th edition, December 2006.

——《WHA 議事規則》第 3 條第 2 項規定：

總幹事可邀請已提出會籍申請之國家，已代為申請為副會員地位（associate membership）之領地（territory）、以及雖已簽署卻尚未接受之國家，派遣觀察員（observers）出席 WHA 會議。[30]

——《WHA 議事規則》第 19 條規定：

【WHA 全體會議的參與者，包括：】依組織法第 8 條以及有關副會員地位之決議，由副會員所任命的代表參加；執委會的代表參加；應邀的非會員國（invited non-Member states）以及已代為申請副會員會籍（associate membership）的領地之觀察員等參加；應邀的聯合國代表以及其他與 WHO 建立關係之政府間及非政府組織的代表參加；WHA 另作決議者，則不在此限。[31]

故若純就前述各條文之內容與精神而言，WHA 之觀察員，僅能夠賦予已提出會員或副會員申請之國家或領土，以及已簽署 WHO 組織法但卻尚未批准者。至於任何國際或全國性、政府或非政府組織，應是派遣所謂的「代表」而非「觀察員」，參與 WHA 之活動。[32]

---

[30] Rule 3.2, *Rules and Procedures of the World Health Assembly, (WHO Basic Documents)*, 46th edition, December 2006.

[31] Rule 19, *Rules and Procedures of the World Health Assembly, (WHO Basic Documents)*, 46th edition, December 2006.

[32] 中華民國外交部，〈外交資訊：本（2009）年推動「世界衛生組織」（WHO）案說帖（2009 年 3 月 18 日）〉。Available: http://www.mofa.gov.tw/public/

3. 現有 WHA 觀察員：規範層面與實際層面的落差

目前在 WHA 現有的 6 個觀察員當中，共涵蓋 3 種類別成員，包括：（a）國家：教廷：（b）主權實體：巴勒斯坦、馬爾他騎士團（Sovereign Military Order of Malta）[33]；（c）非政府間組織：國際紅十字會（International Committee of the Red Cross）、紅十字會暨紅新月會國際聯合會（International Federation of Red Cross and Red Crescent Societies）、國際議會聯盟（Inter-Parliamentary Union）。此情況與前述的 WHO 組織法與 WHA 的相關議事規則相互矛盾，即規範與實際仍出現落差，例如儘管教廷從未申請加入 WHO（保持非會員身份），但自 1953 年起，每年均透過幹事長致函邀請，成為 WHA 觀察員；而巴勒斯坦是在聯大通過決議後，再透過 WHA 作成決議，邀請其派遣觀察員出席；而馬爾他騎士團則是在 1994 年日聯大通過決議，使其成為聯合國永久（常任）觀察員後，再經 WHO 幹事長依照《WHA 議事規則》第 3 條第 2 項相關規定，邀請其派遣觀察員參加 WHA。至於其他的「非政府間組織」，亦皆獲得 WHA 賦予派遣觀察員資格。故以 WHO/WHA 歷年來的實踐經驗觀之，WHA 之觀察員地位乃是 WHO 基於廣納參

Attachment/94810293271.doc.

[33] 馬爾他騎士團總部位於羅馬，其總部領土僅 12000 平方公尺，為一宗教性質的人道慈善組織，具備主權實體身份（國際法人），成員 12000 餘人，與教廷關係密切，具備完整但特殊的政府體系，擁有發行郵票、印鑄錢幣、核發護照以及派遣及接受使節之權。自 1994 年起成為聯合國常任觀察員。中華民國外交部，〈國情簡介：馬爾他騎士團〉。Available: http://www.mofa.gov.tw/webapp/ct.asp?xItem=268&ctnode=276.

與的原則下，所形成之高度務實安排（pragmatic arrangement），並未完全拘泥於法律文字的束縛。[34]

4. WHA 觀察員的權利

在 WHA 觀察員之權利方面，依據《WHA 議事規則》第 47 條規定，應邀的非會員國）以及已代為申請副會員會籍的領地所派之觀察員，可列席 WHA 或主要委員會之任何公開會議，如果應 WAH 主席之邀請或委員會同意，可針對討論之主題進行發言。[35]

三、我方參與底線與堅持

1. 使用名稱：

我方的理想選項，依序應為「中華民國」、「台灣」與「中華台北」。若為低於「中華台北」位階之安排，例如「衛生實體」或「中國台北」，我方應予以嚴拒，依媒體預測，目前似以「中華台北」之機率較高。

---

[34] 中華民國外交部，〈外交資訊：本（2009）年推動「世界衛生組織」（WHO）案說帖（2009 年 3 月 18 日）〉。Available: http://www.mofa.gov.tw/public/Attachment/94810293271.doc.

[35] Rule 47, *Rules and Procedures of the World Health Assembly, (WHO Basic Documents)*, 46th edition, December 2006.

2. 邀請方式：

目前，兩岸針對於台灣在今年參與 WHA 活動事宜，即可能達成初步共識，而 WHO 秘書處可望於 4 月底或 5 月初，以幹事長陳馮富珍（Margaret Chan）的名義發函，依據《WHA 議事規則》第 3 條之規定，邀請我方以觀察員身份，參與今年 5 月 18 至 27 日於日內瓦所召開之第 62 屆 WHA，但假設是由北京方面出面，替秘書處代為發函邀請，我方對此模式應予以拒絕。

3. 未來參與：

依目前審慎樂觀的預估，北京極可能在顧及台灣民意觀感之考量下，對我方以觀察員身份參與 WHA 的模式，採取前述的教廷模式，放棄所謂「逐年參與及審核」之要求，但倘若對岸仍堅持，我方應予以拒絕。[36]

---

[36] 外交部國際組織司長章文樑強調，無論是從 WHA 的規範或實踐層面觀察，其實都並未設有「永久（常任）」觀察員的制度，例如教廷自 1953 年首度獲邀以觀察員身份，參與 WHA 的會議後，此後每年均循往例於 WHA 會議召開前，獲 WHO 幹事長致函，告知開會時間，並詢問教廷所將指派的代表團成員名單，從未出現中途停止發函之情況。李佳霏，〈台灣參與 WHA 案 外交部：過程絕非密室協商〉，《中央社新聞》，2009 年 4 月 14 日。Available: http://news.msn.com.tw/news1244181.aspx.

肆、我國國際參與之未來策略方向

一、成功與否　相當程度仍非操之在我

在未來我方於國際組織（係指聯合國體系中的專門機構）參與之方向上，基本上有 3 種路線選擇，包括：

1. 專注 WHA：

此選項意謂高度自制，其目的是不希望因為過於「躁進」，引發北京不必要疑慮，而破壞兩岸既有默契與互信基礎，甚至影響目前 WHA 案之成局，故將我方宜將手中有限之資源，專心投注於 WHA/WHO 參與案的推動，並穩固與深化其成果，不另作任何「份外之想」。

2. 緩步推進：

一旦 WHA 順利取得突破，我方可於下個階段，再鎖定單一且較為適合之聯合國專門機構，步步為營，審慎規劃，設法「複製」或「修正」先前經驗，力求緩步達「第二目標」（觀察員身份）之實現，此為本文所主張的路徑。

3.積極前行：

即一旦 WHA 順利取得突破，我方可考慮同時挑選數個相對難度較低之聯合國專門機構，同步規劃，多軌進行。重點在於，無論是採取何種策略，在相當程度上，兩岸必須先存在默契與共識，若無法取得北京的理解與支持，而如以往暗中作梗，或動輒祭出杯葛手短，則我方任何爭取參與的活動，其成功機率依舊渺茫且風險高，換言之，很大比例是取決於雙方的政治氛圍以及對岸的容忍底線。[37]

2009 年 4 月 23 日，華府智庫戰略暨國際研究中心（CSIS）召開「台灣關係法 30 周年研討會」，馬英九總統應邀透過視訊方式，在主持人前美國前副國務卿阿米塔吉（Richard Armitage）引言後致詞，並接受提問，而當被問及此次如果能夠參與 WHA，台灣的下一步將為何時，馬的回應是必須逐步為之，現階段重點為出席 WHA，如果一切順利，可作為未來的參考指標，我方將進一步評估何者為適合努力的國際組織。[38]由上述言論推敲，馬政府固守於

---

[37] 2009 年 4 月 21 日，聯合國教科文組織（United Nations Educational, Scientific and Cultural Organization, UNESCO）於巴黎總部，舉行世界數位圖書館（World Digital Library）網路系統的啟動儀式，世界數位圖書館共有全球 19 國 32 個圖書館共襄盛舉，我國的國家圖書館館為參與成員之一，而國家圖書館館長顧敏，雖然順利參與 20 日於美國駐巴黎大使館所舉行的野伴會議，並與其他會員代表平起平坐發言，最後但因北京的施壓下，仍無法參加 21 日的正式啟用典禮，而數位圖書館於 21 日到 24 日開會期間，展場中更禁止現任何有關台灣的展品，甚至在世界數位圖書館的官方網站，亦未刊登我方所提供的典藏圖片。林志成，〈世界數位圖書館　台灣進不了門〉，《中國時報》，2009 年 4 月 24 日。

[38] 中華民國總統府新聞稿，〈總統出席「『戰略暨國際研究中心』（CSIS）台灣

選項一（專注於 WHA/WHO）的機率可能不高。值得注意的風險是，即便今年於 WHA 參與方面出現歷史性突破，民意與輿論也不大可能僅滿足於此，但假設在未來爭取其他目標方面，並不順遂，在預期心理過高的情況下，恐因理想與現實間出現落差，而傷害對其他聯合國專門機構參與之推動。[39]

二、WHA 後之選項？

所謂的聯合國專門機構，是指依各會員國間之協定所創立之政府間自主性組織（autonomous organizations），這些組織在政府間層級（intergovernmental level），是透過聯合國旗下的經濟暨合作理事會（Economic and Social Council, ECOSOC），與聯合國以及其他的自主性組織，進行合作；並在聯合國秘書處（Secretariat）層級，藉由行政主管協調委員會（Chief Executive Board）之機制，從事協調。[40]至於目前聯合國專門機構，共計 19 個。其中依領域性質可粗略劃分為 4 種，即：（1）金融暨貿易類別（6 個機構）：包括國際貨幣基金（International Monetary Fund/IMF）以及屬於世界銀行集團（World Bank Group）系統下的國際復興開發銀行

關係法 30 週年研討會」視訊會議〉，2009 年 4 月 22 日。Available: http://www.president.gov.tw/php-bin/prez/shownews.php4?_section=3&_recNo=10.

[39] 〈參與 WHA 這一不步是該踏出去了（社論）〉，《中國時報》，2009 年 4 月 16 日。

[40] The United Nations Official Website: "The United Nations System," Available: http://www.un.org/aboutun/chart_en.pdf.

（International Bank for Reconstruction and Development , IBRD）、
國際開發協會（International Development Association, IDA）、國際
金融公司（International Finance Corporation, IFC）、多邊投資保證
機構（Multinational Investment Guarantee Agency, MIGA）以及國際
投資爭端解決中心（International Center for Settlement of Investment
Dispute, ICSID）等；（2）工農業類別（3個機構）：包括聯合國
糧食與農業組織（Food and Agriculture Organization of the UN,
FAO）、國際農業發展基金（International Fund for Agricultural
Development, IFAD）、聯合國工業發展組織（United Nations
Industrial Development Organization, UNIDO）；（3）醫療、交通、
科學與技術類（6個機構）：除本文所關注之世界衛生組織（World
health Organizations, WHO）外，尚包括世界氣象組織（World
Meteorological Organization, WMO）、萬國郵政聯盟（Universal
Postal Union, UPU）、國際電信聯盟(International Telecommunication
Union, ITU）、國際海事組織（International Maritime Organization,
IMO）以及國際民用航空組織（International Civil Aviation
Organization, ICAO）；（4）文化社會類（4個機構）：包括國際
勞工組織（International Labor Organization, ILO）世界智慧財產權
組織（World Intellectual Property Organization, WIPO）、世界旅遊
組織（World Tourism Organization, UNWTO）以及聯合國教科文組
織（United Nations Educational ,Scientific and Cultural Organization,
UNESCO）。[41]

[41] 林文程，〈我國參與國際組織的困境與對策〉，《新世紀台灣的國際角色研討

本文認為，如果今年 WHA 案順利成局，我方仍應未雨綢繆，集中有限資源，聚焦一個較適合的聯合國專門機構，謹慎規劃，列為下一個階段的單點突破目標，至於在挑選的原則方面，可能應以我有較大參與利基之機構，列為優先考慮對象，至於衡量的標準應包括：（1）我方在該領域之重要性、地位與貢獻；（2）該機構須擁有觀察員的制度安排，非僅具副會員的設計；（3）政治敏感度較低，例如金融暨貿易領域的相關機構，包括前述世界銀行集團旗下系統以及國際貨幣基金等，因所涉及的主權意涵較高，可能必須先予以排除。[42]

三、與 UN 相關之參與：我方有無設定最終目標？

我方所面對的兩種選項如下：

（1）實無短、長程目標之分別：

第一種主張或可能性是，台灣在戰略目標上，實應無短程與長程之區別，換言之，我方在目前與可預見未來，都會將全部心力聚

會》，財團法人新世紀文教基金會，台北，2000 年 4 月 8 日，頁 29；The United Nations Official Website: "The United Nations Systems," Available: http://www.un.org/aboutun/chart_en.pdf.

[42] 在外交部立法院第 7 屆第 1 次會期外交業務報告中，曾表明「基於功能性與專業性考量，本部將以世界衛生組織（WHO）、世界銀行（WB）及國際貨幣基金（IMF）為優先考量參與之目標。」中華民國外交部，〈外交政策（含施政報告）：外交部歐部長立法院第 7 屆第 1 次會期外交業務報告（2008 年 6 月）〉。Available: http://www.mofa.gov.tw/webapp/ct.asp?XItem=32211&ctNode=1425&mp=1.

焦於 WHA 或其他 UN 專門機構，實事求是，勿好高騖遠，避免追逐較具野心的目標也不應謀求其他突破的可能性。

(2) 確有短、長程目標之分別：

第二種主張或可能性為，儘管我方戒慎恐懼且小心翼翼，但就目標上，實應有短程與長程之分野，也就是短期目標是聚焦於聯合國系統下之專門機構 （誠如前述）；而在長程目標方面，本文則同意部份學者所提議，將取得聯合國永久（常設）觀察員（permanent observer）地位，應視為值得思考的未來方向之一，然而，欲實現此一目標，最重要的前提可能是，台灣必須向北京承諾，永遠無意於追求聯合國的會員資格。[43]誠然，或有論者認為，鑒於《聯合國憲章》（Charter of the United Nations）相關規定以及殘酷的政治現實，[44]客觀而論，取得聯合國正式會員的身份，本為台灣難以跨越的門檻，或「仰之彌高」的不可能任務，北京根本勿需我方的保證，

---

[43] 參見熊玠，〈如果公投通過仍然不能加入聯合國又當怎麼辦？〉《海峽評論》，第 200 期（2007 年 8 月），頁 20-21；熊玠，〈馬英九的治國哲理、兩岸外交休兵、台灣與兩岸關係之前景〉，《海峽評論》，第 213 期（2008 年 9 月），頁 43-44。

[44] 聯合國憲章第 4 條第 2 項規定，申請為聯合國新會員者，必須先經安理會（Security Council）的推薦，再由大會（General Assembly）決議之。第 27 條第 2 項與第 3 項則規定，安理會對於所有非程序性問題的議決，需要 15 個理事國中 9 個（或以上）投下贊成票，且須包括 5 個常任理事國（the Permanent Five, P-5）的同意票在內，僅管 27 條第 3 項並未針對缺席（absence）與棄權（abstention）的情況另作解釋，但以條文字義的內容檢視，此兩者應等同於否決，然而，安理會在實務運作上確已立下先例，即棄權與缺席皆不構成否決效力，而是以「出席與投票」的任理事國之同意票為判斷標準，但無論如何，5 常對於新成員入聯具備否決權，斷無疑義，除非修改憲章（高門檻），否則北京仍掌握此一關鍵「殺手鐧」。

以做為同意我方取得觀察員資格的條件，然而，兩者仍有差別，因為「機率渺茫」與「放棄爭取」，仍無法劃上等號，舉例而言，自1993年以來，台灣即便深刻理解可行性極低（聯合國），但每年仍投入大量資源於此目標的實現，此正為「知其不可為而為之」，針對我方力求突破之舉，中國大陸勢必動用一切手段與資源，予以封殺與反制，故台灣明白宣示放棄聯合國正式會籍之爭取，對於北京而言，仍舊如同一劑可免除不確定因素的定心丸，具有重要意義，也可能是對岸能夠自我說服，願意讓步之唯一（最後）理由。

回顧以往，自1990年代我方進行聯合國的推案迄今，成果實屬有限，2008年3月，無論是國民黨「返聯」或民進黨「入聯」的兩項公投案，均未獲通過。故先從WHA觀察員資格，爭取聯合國其他專門機構之觀察員地位，再由聯合國其他專門機構的觀察員，探求成為聯合國永久觀察員身份的可能性，而後嘎然為止，如此亦為可行、中庸與務實之參與指導綱領（或路徑圖）。然而，此選項並非全無風險與障礙，其一是國內民意的接受度，意即是否會同意放棄爭取聯合國正式會員身份，而甘心「屈就」於永久觀察員地位；其二為此舉等同於測試北京的最終底線，稍有不慎，恐將反噬兩岸辛苦經營的互信關係；其三為假設北京於未來釋出此「重大善意」，其讓步到底是「無償或有償」？換言之，如果我方成功地於此處「得」（國際參與上的進帳），則北京希望於何處「得」？是否將以推動兩岸的政治協商進程，做為交換籌碼，值得進一步深思。[45]

---

[45] 例如在《胡6點》第5點「結束敵對狀態，達成和平協議」的內容中，特

　　至於聯合國觀察員的權利，根據熊玠教授之研究，主要包括「於聯合國各種會議上發表正式聲明之權」、「致答權」、「提案權」、「文件散發權」以及「參加聯合國所有公開或不公開會議之權」等。而觀察員儘管未被賦予投票權，卻擁有遊說以及接近等間接影響決議之重大權力，且不需要繳交聯合國會費。[46]至於成為觀察員的途徑，聯合國則並無明文規範或制度化的程序，通常是申請者具函聯合國秘書長，向其表達於聯合國總部建立常設觀察員辦公室的意願（及提報代表人選），待秘書長核可後，即回覆申請者，故熊玠強調：

> 從法理來看，秘書長雖是沒有明確法源授予他（秘書長）批准觀察員之權力，但同樣的，秘書長也沒有明確法源賦予他拒絕觀察員申請之權力，……聯合國大會認為秘書長歷年來所用之程序，早已被大會默許，而無從爭議了。[47]

　　就現況觀之，目前聯合國的永久（常設）觀察員總數為 57 個，依照聯合國的分類，共計 5 項類別，且均「固定收到邀請以觀察員身份參大會的會期與活動」（received a standing invitation to participate as observer in the sessions and the work of the General

---

別提到「兩岸可以就在國家尚未統一的特殊情況下的政治關係展開務實探討」。參見胡錦濤，《攜手推動兩岸關係和平發展　同心實現中華民族偉大復興——在紀念《告臺灣同胞書》發表 30 周年座談會上的講話》，《新華網》，2008 年 12 月 31 日。Available: http://big5.xinhuanet.com/gate/big5/news.xinhuanet.com/newscenter/2008-12/31/content_10586495.htm.

[46] 熊玠，〈如果公投通過仍然不能加入聯合國又當怎麼辦？〉，《海峽評論》，第 200 期（2007 年 8 月），頁 19-20。

[47] 熊玠，〈馬英九的治國哲理、兩岸外交休兵、台灣與兩岸關係之前景〉，《海峽評論》，第 213 期（2008 年 9 月），頁 44。

Assembly），其中包括：（a）於聯合國總部設有常任觀察員辦公室的非聯合國會員國：教廷；（b）於聯合國總部設有常任觀察員辦公室的實體：巴勒斯坦；（c）於 UN 總部設有常任觀察員辦公室之政府間國際組織：非洲聯盟（AU）等 16 個；（d）並未於聯合國總部設有常任觀察員辦公室的其他政府間國際組織：包括亞洲發展銀行（ADB）等 35 個；（e）未於聯合國總部設有常任觀察員辦公室的其他實體：包括國際紅十字會等 4 個。[48]

伍、結論

長期以來，中華民國在外交戰略上，有 3 種道路選擇：第一，專注於兩岸關係的發展（外交關係列為次要考量）；（2）獨重於台灣國際空間的拓展（兩岸關係列為次要考量）；（2）強調兩岸關係與外交政策間之平衡與雙軌並重。自李登輝前總統執政後期，再到民進黨政府共 10 餘年間，台灣很明顯是向第 2 種選擇傾斜靠攏，而目前國民黨政府則擺盪回第 3 條之中道路線，並希望藉由兩岸關係的和解與正常化，為台灣的國際參與空間，形塑更有利之態勢。

---

[48] United Nations Member States（Permanent Observers），（Nonmembers）Available: http://www.un.org/members/nonmembers.shtml;（Entities）Available: http://www.un.org/members/entities.shtml;（Intergovernmental Organizations with Permanent Offices）Available: http://www.un.org/members/intergovorg.shtml;（Intergovernmental Organizations without Permanent Offices）Available: http://www.un.org/members/intergovnony.shtml;（Other Entities without Permanent Offices）Available: http://www.un.org/members/entitiesnony.shtml.

　　本文認為，在國際參與策略方面，我方應以漸近、尊嚴、自主、務實以及靈活為原則，而活路外交的目的，不僅在於揚棄兩岸過去在外交上的惡性較勁，更可視為兩岸和解的延伸；再者，在參與WHO/WAH 方面，目前唯一務實可行的安排，無疑是謀求 WHA 觀察員資格，此亦為考驗兩岸和解與外交休兵的重要試金石，如能成功，我方仍應集中火力，選定較適合的聯合國系統中的專門機構，做為下一個階段的單點突破目標；最後，參與聯合國相關活動，應有短、長程目標的分野，也就是短期應聚焦於聯合國系統下的專門機構，逐步謹慎為之，而在長期方面，爭取聯合國永久（常設）觀察員地位，應列為值得思考的方向之一，但欲實現此目標，關鍵仍在於北京所設定的容忍底線，以及兩岸關係的能否沿續現階段合作之動能。

固若磐石：從守勢國防看兩岸軍事互信

劉廣華

（銘傳大學國際事務研究所專任副教授兼所長）

壹、前言

馬英九在 2008 年 10 月間於我國防大學提出，政府在「伐謀」和「伐交」上已做了很多努力，並強調在未來四年內，兩岸不會有戰爭。[1] 此一明確的宣示，在當時已預告了我國防政策與軍事戰略將有所改變。而行之多年的「有效嚇阻、防衛固守」軍事戰略顯然也會隨之更動。

其後，果然在 2009 年 3 月公布的《四年期國防總檢討》中，國防部已正式宣布，在馬英九政府「固若磐石」的國防政策指導下，將以「防衛固守、有效嚇阻」為國軍的軍事戰略構想。[2] 顯然，守

---

[1] 鄭國樑，「四年內兩岸不會有戰爭　馬：絕不在恐懼中談判」，《聯合報》，2008 年 10 月 22 日，http://udn.com/NEWS/NATIONAL/NAT1/4568184.shtml

[2] 國防部「四年期國防總檢討」編纂委員會，《中華民國九十八年四年期國防總檢討》（台北：國防部，民國 98 年 3 月），頁 8。

勢國防已經正式成為馬英九政府的國防政策指導。易言之，「伐兵」
與「攻城」已不再是選項。

　　此外，雖說頗有爭議的「刺蝟戰略」（porcupine strategy）[3]並未
明示於文件中，然從「固守」在前，「嚇阻」在後的軍事戰略構想
中，已可隱約見到脈絡相承的思考模式。蓋「固守」在前的規劃似
乎已意涵著不先行以海、空兵力遂行防衛作戰，而是先進行國土鞏
固之防衛；而「嚇阻」在後的規劃則似乎代表著運用進犯後代價的
提高來阻止進犯的意圖。而此，則與「刺蝟戰略」的概念若合符節。

---

[3] 所謂「刺蝟戰略」於 2008 年下半年間頗引起政、經、軍事學界的討論，出
自於美國海軍戰院教授 William Murray 發表於 *Naval War College Review*
2008 年夏季刊，題為「Revisiting Taiwan's Defense Strategy」的一篇論文。
Murray 主張，既然台灣的海、空軍均不足以阻擋中國大陸的優勢軍力，則
台灣最好的選擇就應該是將現有的國防資源投注於建立一支小而美，強而
有力的陸軍部隊，讓中國大陸部隊「嚇不了、咬不住、吞不下、打不碎」，
而不是耗費於價昂又不能發揮實際功效的海、空軍武器載台。這樣的觀點
自然引起軍方內部相當大的爭議，尤其是海、空軍方面，更是認為「刺蝟
戰略」無異於來手就擒，同時將戰火引入島內會造成人民大量傷亡，因此
絕不可行。軍方的意見姑且不論，馬英九政府的「守勢國防」似乎與 Murray
的觀點若合符節。而美國國防部其實也有類似的看法。原文是說：”An
attempt to invade Taiwan would strain China's untested armed forces and invite
international intervention. These stresses, combined with China's combat force
attrition and the complexity of urban warfare and counterinsurgency（assuming
a successful landing and breakout）, make amphibious invasion of Taiwan a
significant political and military risk. Taiwan's investments to harden
infrastructure and strengthen defensive capabilities could also decrease
Beijing's ability to achieve its objectives.” 參見 William Murray, "Revisiting
Taiwan's Defense Strategy," *Naval War College Review*（Newport Rhode
Island）, summer 2008; 以及 Office of the Secretary of Defense, *Annual Report
to Congress: The Military Power of the People's Republic of China 2009*
（Washington D.C.: DOD, March 2009）, p. 45.

誠然，所謂的「守勢國防」表面上看來似乎較為消極被動，也容易引起「坐失先機」、「束手就降」、「境內戰火」等負面聯想。然而，在兩岸政治情勢和緩、經貿熱絡、雙方軍力不對稱、國防資源有限、釋出善意等諸多現實因素之考量下，現階段而言，守勢國防應是最不容易引起爭議，也較符合目前需求的國防政策規劃走向。

雖說如此，國家安全畢竟不能全然仰賴對方的善意，或是單方面的一廂情願，而即便政府的國防政策有所更動，也預期兩岸間軍事緊張情勢的降低以及戰爭可能性的消失，但對於國家周遭戰略環境的基本敏感度仍須具備，國防自衛力量也仍須維持。因此，國防政策規劃中除了須維持對中、近期戰略環境的了解與認知之外，對於長期的戰略態勢更應審慎預判與推估，進而根據預判態勢尋求因應自處之道。換句話說，就是即便以「我不犯人」來自我約束，卻也要能掌握「人不犯我」的力量。而此，就要從「避險」的角度來思考。

就兩岸現況而言，實質上的避險可從兩個層面來著手：軍力上的鞏固，以及風險上的降低。最基本的考量當然就是建立一支得以有效防衛與嚇阻的國防武力；其次則是建立得以有效降低風險的機制，避免因雙方溝通不良或誤解而造成不必要的軍事衝突。簡言之，就是有效軍事互信機制的建立。有效防衛與嚇阻的國防武力之建立操之在我，有效軍事互信機制的建立則成之於人。操之在我的部分反求諸己，至於成之於人的部分除有賴於對方的意願與合作，還須落實於雙方具體操作的層面。而此，就是兩岸目前所需面對及解決的問題。

　　本文以下將先就台海目前戰略態勢進行探討。蓋自 2008 年 5
月以來由於雙方政府的努力以及釋出善意，兩岸關係已經漸趨和
緩，而兩岸間政治經濟文化等各層面的交流也愈益頻繁。然而在兩
岸一片祥和的氣氛中，值得引起我們警惕的卻是，兩岸間的軍事態
勢其實已經出現對台灣不利的不平衡態勢，而此一不利情勢若持續
逐漸發展，兩岸間軍事互信機制賴以建立的平等基礎恐將喪失殆
盡，而此並非雙方所樂見之發展。職是之故，如何因應此一現實因
素並進而調整我國防政策與軍事戰略，進而維持有效防衛軍力，勢
將成為我們優先考量的要素。

　　其次，兩岸互軍事機制之倡議首倡於台灣，然因諸多因素之影
響，中國大陸多年來卻並未認真以對。所幸自胡錦濤於 2008 年底在
「告台灣同胞書」發表 30 周年座談會上的講話中正式提出兩岸建立
軍事互信機制的呼籲之後，[4] 兩岸軍事互信機制之建立已經在政界、
學界、軍方出現呼應的聲音。[5] 衡諸實際，雖然目前兩岸對於所謂軍

---

[4]　胡錦濤在 2008 年 12 月 31 日紀念「告台灣同胞書」發表三十週年的座談會
　　上發表了題為「攜手推動兩岸關係和平發展，同心實現中華民族偉大復興」
　　的演說，也就是通稱的「胡六點」，在其中的第六點特別提出了：「……為
　　有利於穩定台海局勢，減輕軍事安全顧慮，兩岸可以適時就軍事問題進行
　　接觸交流，探討建立軍事安全互信機制問題」。

[5]　兩岸學者針對互信機制提出看法的很多，但其中較引人注目的是中國大陸
　　軍事科學院世界軍事部副部長王衛星研究員在中國評論月刊二月號上所發
　　表發表的專文「兩岸軍人攜手共建軍事安全互信」，該文提出應訂定所謂的
　　「兩岸軍事互信機制未來發展路線圖」，以利「……開展務實合作，早日打
　　開局面。……設立軍事熱線、預先通報重大軍事演習、實現退役將領互訪、
　　推動院校和智庫人員交流、共同舉辦軍事學術研討等；也可以包括協商兩
　　岸軍事部署調整，逐步減少以至停止敵對性軍事活動；還可以包括在非傳
　　統安全領域廣泛開展軍事合作，聯合舉行反恐演習，相互通報有關情報，

事互信的定義、內容、實施均有不同的意見，然可喜的是整體而論是呈現正面發展的趨勢，而此對於兩岸和平的維持有莫大的助益。

再者，軍事互信機制之能否產生實際效益，其實相當程度取決於落實的程度，以及所採取的實際措施，而此就有賴於雙方秉持互信互賴原則，在達成雙方最大利益的共識上，共同完成。

貳、台海戰略現況

一、和緩的兩岸關係

自新政府於 2008 年 5 月 20 日就職以來，兩岸間的互動已有很大的進展。政治上已出現互不否認的跡象，外交上兩岸休兵的態勢已逐漸顯現，其餘諸如小三通全面開放、鬆綁赴大陸投資上限、開放人民幣在台兌換、二次「江陳會」簽署的四項協議、開放大陸觀光客來台、以及包機直航等等各項措施，在在均顯示出兩岸關係將有進一步和緩的空間。[6]

合作開展海上救援……」。另同為軍科院研究員羅援少將在*國際先驅導報*發表題為「用我們的血肉築成我們新的長城」的文章，其中認為胡錦濤所提的「軍事安全互信機制」乃是特殊狀況下的特別安排，有別於傳統認知國與國之間的「軍事互信機制」（CBMs）。

[6] 民國 97 年 6 月 20 日，內政部、交通部令發布修正「大陸地區人民來臺從事觀光活動許可辦法」，並自 97 年 6 月 23 日施行；台灣銀行自 97 年 6 月

雖說兩岸在隔岸分治的六十年之間，整個的戰略態勢是敵意大於善意、緊繃多於和緩、僵持大於溝通，然而除了零星衝突之外，畢竟並未真正擴大為全面性的戰爭，舒緩的空間仍在。事實上，即便在民進黨執政的八年之間，兩岸間的交流也從未間斷，甚而有實質上的擴大。[7] 在中國大陸第四代領導人胡錦濤執政之後，中國大陸在兩岸關係的處理上愈見圓融與彈性，往昔橫眉怒目，劍拔弩張的態勢越來越少見，反而是雙方互釋善意的狀況逐漸升高。諸如連戰以有史以來最高層級的身分代表馬英九參與秘魯的 APEC 峰會、熊貓來台、定期舉辦的國共論壇、開放軍公教赴大陸等等均是善意的表現。[8]

這樣的狀況對兩岸進一步的走向以及建立實質的和平具有極為正面的意義，蓋兩德的統一以及歐盟的整合，莫不是經由此一模式逐漸完成的。都是先有初步的接觸，隨之以善意的互釋，而在交流的程度逐漸擴大、加深之後，政治上的議題也逐漸成為交流的選項，甚而主權議題都不再是禁忌。這就是一個從點、到線、再到面；

---

30 日起在國內辦理人民幣買賣業務；大陸地區人民來臺觀光於 97 年 7 月 18 日步入常態化；97 年 11 月 3 日大陸海峽兩岸關係協會會長陳雲林率協商代表團來台，次日即簽署兩岸空運直航、海運直航、郵政合作、食品安全等四項協議；97 年 12 月 15 日長榮海運立敏輪兩岸直航首航。參見行政院陸委會「兩岸大事記」http://www.mac.gov.tw/。

[7] 高孔廉、鄧岱賢，「美中台三邊激盪下的兩岸關係」，《中華戰略學會》（台北），春季刊，民國 97 年，頁 76-112。

[8] 97 年 11 月 22 日連戰代表馬英九出席在秘魯舉行的亞太經合會；97 年 12 月 23 日大熊貓抵台；98 年 3 月 24 日軍公教人員得依「臺灣地區人民進入大陸地區許可辦法」相關規定提出申請赴大陸。參見行政院陸委會「兩岸大事記」http://www.mac.gov.tw/。

從初階、到中階、再到高階；從民生、到經貿、再到政治的過程，整個流程形成良性循環。而此，是與僵持、懷疑、阻隔、軍備競賽、衝突升高這種惡性循環是有極大的不同。顯然的，兩岸間目前所處的正是這麼一個良性循環的狀況之中，無怪乎美軍太平洋總司令基亭上將（Admiral Timothy J. Keating）要說他晚上都睡得著覺了。[9]

二、軍事優勢漸往中國大陸傾斜

雖然兩岸政治情勢和緩，然中國大陸軍力整備的速度卻似乎並無趨緩現象。根據美國國防部 2009 年的解放軍軍力報告，中國大陸雖仍不具備大規模侵台的能力，然沿岸佈署的 1150 枚飛彈卻仍能對台造成致命傷害。此外，從其持續發展巡弋飛彈、中程彈道飛彈、反艦與反航母彈道飛彈、核動力潛艦、第四代戰機、並於 2007 年成功測試反衛星武器等種種作為看來，中國大陸擴軍，已從陸海空擴大到太空，甚至網路。而這樣的建軍方向，也已遠超對台動武的軍事所需。[10]反觀台灣近年來的軍力建構，由於受到政治與經濟等諸多影響，基本上是停滯不前的。

兩岸軍力差距其實還可以從另一指標觀察。由於中國大陸國防經費支出並不透明，因此一般認為其實際軍費恐會高達其所公布數

---

[9]　中央社，2008 年 12 月 19 日，基亭上將在華府外籍記者中心舉行記者會時表示他對台海兩岸實施大三通以及之前幾個月來兩岸關係和緩有正面評價。

[10]　*Annual Report to Congress: The Military Power of the People's Republic of China 2009*, pp. VII, VIII, 31, 41-44.

字的三、四倍之多。根據美國 2009 年解放軍軍力報告所述,雖說中國大陸於 2008 年 3 月公布的國防預算是 600 億美元,但據美國國防部評估,實際金額應在 1050 至 1500 億美元之間。[11]同時期台灣的國防經費卻僅有 79 億美元,只有中國大陸軍費的 1/19。[12]事實上,美國國防部已經明確指出台灣軍力已經處於相對弱勢。[13]易言之,中國大陸其實已經逐漸掌握台海軍力優勢。相對於兩岸戰略態勢的和緩,兩岸軍力的逐漸失衡,並不是現階段眾所樂見的現象。

其次,若目前軍力優勢失衡狀況持續的話,則在軍力嚴重失衡,以及攻台代價降低的狀況之下,中國大陸以武力解決台灣問題的誘因將會加大。誠然,以目前兩岸情勢和緩的狀況下,中國大陸直接訴諸武力的可能性並不大。然而,由於台灣民主政治政黨輪替的特性,目前的和諧關係很可能隨時因新執政黨政策之改變而轉為緊繃。屆時,台灣在軍力處於絕對劣勢的狀況之下,將失去因應的能力以及談判的籌碼。

再者,其實目前中國大陸在總兵力佈署的分配上,仍以南京、廣州、濟南三大軍區為主,尤其是在面對台灣的沿海地區佔最大比例。[14]而此,似乎彰顯出中國大陸目前仍是以台海地區軍事衝突為其主要的作戰假想。

---

[11] Ibid, p. 31.

[12] 國防部,《中華民國九十七年國防報告書》(台北:國防部,民國 97 年 8 月),頁 205。

[13] *Annual Report to Congress: The Military Power of the People's Republic of China 2009*, p. 52.

[14] Ibid, p. 60.

三、經濟相互依存程度進一步擴大

　　兩岸經濟高度依存早已是不容否認的事實，兩岸經濟交流初期主要是由台商赴大陸投資所帶起的發展，近年來隨著中國大陸經濟的崛起，台灣經濟依附中國大陸的趨勢更形強化，預期在全球經濟危機影響漸次增強的同時，兩岸間經濟相互依存的程度還要再加大。事實上，自 2001 年起兩岸貿易即以二位數字的比率不斷的增長，到了 2008 年兩岸貿易總額已達 1053 億之多。[15]而台灣對大陸投資的比重，從 1991-2007 年累計佔整體對外投資的 55.4%，以 2008 年 1-11 月而言，則佔 70.03%，若加計對香港投資的 1.57%，整體的比重更是高達 71.6%。[16]

　　這樣的數字顯現出的事實是，兩岸經貿的依存其實已經到了「你泥中有我、我泥中有你」的情形。從負面的角度來看，由於台灣經濟對大陸的依存，台灣事實上已失去任何自外於大陸的籌碼，大陸經濟發展良好，台灣經濟自然就水漲船高，若大陸經濟蕭條，台灣可能也要隨著不景氣，也就是所謂的「一榮俱榮、一損俱損」的連動狀態。

---

[15] 經濟部國貿局，《98 年 1 月份兩岸貿易情勢分析》，民國 98 年 3 月 30 日，http://ekm92.trade.gov.tw/BOFT/web/report_detail.jsp?data_base_id=DB009&category_id=CAT525&report_id=168512。

[16] 行政院大陸委員會，《兩岸經濟統計月報》，第 192 期，表 13，民國 98 年 3 月，http://www.mac.gov.tw/big5/statistic/em/192/13.pdf。

　　相反的，若從正面的角度來看，則正由於兩岸經貿的高度依存，至少在經貿層面上已經無法區分你我，而此豈不正是進一步整合的最佳契機？兩岸在思考彼此互動關係時若僅從政治、軍事著手就很容易陷入對立僵持的困境。其實以目前所面臨的高度經貿依存狀況而言，由於中國大陸不願擅啟戰端，因為這樣必然會犧牲其改革開放三十年以來的成果，而台灣也不可能不管不顧的任意升高緊張情勢，引起軍事衝突，陷 2300 萬人民的生活福祉於危境。這樣「剪不斷」的關係導致了雙方均不敢擅動的狀態，對兩岸而言其實已經形成一種「甜蜜的鉗制」，反而是一種保護。蓋正因兩岸均不能也不願輕啟戰端，而此豈不正是提供雙方處理政軍議題的大好機會？雙方領導人不至於見不及此。

四、我國防戰略之轉變

　　我軍事戰略構想原本為「有效嚇阻、防衛固守」，根據 97 年國防報告書的解釋，所謂「有效嚇阻」，指的是憑藉建立具嚇阻能力的國防武力，使中國大陸在有意進行軍事行動時，透過勝負不確定、可能得不償失等盤算的結果，促使其主動放棄發起軍事侵略行動。所謂「防衛固守」則是在有效嚇阻失效時，凝聚國家整體防衛能量，以三軍聯合作戰方式，發動防衛軍事行動，固守疆土。[17]

---

[17] 《中華民國九十七年國防報告書》（台北：國防部，民國 97 年 8 月），頁
114-115。

　　馬英九政府就任之後，多次在不同場合宣稱將採取守勢國防，其後在 2009 年 3 月的《四年期國防總檢討》中，則正式宣布將在「固若磐石」的國防政策指導下，以「防衛固守、有效嚇阻」為國軍的軍事戰略構想。[18]

　　平心而論，「有效嚇阻、防衛固守」的軍事戰略構想在邏輯上比較容易解釋，蓋防衛作戰之實施當然是先遂行嚇阻，在戰爭爆發之前就阻止敵發動戰爭之意圖，待嚇阻失效，戰爭已然爆發後，再遂行固守，保衛國土。然以「防衛固守、有效嚇阻」而言，邏輯說不通之處在於，既然戰爭已然爆發進入防衛固守階段，則又何來有效嚇阻可言？[19]

　　究其實際，「有效嚇阻、防衛固守」有一個先決要件，亦即台灣必須具備得以遂行嚇阻的軍力。也就是說，有力量實施嚇阻才能夠嚇阻。而在中國大陸軍力大幅增強之後，其實台灣遂行嚇阻的能力已逐漸減弱。而如果不具備有效嚇阻的能力，卻仍規劃有效嚇阻的戰略構想，其實無異於掩耳盜鈴。因此，「防衛固守、有效嚇阻」戰略構想其實隱含的是對我軍力處於劣勢之現況的承認。易言之，既然軍力不足以遂行有效嚇阻，還不如反求諸己來鞏固自我防衛，以及遭受攻擊之後反擊的能力。至於次階段的有

---

[18] 《中華民國九十八年四年期國防總檢討》，頁 8。

[19] 有關這一點，《四年期國防總檢討》的說明並不明確。在「防衛固守」部分指的是國軍部隊在防衛作戰上「……承受第一擊、對抗斬首、機動反擊即持久作戰的能力……」；在「有效嚇阻」部分，其說明則是國軍部隊應強化作戰效能「……使敵考量進犯成本與風險，在理性決策下不至貿然採取侵略行動……」。這樣的說明其實並未能解釋，為何承受了第一擊之後，還要使敵人「……不至貿然採取侵略行動……」。同上註，頁 47。

效嚇阻指的則是提高敵進犯後的代價，來增加其進犯的成本，進而影響其進犯的意圖。

這樣的構想其實與 Murray 的「刺蝟戰略」若合符節。渠認為台灣不應虛擲資源於無法遂行有效嚇阻的海空軍軍力構建上，而應把重點放在關鍵設施以及陸軍戰力之強化上。[20]Murray 觀點引起的爭議主要在於「棄守」海空軍，[21]以及戰火引入島內兩個部分。「棄守」海空軍部分涉及到台灣是否仍具海、空優勢的問題，蓋若是海、空優勢已失，則棄守與否其實已不是重點。至於島內戰火部分則確實是我們主要的關切。

衡諸實際，任何國家若具備「決戰境外」的能力，就絕不可能將戰火引進自己家園。守勢國防構想的出發點既在於釋出善意，其實也是由於迫於現實狀況的不得不然爾。也因此，如何在符合兩岸人民最大福祉的狀況下來避免兵凶戰危的發生，遂成為我們必須認真思索的問題。對此，兩岸軍事互信機制就提供了一個可遵循的方向。

---

[20] 同註 3。

[21] 其實 Murray 的觀點並非「棄守」海空軍，而是說：「與其依賴海空軍來摧毀敵軍，無寧集中力量發展具備機動、短程、防禦性武器的專業常備陸軍」。（Rather than relying on its navy and air force（neither of which is likely to survive such an attack）to destroy an invasion force, Taiwan should concentrate on development of a professional standing army armed with mobile, short-range, defensive weapons.） 參見"Revisiting Taiwan's Defense Strategy."

參、兩岸軍事互信機制之建立

一、軍事互信機制概述

「軍事互信機制」的目的主要在於降低軍事活動的秘密性，進而避免敵對或鄰近雙方不必要的的誤解，同時減輕彼此的威脅。軍事互信機制源起於冷戰時期的「信心建立措施」（Confidence Building Measures, CBMs）。早於 1973 年，北約與華沙公約兩大集團就已針對裁減傳統武力進行談判，同時召開「歐洲安全合作會議」（Conference on Security and Cooperation in Europe）。而在義大利與比利時提議下，進行 CBMs 的討論，在耗時三年之後終於在 1975 年簽署「赫爾辛基最終協議」。其後經 1986 年的「斯德哥爾摩文件」以及分於 1990、1992、1994 簽訂的「維也納文件」修訂後，CBMs 愈臻完善，其基本上可分為以下四種類型：

(一) 溝通：如熱線、定期會議、連絡員、人員互訪、軍事學術機構交流等。

(二) 限制：如非軍事區、武器數量、演習次數及地區限制等。

(三) 透明：如訊息發布與交換、部隊調動、演習、飛彈試射事先通知等。

(四) 檢驗：如邀請觀察員、開放現場、空中、定點查驗、預警站
等。[22]

一般研究認為若無政治上互信或善意的基礎，「軍事互信機制」
很難付諸實行。事實上，亞太地區的 CBMs 並非毫無前例可循，1991
年南北韓簽訂的「和解、互不侵犯、交流合作協議」與「朝鮮半島
非核聯合宣言」，2000 年金大中推動「陽光政策」促成與金正日
的兩韓峰會，[23] 以及始自 1994 年每年召開以迄於今的「東協區域
論壇」均為 CBMs 在亞太地區的具體實踐。[24]

二、台灣對軍事互信機制之倡議

早在 1995 年 4 月 8 日李登輝政府就已經在國統會提出有關兩
岸交流與互信機制建立的政策聲明。[25]其後在 1996 年 12 月舉行的

---

[22] 一般亦有將宣示性與綜合性（如海上安全檢查措施）列入，唯基本上不脫
此四種類型。Rajesh M. Basrur, "Nuclear Weapons and Indian Strategic
Culture," *Journal of Peace Research*, Vol. 38, No. 2（Mar. 2001）, pp. 181-198.

[23] Wisconsin Project on Nuclear Arms Control, "North Korea Nuclear/Missile
Chronolog-1962-2000," *The Risk Report*, Volume 6 Number 6 November-December
2000, http://www.wisconsinproject.org/countries/nkorea/nuke-miss-chron.htm.

[24] 東協組織於 1993 年 7 月 23-25 日在新加坡舉行的第 26 次部長會議中決定
每年固定舉行「東協區域論壇」（ASEAN Regional Forum , ARF），第一屆
於 1994 年 7 月 25 日於曼谷舉辦。http://www.aseanregionalforum.org/AboutUs/
tabid/57/Default.aspx。

[25] 趙傑夫編輯，《跨越歷史的鴻溝——兩岸交流十年的回顧與前瞻頁》（台北
市：陸委會，民國 86 年 10 月），頁 331-332。

國家發展會議中，也有兩岸架設「熱線」並互派代表的倡議。[26]再者，時任行政院長的蕭萬長亦於 1998 年 4 月公開贊成與北京建立軍事互信機制。[27]

　　事實上，兩岸互信機制在台灣擁有相當程度的支持，除了國民黨之外，民進黨人士亦屢有不同形式的倡議。民進黨陳水扁早在 2000 年競選第十任總統時即在其國防白皮書中主張兩岸建立軍事互信機制。[28]陳水扁當選後，在 2002 年發布的國防報告書中，提出兩岸設置非軍事區。[29]至 2004 年 2 月 3 日，則提出兩岸簽署「和平穩定互動架構協定」的構想。[30]

　　時至 2005 年 4 至 5 月間，當時的國民黨主席連戰及親民黨主席宋楚瑜藉兩岸破冰、政黨交流的機會與中國大陸共產黨總書記胡錦濤各自達成「五項促進」與「六點共識」結論，其中均分別提及包括建立軍事互信機制在內的兩岸關係和平穩定發展架構。[31]

---

26 《中時晚報》，民國 85 年 12 月 06 日，版 4。

27 《聯合報》（台北），民國 87 年 4 月 18 日，版 1。

28 《陳水扁國家藍圖：國家安全》（台北：陳水扁總統競選中心，民國 88 年），頁 66。

29 《中華民國九十一年國防報告書》（台北：國防部，民國 91 年 7 月 23 日），頁 277。

30 陳水扁，「陳總統就建立『兩岸和平穩定的互動架構』及三二〇和平公投中外記者會實錄」，2004 年 2 月 3 日，http://www.mac.gov.tw/big5/mlpolicy/mp9302/mp17.htm。

31 連戰與胡錦濤在其「五項促進」的第二點，宋楚瑜與胡錦濤在其「六點共識」的第三點均提出兩岸建立軍事互信機制的觀點。參見行政院陸委會「兩岸大事記」http://www.mac.gov.tw/。

　　總結台灣方面對軍事互信機制之態度，無論立場偏統或傾獨，基本上均是抱持著樂觀其成的正面態度。而此一態度，應該是與台灣在認知上所面對的軍事威脅，以及台灣軍事力量上相對的劣勢有直接的關係。

三、中國大陸對軍事互信機制的觀點

　　反觀中國大陸方面，由於歷任領導人多抱持著主觀認知上兩岸終將統一的歷史使命，因此在對台關係上即便不會輕易大動干戈，卻也不願輕易允諾，放棄以軍事作為解決統一問題的最終手段。職是，無論是台灣方面如何呼籲，中國大陸方面對於互信機制的建議與規劃基本上總是冷漠以待，甚至於在 2000 年 2 月提出「對台政策白皮書」，用三個「如果」提出使用武力統一的時間表。[32]

　　要一直到了胡錦濤就職之後，中國大陸方面對於兩岸軍事互信機制的態度才漸有鬆動。在 2004 年 5 月 17 日，中國大陸國台辦就在透過新華社發表的對台聲明中提出「兩岸正式結束敵對狀態，建立軍事互信機制」的倡議。[33]事實上，此一聲明乃係中國大陸大陸官方機構首次鬆口，正式表示有意與台灣建立軍事互信機制。

---

[32] 中共「國務院臺灣事務辦公室」、「國務院新聞辦公室」發表「一個中國的原則與臺灣問題」白皮書，列出中共對臺動武的「三個如果」條件：如果出現臺灣被以任何名義從中國分割出去的重大事變；如果出現外國侵占臺灣；如果臺灣當局無限期拒絕通過談判和平解決兩岸統一問題，中共只能被迫採取一切可能的斷然措施，包括使用武力來維護中國的主權和領土完整，完成中國統一大業。參見行政院陸委會「兩岸大事記」http://www.mac.gov.tw/

[33] 張讚熙，「從『江八點』到『五一七聲明』論中共對台政策之演變」，《中共

　　而在 2005 年 4 至 5 月間與國民黨、親民黨主席的聯合聲明之
後，胡錦濤更隨之於 2007 年 10 月 15 日在中國共產黨第 17 次全國
代表大會的政治工作報告中，將其在 2005 年 3 月 4 日提出的「對
台四點意見」，以及會見台商時提出的「凡是對台灣同胞有利的事
情，凡是對維護台海和平有利的事情，凡是對促進祖國和平統一有
利的事情」的「三個有利於」納入報告之中，並提出「在一個中國
大陸原則的基礎上，協商正式結束兩岸敵對狀態，達成和平協議，
構建兩岸關係和平發展框架，開創兩岸關係和平發展新局面」的政
策意見。[34]

　　在學界部分，解放軍軍事科學院台海軍事研究中心主任王衛星
於 2007 年 1 月 29 日也提出：「兩岸中國大陸軍人應攜手維護和促
進兩岸和平與發展，盡快結束敵對狀態，包括『建立兩岸互信機制』」
的觀點。[35]

　　最近的發展則是胡錦濤在 2008 年 12 月 31 日的紀念「告台灣
同胞書」發表 30 週年座談會上，提出了開創兩岸關係和平發展新
局面的六點具體主張，也就是通稱的「胡六點」，其中的第六點為：
「……結束敵對狀態，達成和平協議。為有利於兩岸談判，可以就

　　研究》（台北），39 卷 1 期（2005 年 1 月），頁 124。

[34] 鍾維平，「和平發展主張貫徹中共十七大報告　胡錦濤對台盡釋善意」，《中國評
　　論月刊》（香港），第 119 期（2007 年 11 月）。http://www.chinareviewnews.
　　com/crn-webapp/zpykpub/docDetail.jsp?docid=15342&page=2

[35] 王衛星係於 2007 年 1 月 29 日在北京舉行，由全國台灣研究會、中國社科
　　院台灣研究所和海峽兩岸關係研究中心聯合舉辦的紀念江澤民「八項主張」
　　發表 12 週年專題研討會上提出。大公網，2007 年 1 月 31 日，http://www.
　　takungpao.com/news/07/01/31/ZM-686421.htm。

在國家尚未統一的特殊情況下的政治關係展開探討。為有利於穩定台海局勢，減輕軍事安全顧慮，可適時就軍事問題接觸交流，探討建立軍事安全互信機制問題。……」[36]

　　總結中國大陸方面對軍事互信機制的態度，很顯然的已跳脫以往冷漠以對的模式，改以主動積極的觀點。而此，則相當程度的體現出維護台海和平的意願與決心。

四、兩岸軍事互信機制建立環境已趨成熟

　　雖說雙方均已展現出善意，唯彼此認知上的軍事互信機制究竟為何，其實還是有相當的歧異。首先，台灣的用語是「軍事互信機制」，「胡六點」的用語則是「軍事安全互信機制」；台灣認為是「建立」；「胡六點」則是「探討建立」。僅以此差異就足以顯示雙方在認知上的不同。在解讀上，大陸方面有學者認為「軍事安全互信機制」指的是兩岸間特殊狀況下的特殊安排，與傳統認知上國與國之間的「軍事互信機制」並不相同。由此可知，大陸方面對於兩岸軍事互信必須在一中框架內進行的堅持很難有妥協餘地。其次，大陸軍方系統對於軍事互信進行步調之緩急，甚或實質內容為何，也有不同的看法。[37]再者，台灣內部對於諸如大陸放棄武力犯

---

[36] 同註 4。

[37] 亓樂義，「建立軍事互信，摸清對方為上策」，《中國時報》（台北），民國98 年 3 月 23 日，版 A8；另參見註 5；

台，以及撤除對台飛彈佈署等，究其應視為互信機制之前提或是結果，其實也是莫衷一是。[38]

　　儘管迫切程度不一、認知不同，然依目前而言，至少兩岸對於軍事互信機制之建立均已展現出一致的意圖。事實上，由於主客觀環境因素的影響，兩岸建立軍事互信機制的外在環境已然成熟。誠然，意願只是第一步，要建立實務上可以執行的機制仍有許多努力的空間。首先，兩岸決策高層有一定程度的意願之外，兩岸人民的擁護也是基本要件。其次，善意之外，執行實務之單位或組織的能力與資源必須確保軍事互信機制能真正落實。再者，兩岸應秉持互信互賴的原則，遵守協議、履約，以確保互信機制能順遂運作。

　　最重要的是，馬英九政府就職之後，兩岸的互動與發展確已出現正面的發展，如前所述，諸如直航、開放觀光客來台、開放投資大陸、海基海協兩會重啟協商、開放大陸媒體駐台等等開放性的善意措施都已經在實行中，預期兩岸在經濟、資源開發、打擊犯罪等等層面都會有進一步的合作。

　　在展現建立軍事互信機制的善意方面，其實馬英九政府從就職之後就已宣稱爾後將採「守勢國防」，也無意願與大陸進行軍備競賽。在實際做法上，諸如配合募兵制而推動的兵力規模降低重整，以及推遲對美軍購等作為其實在某一程度上均可解讀為乃係配合性的措施。[39]

---

[38] 亓樂義，「增信釋疑：兩岸軍事交流悄然展開」，《中國時報》（台北），民國98 年 3 月 23 日，版 A8。

[39] 根據「四年期國防總檢討」的規劃，我總兵力預計將進一步降至 21.5 萬員，全募兵制則預計於 2014 年 12 月達成。《中華民國九十八年四年期國防總檢

　　事實上，早在就職初期，國防部長陳肇敏就在立法院施政總質詢之答詢時提出「兩岸軍事互信機制」的政策綱領草案，其中包括有公布「國防報告書」、預先公告演習活動、保證不率先攻擊、遵守「不發展、不生產、不取得、不儲存、不使用」核子武器的核武「五不」政策等內容。近程階段希望建立軍事互信機制，中程階段希望兩岸簽署「海峽共同行為準則」，遠程階段則簽定和平協議，結束兩岸敵對，確保台海和平穩定。[40]

　　綜上所述，其實在廣義的層面上，兩岸對於軍事互信均抱持正面的態度，雖說在時間點、優先順序、實質交流內容等面向或有不同意見，惟大體言之兩岸之間建立軍事互信機制的環境其實已經成熟。因此，目前應思考的問題應該是在：以現況而言，兩岸應如何來落實？

肆、具體措施與作為—代結語

　　有關軍事互信機制的實際作法及施行步驟的相關研究甚多，像是定期公佈國防報告書、演習資訊發布、國防總檢討等宣示性與透明性措施；領導人熱線、軍事人員對話、交流、互派聯絡官等溝通性措施；演習規模、時機限制、武器部署地點數量規範等限制性措施；開放軍事基地、武器設施檢查等查驗性措施等等，均已有學者

討》，頁 10。
[40] 《中國時報》(台北)，民國 97 年 6 月 3 日，版 A4。

作過不同面向之研究。[41]另台灣近年來各版的國防報告書中也均闢有專章詳述軍事互信機制的實質作法。由於相關研究已頗為齊備，此處不再贅述。唯也由於兩岸目前雖說已具備建立軍事互信的意願，卻也由於對於實質意涵、實施期程、內容、方式的眾說紛紜，莫衷一是，因此雙方對於彼此的具體政策與立場也仍處於混沌不明的狀態。

即便如此，綜整相關研究後，其實仍舊可以歸納出若干共識原則：

一、先同後異

此一原則其實就是「擱置爭議」原則的進一步發揮。蓋目前兩岸關係和緩的主要因素即在於現階段擱置政治上的爭議，先求其同，爾後再尋求解決歧異之道。軍事互信上的思考亦應如此，亦即先思考兩岸軍事除了對峙的面向之外，是否仍有其他面向？事實上是有的，南海主權之維護就是很好的起始點。

從地緣環境來看，台灣目前佔有的東沙島距離台灣 450 公里，南沙太平島則距離台灣 1600 公里，中間還隔著菲律賓，怎麼說都算不上是周邊領土。而台灣之所以能躋身越南、馬來西亞、汶萊、菲律賓等鄰近聲索國之列，主張擁有南海主權的根據即在於傳統中國的主權概念。易言之，即便六十年來兩岸的主權概念以及對彼此

---

41 翟文中，「兩岸軍事信心建立措施的建構：理論與實際」，《國防政策評論》，第 4 卷，第 1 期，2003 年秋季，頁 18-63。翟文引用國內外軍事互信相關研究頗為齊備。

之主張已有變動。然至少就南海地區而言，大陸與台灣均係依據同一主權概念來主張擁有南海地區主權的。這就形成一個主權主張內、外有別的情形。也就是說，兩岸之間誰代表中國是屬於兩岸內部的問題，而此一爭議均不影響彼此對南海地區的主權主張。對越、馬、汶、菲四國而言，則無論大陸或台灣，其主張的依據都是「中國」。[42]

而在這樣的前提下，兩岸軍事部門就可以合作遂行護漁、海盜緝捕、海域禁制等傳統性安全作為，甚或人道救援、船難救助、強化海事安全等非傳統性安全作為。亦即，兩岸可以在沒有主權爭議的狀況下，共同維護南海主權。任何歧異部分則留待爾後再來設法解決。

二、先民後官

此一原則亦非新創，就是以二軌代替一軌、以「白手套」處理爭議性議題的作法。事實上，多年來兩岸以民間身分進行的「代理人」或「信差」的交流從來也未曾中斷過，學者、專家、民代穿梭兩岸間本就不是新鮮事。不過純就軍事互信而言，在「先民後官」的原則下以退役軍人，尤其是高階將官來實施會比較好些。原因亦不難理解：

---

[42] 在此一層面上，台灣完全無法迴避「中國」這個框架。蓋台灣一定要主張代表中國，或擁有中國主權才能維持佔有東、南沙的正當性。而從傳統中國 U 型歷史水域涵蓋東、南沙的觀點來看，台灣甚至很難迴避「一中」的框架，因為無論是「兩個中國」或「一中一台」都不足以賦予台灣佔有東、南沙的正當性。

首先，軍事互信牽涉軍事專業，老將雖說已不在其位，然專業還在、經驗還在。更何況目前國防部所規劃的軍事互信機制，有些說不定原先還是出自老將之手。專業資格自是不在話下。

其次，若能與解放軍退役將領對話，則同屬退伍職業軍人，專業語言相通、想法類似，能夠直接切入核心議題，也容易平衡兼顧理想與現實。

再者，目前主導軍事互信機制之現職人員說不定還是老將之前部屬，袍澤之情、提攜之誼仍在，也讓二軌到一軌的信息溝通順暢無礙。

事實上，兩岸退伍軍人交流也早已在進行中。[43]不過一方面並未獲得授權，另一方面也多無特定目的，因此多流於吃飯、打球、旅遊等聯誼成分居多的活動。其實若能妥善規劃，應當能發揮相當的功能。至於交流平台，諸如黃埔校友會、孫子兵法學會、中央軍校校友總會等均是適當的選項。

三、先易後難

此一原則是常識，卻也是千古不易的真理。所謂「合抱之木，生於毫末；九層之臺，起於累土；千里之行，始於足下。」不從簡單、事務性的交流開始，就永遠無法真正進入軍事互信的核心議題。

---

[43] 早於 2001 年 7 月，前總政戰部主任許歷農上將即曾率 40 餘位退役將領到北京參加七七抗戰紀念活動。亓樂義，「兩岸軍事互信：扁 7 年前授意研究」，《中國時報》（台北），民國 98 年 3 月 5 日，版 A6。

　　也因此，在實質運作上就可以先進行諸如軍事學術研討會、軍文職人員參予第三地訓練班次、智庫，甚或緝私、救難等非傳統性安全事務之合作。[44]再如以目前海基、海協兩會商談之密切與頻繁，兩岸各派工作層級軍事人員先以觀察員身分參予各項會商，也並不為過。

　　其實初階段的軍事互信與交流意在建立接觸、建立慣例、建立互信的基礎，也因此互信機制的內容在此一階段並不是那麼重要。只要有接觸，甚至單純到雙方派員來統一軍語辭典上用語的層級亦未嘗不可。[45]

　　總之，所謂的「先易後難」指的就是立即著手進行已有共識、急迫事務性、或非敏感性、非傳統安全性等相關的議題。

四、先點後面

　　先點後面指的就是先個案後整體，依循序漸進的方式，針對某一合作事項先逐案完成，再逐步推動。易言之，兩岸可以先從某一特定措施作起，再從成功的經驗上複製作法，從單一案件直至系統

---

[44] 有消息指出，2009 年 8 月兩岸現役軍人將同時參加美國亞太安全研究中心在夏威夷舉辦的「跨國資深官員安研班」。此一消息雖經雙方否認，然無論真實與否，都應該是兩岸建立互信機制所應遵循的正確方向。亓樂義、吳明杰，「國防部否認兩岸 8 月聯合軍演」，《中國時報》（台北），民國 98 年 4 月 1 日，版 A12。

[45] 亓樂義，「軍事互信可從統一軍語辭典做起」，《中國時報》（台北），民國 98 年 2 月 6 日，版 A6。

性、慣例性、甚或定期性的實施。衡諸事實，兩岸其實已經有類似的先例。

舉例而言，台灣中華搜救協會早於 1995 年就與隸屬中國大陸交通部的中國海上搜救中心達成兩岸海上救難「訊息通報」默契。多年來經由協會聯繫完成的救難通報達 500 多次，經兩岸通報救起生還者已達千人。如 2005 年 5 月華航澎湖空難事件的隔天下午，大陸即已派出二艘救難船和大批漁船，協助搜尋失蹤人員。再如 2008 年 2 月，廈門籍「同安」號客輪意外發生大火，所幸兩岸救難船舶及時趕到救援。由於合作經驗愉快，成效良好，雙方遂自行規劃，並於 2008 年 10 月舉行了「金廈小三通海上聯合搜救演習」。[46]演習過程雖不到一小時，然卻是長達 13 年努力的總驗收，預期也將是爾後雙方長期合作的良好開始。

此一案例適足以彰顯出從單一個案到整體系統性合作的發展歷程，可作為爾後從點到面的基礎。

總之，兩岸軍事互信機制之建立此正其時，蓋台灣多年的呼籲已經獲得大陸正面的回應，研判軍事互信應該已經形成對大陸台政策之一部份。此時應是落實互信機制的最佳時機。

其次，馬英九政府守勢國防的規劃有部分原因固然是因應現實台海戰略態勢的需求，其實真正著眼的是還是善意的釋出，以及維持台海和平意願的展現。

---

[46] 亓樂義，「搜救演習：為軍事互信邁出首步」，《中國時報》（台北），民國 98 年 2 月 23 日，版 A6。

　　再者，在某一程度上，兩岸互信機制其實已經逐漸展開，部分更已經具體落實。誠然，個別、零星的合作自有其幫助以及正面意義，然兩岸仍應在已有共識的狀況下，依循先同後異、先民後官、先易後難、以及先點後面等諸原則，循序漸進，為兩岸和平建立堅實的基礎。

胡錦濤時期中共軍事戰略指導：繼承與變革

吳建德
（樹德科技大學通識教育學院副教授）
張蜀誠
（樹德科技大學通識教育學院兼任助理教授）

壹、前言

2008 年 12 月下旬，中共破天荒啟動自建政以降首見的索馬利亞（中共稱為索馬里）與亞丁灣海域遠程護航行動，使得中共國防戰略性質與兵力投射能力意圖再度成為國際政治與軍事輿論焦點。對於中共軍事發展，儘管專家們對於中共軍事現代化的能力增長存在高度共識；但是，對於其軍隊建設的戰略構想、對國際現有軍事戰略平衡是否形成衝擊，以及中共作戰能力增長究竟是和平抑或威脅等議題卻始終存在相當程度的爭論，此次遠程護航行動亦不例外；雖然，在國際法與國內法的支持，以及索馬利亞政府當局的邀請下，具有無可爭議的合法性與正當性，並且獲得包括聯合國秘書長潘基文（Ban Ki-moon）與美國太平洋艦隊司令穆倫（Adm. Mike

Mullen）等人的支持。但卻仍然引發周邊國家，包括日本、印度，以及美國等國家的疑慮，甚至視中共海軍此次護航為其國家安全威脅的信號。事實上，自冷戰結束後，中共整體綜合國力與軍力之提升，世界各國有目共睹，近些年美國歷任總統莫不希望與中共發展建設性夥伴關係，期望在更多國際事務上獲得中共之奧援，並藉以改善關係，以促進區域和平與穩定。[1]由此顯示，世界主要國家對中共發展之關係，不言可喻。

此外，依據美國國防 2009 年 3 月向美國國會呈交《2009 年中華人民共和國軍力報告書》指稱，自從馬英九當選總統後，兩岸關係日益趨緩，北京也陸續釋出善意，兩會復談與兩岸交流熱絡；嗣後，海協會長陳雲林訪台，兩岸進入紓緩期；但是，解放軍針對台灣的軍力部署，並未因兩岸關係的和緩而明顯減少，兩岸形勢並未明顯改變；儘管，中共聲稱希望以和平統一為基調，唯仍不願放棄對台使用武力。[2]所以，中共軍方對台灣之軍事部署，並未隨兩岸關係和緩而放鬆，以台灣為假想敵之短程彈道飛彈已逾一千零五十枚，並且以每年以一百枚以上速度在增加。[3]國內中共軍事專家亓樂義訪談我方專研中共飛彈的退役將領指出，中共保持八百枚彈道飛彈，足以對全台形成戰略威懾；從安全環境上看，中共與周邊國

---

[1] George W. Bush 著，曹雄源、黃文啟譯，《布希政府時期國家安全戰略》（The National Security Strategy of The United States of America, 2000, 2006）（桃園：國防大學，2008 年），頁 54-56。

[2] Department of Defense of U.S., Annual Report to Congress: Military Power of the People's Republic of China 2009（Washington, DC：DoD, 2009）,詳參 http://www.defenselink.mil/pubs/pdfs/China_Military_Power_Report_2009.pdf

[3] Ibid.

家握手言好，台海局勢過去幾年雖緊張，還不至於引發戰爭；因此，根本沒有量產飛彈的緊迫性。[4]所以，雖然目前兩岸關係日漸和緩，唯中共仍是我國生存上的最大威脅。因此，對於中國戰略是否改變過去防禦性質，並打破過去的「和平」主線，更加強調軍事鬥爭以確保國家安全與利益，實有必要針對胡錦濤時期的軍事戰略思想進行分析，以利我國建軍備戰之參考。

因此，本文嘗試從「協調」的角度，[5]審視解放軍軍隊建設的四想主要指標，也就是軍隊性質、軍隊戰略地位、軍隊敵友關係，以及軍隊當前的任務。在胡以「和諧」為戰略主調的思維下，上述指標可以透過「科學與政治」、「經濟與國防」、「敵人與夥伴」與「和平與鬥爭」等四方面進行分析。

貳、科學與政治相協調

共軍自建軍以來即存在「紅」與「專」之問題，即是政治與軍事專業兩大路線之爭。鄧小平上台之後，開始對解放軍進行調整，並提出「現代條件下人民戰爭」，[6]從此意識型態的重要性相對下

---

[4] 亓樂義，「專家：對台飛彈總量更以質取勝」，《中國時報》，2009 年 3 月 27 日，版 A12。

[5] 「十七大報告解讀：科學發展觀基本要求是全面協調可持續」，《新華網》，2007 年 11 月 13 日，網址：http://news.xinhuanet.com/newscenter/2007-11/13/content_7062080.htm。

[6] Harlan W. Jencks, "People's War Under Modern Conditions, Wishful Thinking, National Suicide, or Effective Deterrent？" *The China Quarterly*, No.98（June

降，而過去視為「資本主義軍事」的現代化建設方案，則重新獲得重視。江澤民擔任軍委主席期間，進一步以「高技術條件下局部戰爭」、[7]「兩個轉變」，要求共軍走向科技建軍，並從數量型轉向質量型。以及必須「努力完成機械化和信息化建設的雙重歷史任務，實現共軍現代化的跨越式發展」，[8]作為共軍軍隊建設指導綱領。由此可知，解放軍在發展過程中，越來越著重於物質與科技的發展；然而，政治性質重要性相對有所下降，但基於「黨指揮槍」的現實需求，其政治意涵亦由過去獨重意識型態，逐漸與民族主義相結合；因此，鄧小平強調「四個堅持」與軍隊「革命化」；江澤民在推動現代化發展的同時，也要求軍隊「政治合格」，在「打得贏」同時也必須做到「不變質」。[9]

胡錦濤對軍事變革議題，同樣表達出非常重視態度，胡指出，積極推進中國特色軍事變革，是共軍現代化建設的一項戰略任務。[10]對於信息條件下軍隊任務，胡錦濤則提出「三個提供、一個發揮」，[11]顯示胡意圖在江澤民的軍隊建設基礎上，更進一步調和21世紀解放軍現代化與政治性關係。

1984），pp.305-320.

[7] 莫大華，「中共『軍事事務革命之分析──資訊戰的探討』」，《中國大陸研究》，第 41 卷，第 11 期（民國 87 年十一日），頁 51。

[8] 江澤民，「在中國共產黨第十六次全國代表大會上的報告」，《解放軍報》，2002 年 11 月 17 日，版 1。

[9] 黃國柱、曹智、王文傑，「江澤民強調：全面貫徹『三個代表』重要思想和十六大精神積極推進中國特色軍事變革」，解放軍報，2004 年 9 月 7 日，版 1；付剛，「江澤民在國防科大成立 50 周年慶祝大會上講話全文」，南方網，網址：http://www.southcn.com/news/china/important/200309011251.htm。

[10] 「現代軍事評論：積極推進中國特色軍事變革」，《解放軍報》，2005 年 04 月 26 日，版 1。

[11] 亦即軍隊要為黨鞏固執政地位提供重要的力量保證，為維護國家發展的重

一、科學發展觀

胡錦濤在中共十六屆三中全會時提出要「認真落實科學發展觀」，[12]科學發展觀，按照北京的說法，是根據新世紀新階段黨和國家發展全局需要，總結中國發展實踐，借鑒國外發展經驗，適應新的發展要求所提出；[13]其目的在於應對中國所遇到的各項挑戰。[14]到了「十七大」則進一步將科學發展觀作為鄧小平理論、「三個代表」的思想繼承，作為「中國特色社會主義理論體系」的重要組成部分。[15]至此，科學發展觀已成為中共第四代領導集體提升中共執政能力的核心策略。[16]

要戰略機遇期提供堅強的安全保障，為維護國家利益提供有力的戰略支撐，為維護世界和平與促進共同發展發揮重要作用。

[12] 程瑛、骨金章，「總後勤部部長廖錫龍談解放軍後勤變革內情」，《瞭望東方週刊》，2006 年 01 月 19 日。

[13] 潘璠，「以什麼態度踐行科學發展觀」，《中國青年報》，2008 年 11 月 17 日，版 9。

[14] 中國社會科學院學部委員、馬克思主義研究院院長程恩富便表示，科學發展觀目的在於應對中國目前面臨的許多挑戰。孫聞、易凌、呂雪麗，「中國共產黨完善治國理政方略：科學發展惠及百姓」，新華網，2008 年 9 月 27 日，網址：http://news.xinhuanet.com/theory/2008-09/27/content_10115279. htm；徐崇溫，「科學發展觀反映了當代世界最新發展理念」，《北京日報》，2008 年 12 月 8 日，版 6；「科學發展觀是發展中國特色社會主義必須堅持和貫徹的戰略思想」，《人民日報》，2007 年 11 月 7 日，版 1。

[15] 陸浩，「最根本的是要深入貫徹落實科學發展觀」，《求是》，2008 年第 2 期，頁 9；鄭新立，「科學發展觀是中國特色社會主義理論體系最新成果」，《光明日報》，2008 年 12 月 10 日，版 1；「胡錦濤主持召開政治局會議　研究

在政治經濟確立「科學發展」方針同時，中共軍方也強調必須以科學發展觀為指導，中國國防白皮書指出，中國堅持把科學發展觀作為國防和軍隊建設的重要指導方針，[17]著眼於適應世界新軍事變革的發展趨勢，立足中國的國情和軍情，逐步把共軍建設成為信息化軍隊。[18]為建立官兵的共識，共軍將「學習貫徹科學發展觀」作為軍隊和武警部隊建設的主線。到 2007 年為止，不僅團級以上領導幹部理論輪訓率達 90%以上，並有高達數萬名團以上領導幹部下基層宣講科學發展觀。[19]

從中共軍方針對「科學發展觀」政策的支持言論內容，可以看出解放軍與黨一致，將其視為對毛澤東、鄧小平與江澤民軍隊建設思想的繼承。「科學發展觀」可歸納下列三個主要方向：

部署學習實踐科學發展觀活動工作」，新華網，2008 年 9 月 5 日，網址：http://news.xinhuanet.com/politics/2008-09/05/content_9807743.htm。

[16] 李志偉，「中央有關單位深入學習實踐科學發展觀活動試點工作紮實推進」，新華網，2008 年 7 月 17 日，網址：http://news.xinhuanet.com/newscenter/2008-07/17/content_8561527.htm；譚浩，「深入學習實踐科學發展觀活動試點工作召開總結會議　李源潮講話」，新華網，2008 年 9 月 3 日，網址：http://news.xinhuanet.com/newscenter/2008-09/03/content_9764874.htm。

[17] 「中國政府發表《2008 年中國的國防》白皮書」，新華網，2009 年 1 月 20 日，網址：http://news.xinhuanet.com/newscenter/2009-01/20/content_10688192_1.htm。

[18] 「專家解讀胡錦濤軍事變革思想：慎戰又要敢戰」，華夏經緯網，2007 年 06 月 14 日，網址：http://mil.news.sina.com.cn/2007-06-14/0955449509.html

[19] 「肩負新的使命　推進國防和軍隊建設──八談認清形勢　振奮精神」，《人民日報》，2007 年 8 月 30 日，版 1。

（一）解放思想、實事求是

對中國而言，一部改革開放史就是一部思想解放史。[20]北京認為，只有堅持解放思想，才能為中國未來發展開創新的局面。[21]因此，胡錦濤主持紀念中共的十一屆三中全會 30 周年大會時強調，要繼續解放思想。改革開放以來，共軍坦承在思想解放上有明顯的進步，但仍與形勢任務的要求不相適應。[22]顯示軍隊能不能繼續解放思想，直接關係到部隊建設的科學發展，關係到新世紀新階段共軍作戰能力的提高。[23]因此，要求清理那些不適應不符合科學發展要求的習慣思維、陳舊觀念、過時做法，切實把思想解放到科學發展觀的要求上來。[24]

胡錦濤強調，一定要「堅決破除一切阻礙科學發展觀落實的觀念，堅決糾正一切偏離科學發展觀的行為，真正把思想方法轉到科

---

[20] 沈實祥，「貫徹落實科學發展觀必須深化改革開放」，《學習時報》，2007 年 11 月 20 日，版 4。

[21] 季建業 中共江蘇省揚州市委書記，「解放思想與推動科學發展」，《黨建研究》，2008 年 9 月 2 日，網址：http://news.xinhuanet.com/theory/2008-09/02/content_9753025.htm。

[22] 在一些單位和個人身上，不同程度地存在固步自封、畏首畏尾的思想作風，主觀主義、形而上學的思維方式，憑老經驗、老章程辦事的習慣做法，墨守成規、不思進取的守攤意識，不計成本、不講效益的決策觀念，等等。

[23] 尹華，「落實科學發展觀：改革征途的新起點」，《中國青年報》，2008 年 12 月 11 日，版 5。

[24] 「軍事領域須把握解放思想這個精髓」，《解放軍報》，2008 年 12 月 22 日，版 1。

學發展觀的要求上來」。[25]解放思想，就是實事求是，不迷信任何事物，也不侷限於僵死的框框套套。[26]對共軍而言，意味著不能在像過去一般堅持毛澤東的「人民戰爭」思想框架，在另一方面也反對照抄西方模式，而是必須從「基於能力」軍隊建設原則出發，透過辯證法的批判性思考，推進軍事領域改革創新，並將之整合轉化為現實戰鬥力。[27]

（二）查找問題，對症下藥

胡錦濤對解放軍指出，解放軍建設的主要問題是，「現代化水準與打贏資訊化條件下局部戰爭的要求不相適應，軍事能力與新世紀新階段我軍歷史使命的要求不相適應。」面對這「兩個不相適應」，必須查找完成多樣化軍事任務存在差距，方能提高軍事發展觀建設實效。[28]在胡要求下，自 2008 年下半年起解放軍依據「學習實踐科學發展觀」進行問題分析檢查，同時針對部隊問題廣泛徵求意見，深刻分析原因以策定改進方向。[29]

---

[25] 陳振陽、孫豔紅，「科學發展觀指導作用將貫穿在中國特色軍事變革的創新之中」，《解放軍報》，2006 年 5 月 18 日，版 2。

[26] 莘嵐，「落實科學發展觀關鍵要實現五個轉變」，新華網，2008 年 10 月 4 日，網址：http://news.xinhuanet.com/theory/2008-10/04/content_10137896. htm；楊文學，「解放思想就是不迷信任何事物」，新華網，2008 年 9 月 24 日，網址：http://news.xinhuanet.com/theory/2008-09/24/content_10027056.htm

[27] 粵訓、博道，「在新的形勢下推動軍事訓練科學發展」，《解放軍報》，2008 年 12 月 4 日，版 1。

[28] 趙丕聰、賴兵，「國際金融危機背景下：中國正迎來又一次歸國潮」，新華網，2008 年 11 月 29 日，網址：http://news.xinhuanet.com/newscenter/ 2008-11/29/content_10429337.htm

[29] 李宣良、潘慶華，「全軍深入學習實踐科學發展觀活動分析檢查階段綜述」，

（三）以人為本，官兵並重

中共「十七大」提出，科學發展觀 核心是「以人為本」。[30]《社會科學報》評論員文章指出，「思想解放，說到底是人的因素的進一步解放」。[31]此外，幹部是帶領群眾前進的火車頭，在推動科學發展、促進社會和諧中具有重要作用。[32]因此，「以人為本」也意味著幹部在推動科學發展觀的核心地位。[33]對此，胡錦濤要求領導幹部帶頭做起，[34]以解決由於幹部思想、作風、能力素質與推動科學發展的要求不相適應，因而對於政策推動所造成的負面阻礙問題。[35]這樣的情況，也反映在中共軍隊建設方面。[36]

新華網，2009 年 2 月 3 日，網址：http://news.xinhuanet.com/newscenter/2009-02/03/content_10757971.htm。

[30] 中共 16 大即已提出，請參見常雪梅，「樑柱解讀科學發展觀核心：以人為本就是以人民為本」，中國共產黨新聞網，2007 年 11 月 16 日，網址：http://news.xinhuanet.com/newscenter/2007-11/20/content_7109583.htm；「十七大報告解讀：科學發展觀核心是以人為本」，新華網，2007 年 11 月 12 日，網址：http://news.xinhuanet.com/newscenter/2007-11/12/content_7054717.htm。

[31] 社會科學報評論員，「思想解放，說到底是人的因素的進一步解放」，《社會科學報》，2008 年 9 月 20 日，版 1。

[32] 中共河南省委書記徐光春，「以思想的新解放推動經濟社會的新發展」，《人民日報》，2008 年 8 月 29 日，版 8。

[33] 李抒望，「牢牢把握科學發展觀的根本」，《濟南日報》，2008 年 11 月 20 日，版 2；李培林，「深入學習實踐科學發展觀重在實踐」，《光明日報》，2008 年 11 月 19 日，版 6。

[34] 「胡錦濤在全黨深入學習實踐科學發展觀活動動員大會上發表重要講話」，新華網，2008 年 9 月 20 日，網址：http://news.xinhuanet.com/newscenter/2008-09/20/content_10081662.htm。

[35] 人民日報評論員，「把貫徹落實科學發展觀提高到新水準」，《人民日報》，2008 年 9 月 28 日，版 1；王玉明，「踐行科學發展觀必須提高幹部的執行

1. 在幹部方面

中共人民解放軍基於建設資訊化軍隊需求，想方設法提高軍隊幹部素質。[37]目前，在人才建設方面已取得了階段性成果。共軍將領當中已經出現了碩士、博士，[38]其中，南京軍區某集團軍具有大學本科以上學歷的基層幹部大約占基層幹部的 75%，成為一線帶兵人的主力。[39]反映出中共培養軍官和指揮官方向。近年來，共軍分別與清華、北大等知名高校合作，每年選送技術幹部參與科研攻關和學習研究。[40]除了現有軍校管道之外，共軍也開始採用依托社會教育體系管道策略，以更有效率地提升幹部素質。目前依託培養高校達到 116 所，有高達 6 萬多名地方大學畢業幹部在軍隊中服役，全解放軍幹部本科以上學歷占到 67.7%。[41]

力」，新華網，2008 年 9 月 27 日，網址：http://news.xinhuanet.com/theory/2008-09/27/content_10115279.htm。

[36] 姜明，「解放軍必須優先提高軍事人才資訊素質」，《解放軍報》，2009 年 2 月 17 日，版 8。

[37] 白馬，「中國軍事變革與武器選擇」，《艦船知識》，第 5 期，總 344 期，2008 年 5 月，頁 26-29。

[38] 張羽，「解放軍新十大上將學歷高　平均年齡 61.7 歲」，新浪軍事新聞網，2006 年 8 月 3 日，網址：http://jczs.news.sina.com.cn/p/2006-08-03/2313388258.html。

[39] 代烽、周林，「解放軍實兵演練高學歷幹部逐漸凸現擔當主角」，《解放軍報》，2009 年 2 月 8 日，版 5。

[40] 李超軍、趙波，「解放軍總裝備部九百博士碩士成一線指揮人才」，《解放軍報》，2009 年 2 月 22 日，版 4。

[41] 「肩負新的使命　推進國防和軍隊建設──八談認清形勢　振奮精神」，《人民日報》，2007 年 8 月 30 日，版 1。

2.士兵方面

在現有兵員方面素質提升方面，從 2007 年起，解放軍以綜合素質評估士兵的能力方式，篩選出 16000 名基層戰鬥崗位士兵，送往軍校接受大專和中專學歷教育，[42]以適應中國特色軍事變革對士兵人才的要求；顯示出士兵的文化素質呈上升趨勢。在「以人為本」的科學發展要求下，解放軍四總部聯合制定《全軍 2006-2010 年在職科學文化教育規劃》預劃至 2010 年為止，共軍本科以上學歷幹部達到 80%以上，初、中、高級士官分別獲得相應專業技能資格；更多服役期滿的義務兵達到高中文化水準。[43]

（四）自主創新能力

經過 30 年改革開放的發展，中國綜合國力明顯提升，但科技水準總體還比較低。中國經濟實力競爭力列第 5 位，而科技競爭力只位列第 28 位。[44]因此，對北京而言，綜合國力要持續發展，關鍵要靠科技自主創新，加大對自主創新的投入力度。特別要加強基礎領域研究，改變基礎研究薄弱、科技創新原動力不足的狀況。[45]

---

[42] 沙功平、張雲鵬，「解放軍 1.6 萬士兵將邁進 35 所軍校接受學歷教育」，《解放軍報》，2007 年 7 月 22 日，版 4。

[43] 康海龍、周奔，「2010 年解放軍本科以上學歷幹部將達 80%以上」，《解放軍報》，2006 年 9 月 25 日，版 4。

[44] 雷振嶽，「科學發展要消除思想障礙」，《中國紀檢監察報》，2008 年 9 月 26 日，版 1。

[45] 王興旺，「中國軍事能力歷史性轉型將提升國家戰略能力」，《解放軍報》，

中共認識到，面對激烈的國際競爭，任何發達國家都不可能把涉及國家根本利益的技術轉讓給競爭對手，[46]要想實現富國強兵的目標，就必須在提高自主創新能力，從而步入創新型國家的行列。[47]軍事領域是國家間競爭和對抗最為激烈的領域，也是最需要創新精神的領域。[48]中國國防白皮書指出，中共以改革創新為根本動力，推進國防和軍隊現代化。[49]

根據「十七大」報告，軍事創新主要是在「推進軍事理論、軍事技術、軍事組織、軍事管理創新」等項。[50]對北京而言，要推進具有中國特色的軍事變革，沒有現成的範本可以照搬，需要以開拓探索精神，以理論創新推動軍事理論的完善，從而指導軍事變革的實踐。因此，要推進中國軍事變革，必須在軍事理論創新。[51]

2009 年 2 月 12 日，版 1。

[46] 引用中共海軍核潛艇一書作為引註。

[47] 「增強發展協調性，努力實現經濟又好又快發展」，新華網，2007 年 11 月 20 日，網址：http://news.xinhuanet.com/newscenter/2007-11/20/content_7109583.htm

[48] 「專家解讀胡錦濤軍事變革思想：慎戰又要敢戰」，華夏經緯網，2007 年 06 月 14 日，網址：http://mil.news.sina.com.cn/2007-06-14/0955449509.html

[49] 「中國政府發表《2008 年中國的國防》白皮書」，新華網，2009 年 1 月 20 日，網址：http://news.xinhuanet.com/newscenter/2009-01/20/content_10688192_1.htm

[50] 王冠中，「學習十七大精神　貫徹十七大精神：在全面建設小康社會進程中實現富國和強軍的統一」，《人民日報》，2007 年 11 月 19 日，版 6。

[51] 夏乃實，「現代軍事評論：以思維創新引領戰法變革」，《解放軍報》，2006 年 8 月 30 日；朱愛先「新軍事變革呼喚先進的軍事理論」，《解放軍報》，2004 年 4 月 26 日，版 6。

二、軍隊核心價值

　　推動軍隊確立「科學發展觀」的信條，對胡錦濤而言並不意謂揚棄解放軍的政治性質，而是依據「以黨領軍」與軍隊信息化建設的發展實際與需求，重新調整軍隊政治工作的內涵，[52]以達相輔相成效果。更重要的是，胡讓共軍能在專業化過程中「要始終堅持黨對軍隊絕對領導的根本原則」，[53]不因過度吸收外國軍事觀念與思想，發生類似前蘇聯與南斯拉夫共產政權軍隊倒戈的事件。[54]因此，2007 年 1 月，共軍總政治部在所發佈的《中國人民解放軍思想政治教育大綱》中，明確規定軍政訓練比例為 7：3 和 8：2 的部隊，年度教育時間分別為 54 個和 42 個學習教育日，已持續聽黨指揮的傳統。[55]之後，胡錦濤又提出「軍人核心價值觀」（如表 8-1 所示），要求共軍把培育核心價值觀作為思想政治建設的重要基礎工程來抓。胡錦濤指出，軍人核心價值觀是戰鬥力的重要源泉，是

---

[52] 譚浩、李亞傑，「寫在深入學習實踐科學發展觀活動試點工作結束之際」，新華網，2008 年 9 月 3 日，網址：http://news.xinhuanet.com/newscenter/2008-09/03/content_9765037.htm

[53] 「肩負新的使命　推進國防和軍隊建設──八談認清形勢　振奮精神」，《人民日報》，2007 年 8 月 30 日，版 1。

[54] 顧智明，「當代外軍軍人價值觀培育值得我軍借鑒」，《解放軍報》，2009 年 2 月 17 日，版 9。

[55] 「中國政府發表《2008 年中國的國防》白皮書」，新華網，2009 年 1 月 20 日，網址：http://news.xinhuanet.com/newscenter/2009-01/20/content_10688192_1.htm

表 8-1　胡錦濤軍人核心價值觀意涵一覽表

項次	項目	內涵
一	忠誠於黨	自覺堅持黨對軍隊的絕對領導，任何時候任何情況下都堅決聽黨指揮。
二	熱愛人民	忠實踐行全心全意為人民服務的根本宗旨，永葆人民子弟兵政治本色。
三	報效國家	堅決捍衛國家主權、安全、領土完整和人民民主專政的國家政權，為建設富強民主文明和諧的社會主義現代化國家貢獻力量。
四	獻身使命	就是要履行革命軍人神聖職責，愛軍精武，愛崗敬業，不怕犧牲，英勇善戰，堅決履行好黨和人民賦予的新世紀新階段軍隊歷史使命。
五	崇尚榮譽	就是要自覺珍惜和維護國家、軍隊、軍人的榮譽，視榮譽重於生命，自覺踐行社會主義榮辱觀，弘揚革命英雄主義和集體主義精神。

資料來源：徐壯志、曹瑞林，「胡錦濤：從五方面大力培育當代革命軍人核心價值觀」，新華網，2008 年 12 月 30 日，網址：http://news.xinhuanet.com/newscenter/2008-12/30/content_10581494_1.htm。

必須十分珍視的政治優勢。因此必須聽黨指揮，真正做到打得贏、不變質。[56]從此處可以看出，胡錦濤的軍人價值觀，是在江澤民軍隊政治建設基礎上的進一步發揮。

　　正如胡錦濤的發言指出，軍人核心價值觀的各個要素是互相聯繫的，其核心在於「黨的領導」。[57]因此，胡的價值觀可謂以「黨

---

[56] 徐壯志、曹瑞林，「胡錦濤：從五方面大力培育當代革命軍人核心價值觀」，新華網，2008 年 12 月 30 日，網址：http://news.xinhuanet.com/newscenter/2008-12/30/content_10581494_1.htm。

[57] 「崇尚榮譽 軍人的第二生命」，《解放軍報》，2009 年 1 月 10 日，版 1。

指揮槍」原則為核心的價值觀。對此，胡錦濤在視察第二炮兵時強調，當前的首要政治任務，是聽黨指揮履行使命。[58]另一方面，解放軍也針對「不變質」的要求，表達支持態度。「十七大」軍方代表表示，解放軍堅決反對政治上的自由主義，確保「一切行動聽從黨中央、中央軍委和胡主席的指揮」[59]中共中央軍委副主席徐才厚亦撰文指出，「培育當代革命軍人核心價值觀，首要的就是要強化忠誠於黨的政治意識。特別是在當前敵對勢力大肆鼓吹『軍隊非黨化、非政治化』、『軍隊國家化』的形勢下，鑄造我軍官兵忠誠於黨的政治品格，尤為重要。」[60]

可見所謂軍人核心價值，只不過是共軍因應新時代、新環境的特性，所訂定新的堅持「黨指揮槍」的策略，其「反軍隊國家化」本質並沒有任何改變。關於此點，正如《解放軍報》社論所指出，「一些西方國家加緊對我國實施西化、分化戰略，各種敵對勢力加緊在意識形態領域對我國進行滲透破壞活動，不可避免地對官兵思想觀念、價值追求產生影響。胡提出的核心價值觀的基本內容，明確規定了解放軍官兵的根本價值取向和行為準則，既體現了共軍優良傳統，又賦予了新的時代內涵。共軍作為擔負特殊政治任務的武裝集團，只有確立既能夠反映共軍本質特徵又具有時代精神的核心

---

[58] 曹智、張選傑，「胡錦濤：學習貫徹十七大精神　推動二砲建設又快又好發展」，新華網，2007 年 11 月 4 日，網址：http://news.xinhuanet.com/newscenter/2007-11/04/content_7010639.htm。

[59] 徐生　王士彬　歐世金，「始終堅持黨對軍隊絕對領導的根本原則」，《解放軍報》，2007 年 10 月 18 日，版 4。

[60] 徐才厚，「新形勢下軍隊思想政治建設——學習貫徹胡錦濤同志關於大力培育當代革命軍人核心價值觀重要論述」，《求是》，2009 年第 1 期，頁 3-6。

價值觀，並充分發揮其主導和引領作用，才能保證在多元價值觀中塑造主流精神，有效抵制各種腐朽思想文化的侵蝕，確保官兵政治上的堅定和思想道德上的純潔，確保始終成為黨絕對領導下的人民軍隊。」[61]

參、經濟與國防相協調

鄧小平主政後，將國家政策調整為以經濟發展為中心，同時解除軍隊臨戰狀態，轉為和平時期軍隊建設模式。由此，在經濟發展為大纛情況下，鄧小平要求軍隊要忍耐，要服從國家建設大局，國防現代化也位列「四個現代化」車尾，使得中共國防費用呈現低度發展現象，同時在政府總支出比例方面急遽萎縮。江澤民擔任中央軍委主席起，中共軍費由於國家經濟發展因每年平均成長 9.7%而初現成果、江掌握軍權需求，以及中國對波灣戰爭所領略到的教訓等諸般原因，啟動至今維持不贅的兩位數成長態勢。然而，即使如此，軍隊仍然必須服從國家經濟建設大局，因此在軍費增長方面，始終處於被動的姿態。

這樣的情況，到了胡錦濤時代開始有了明顯的轉變，領導人在全國性的黨代會政治報告，提出要「富國和強軍的統一」，可以說是中共史上首例。[62]李繼耐對此指出，「十七大」報告把國防和軍

---

[61] 「大力培育當代革命軍人核心價值觀」，《解放軍報》，2009 年 1 月 4 日，版 1。

[62] 「黨代會報告首提富國強軍統一　國防走強局」，中國新聞網，2007 年 10

隊建設擺在中國特色社會主義事業總體佈局的重要位置，為開創國防和軍隊現代化建設新局面指明了方向。[63]

一、經濟促進國防

中國逐漸從以「GDP 為重心」，轉而強調「可持續」戰略，[64]以免過度耗用而損及未來國家綜合國力的前途。[65]中共「十七大」報告強調，必須把建設資源節約型、環境友好型社會。[66]在這樣的前提下，在軍事投入上，共軍採取「有多大能力解決多大問題」策略，確定合理工作目標。[67]廖錫龍便強調，軍隊要自覺服從於國家經濟建設大局。[68]更甚者，中國粗放性經濟發展，儘管在經濟總量上取

月 20 日，網址：http://news.xinhuanet.com/mil/2007-10/20/content_6912001.htm

[63] 徐生，「李繼耐：大力加強軍隊思想政治建設」，《解放軍報》，2008 年 10 月 18 日，版 2。

[64] 人民日報評論員，「以科學發展觀為指導確保中央決策落實」，《人民日報》，2008 年 12 月 7 日，版 2。

[65] 綜合國力是一個國家基於自然環境、人口、資源、經濟、科技、政治、文化、教育、國防、外交、民族意志、凝聚力等要素所具有的綜合實力。有關中共對於綜合國力的論述，可參閱李方，《中國綜合國力論》（合肥：安徽科學技術出版社，2002 年）。

[66] 「把建設資源節約型、環境友好型社會的要求落實好」，新華網，2007 年 11 月 20 日，網址：http://news.xinhuanet.com/newscenter/2007-11/20/content_7109583.htm。

[67] 「量力而行　盡力而為——深入學習實踐科學發展觀活動系列評論之六」，《人民日報》，2008 年 11 月 15 日，版 1。

[68] 王士彬，「廖錫龍：提高軍隊革命化現代化正規化建設水準」，《解放軍報》，2008 年 10 月 18 日，版 2。

得全球第四、進出口總量位居第三的成果，並預計在 2034 年趕上美國，[69]但中國單位 GDP 能源消耗大約相當於世界平均水準的 3.28 倍，[70]高能耗、高排放導致的環境問題日益惡化，資源環境承載能力極度脆弱；顯然，如何節省與有效運用有限資源，相對而言比擴張軍費支出更顯迫切。

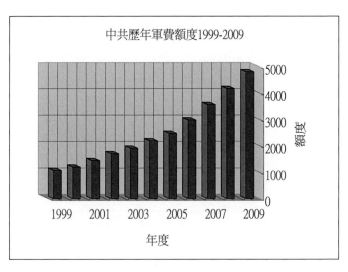

圖 8-1　中共歷年軍費額度圖

單位：人民幣，億元

資料來源：許紹軒，「中國軍費 4806 億人民幣　年增 14.9%」，《自由時報》，
　　　　　2009 年 3 月 5 日，版 3。

---

[69] Christian Le Miere, "Fool's Gold: The Myth of Chinese," *Jane's Intelligence Review*, Oct. 2008, pp.12-14.

[70] 盛克勤，「貫徹落實科學發展觀要做到四個積極」，《光明日報》，2008 年 11 月 13 日，版 6。

　　由上圖可以看出，大陸經濟的長期高速成長，在另一方面也為
共軍帶來了多項重大利多；首先，中國在軍備採購上，由於手頭寬
裕而與過去相較之下更加闊綽，連帶軍隊待遇、生活設施與福利也
獲得高度提升；其次，信息化經濟時代的到來，為解放軍提供所需
高素質兵員；更甚者，大陸科技水準的提升，奠定了解放軍自主研
發高科技武器裝備的良好基礎。因此，儘管中共軍費必須服從「可
持續發展戰略」的大局，但同時也前所未有的享受到經濟促進國防
的效益。

二、國防保障經濟

　　胡錦濤強調「必須站在國家安全和發展戰略全局的高度，統籌
經濟建設和國防建設。」[71]解放軍必須加強現代化建設，為國家提
供可靠的安全保障。[72]值得注意的是，國防專案建設也由於考慮經
濟發展的需要，對經濟建設的服務支援作用，[73]從戰略層面上統籌
謀劃國防經濟建設和國家經濟建設的協調發展。[74]

---

[71] 黃庭滿，「從十六大到十七大五年間　高揚科學發展的旗幟」，《經濟參考報》，2008 年 12 月 12 日，版 2；「在全面建設小康社會進程中實現富國和強軍的統一」，新華網，2008 年 1 月 13 日，網址：http://news.xinhuanet.com/newscenter/2008-01/13/content_7412790.htm。

[72] 武天敏，「中國軍隊登上世界新軍事變革風起雲湧的大舞臺」，《解放軍報》，2007 年 09 月 26 日，版 8。

[73] 徐生、王士彬，「實現富國和強軍的統一　軍代表們討論十七大報告」，《解放軍報》，2007 年 10 月 17 日，版 2。

[74] 陶社蘭，「專家：實現富國強軍需轉變中國國防經濟發展模式」，中新網，

　　在持續強調「經濟發展」的最優位階同時，中國逐漸提升國防發展的重要性，並形成「經濟與國防發展相適應」態勢，[75]以「實現富國和強軍的統一。」[76]積極強化國防實力以符合經濟利益需求，成為中國在 21 世紀處理經濟建設和國防建設關係的遵循的指導方針。[77]2009 年中國國防預算為 4806.86 億元人民幣，比上年的預算執行數增加 624.82 億元人民幣，增長率為 14.9%，[78]國防費預算占當年全國財政支出預算的 6.3%，與前幾年相比所占比重略有下降。中國的國防開支占國內生產總值總量比重約為 1.4%，而美國大約超過 4%，英國、法國等一些國家都在 2%以上。對此，李肇星表示，考慮到人口、國土面積等因素，中國的國防投入在世界各國當中，應該說是相對比較低的。[79]可以想見，今後中國仍將持續增強軍事費用額度，以與其經濟發展步率相協調。

2007 年 12 月 5 日，網址：http://news.xinhuanet.com/mil/2007-12/05/content_7202243.htm。

[75] 「中國政府發表《2008 年中國的國防》白皮書：國防政策」，新華網，2009 年 1 月 20 日，網址：http://news.xinhuanet.com/newscenter/2009-01/20/content_10688192_2.htm。

[76] 胡錦濤，「胡錦濤在黨的十七大上的報告」，新華網，2007 年 10 月 24 日，網址：http://news.xinhuanet.com/newscenter/2007-10/24/content_6938568.htm

[77] 「肩負新的使命　推進國防和軍隊建設──八談認清形勢　振奮精神」，《人民日報》，2007 年 8 月 30 日，版 1。

[78] 「中國 2009 年軍費 4806 億　年增 14.9%」，《中國時報》，2009 年 3 月 4 日，版 11。

[79] 「李肇星：中國一貫注重控制國防費規模」，新華網，2009 年 3 月 4 日，網址：http://news.xinhuanet.com/mil/2009-03/04/content_10941208.htm。

肆、和平與鬥爭相協調

　　毛澤東時期，由於一再企圖改變國際格局，因此不僅與美俄爆發過軍事衝突，也分別與我國、印度及越南爆發攸關主權的軍事糾紛；更甚者，中共還暗中支持包括印尼在內的國家內部政變。致使解放軍因為多次擔綱其進攻性外交的重要工具，因此成為威脅區域及全球和平的主要象徵。自 1978 年整個國家以改革開放為首要戰略目標之後，基於穩定外在環境的需求，加上對於國際情勢以「和平發展」為主要特色的詮釋，促使中國不僅將軍隊轉至和平時期軍隊建設方向，同時也因為更加強調防禦性而走向和平形象建構之路。王逸舟表示，「和平發展是我國在未來很長一段時間裏將堅持的道路，而建設和諧世界則是我國對不和諧的國際關係、不民主的國際政治提出的富有針對性的倡議。」[80]

　　為了妥善應付外在環境挑戰，胡錦濤指明，軍隊在 21 世紀的任務是「應對危機、維護和平」和「遏制戰爭、打贏戰爭」。[81]為此，必須能夠「應對多種安全威脅、完成多樣化軍事任務」。[82]由此可

---

[80] 錢彤、徐松、郝亞琳，「專家解讀十七大報告中的中國外交新理念」，新華網，2007 年 10 月 20 日，網址：http://news.xinhuanet.com/newscenter/2007-10/20/content_6914726.htm。

[81] 「解放軍已經將建設重點轉向海空與太空部隊」，新華網，2008 年 4 月 25 日，網址：http://news.xinhuanet.com/mil/2008-04/25/content_8047516.htm。

[82] 「解放軍須提高能戰度應對非戰爭軍事行動」，《解放軍報》，2008 年 6 月 25 日，版 1。

見，中共不僅由過去重視傳統安全，逐漸擴大至非傳統安全範疇。更重要的是，訂定出在非傳統安全方面，要做到「應對危機、維護和平」；在傳統安全方面，則強化「遏制戰爭、打贏戰爭」能力。[83]

一、應對危機，贏得和平

對北京而言，國家戰略能力不僅是國家在戰爭狀態下進行戰爭和贏得戰爭的能力，也是國家在非戰爭狀態下有效地預防危機出現、控制衝突升級和遏制戰爭發生的能力。[84]應付國家所遭遇各項危機，對內不僅有助於提供穩定的社會環境，持續發展經濟；對外更有利於提升國家地位，建構良善對外形象。關於這一點，可以分別從國內與國外非戰爭軍事行動進行分析：

（一）國內應對危機方面

1. 反制恐怖主義

21 世紀全球恐怖事件接連不斷，中國大陸也不例外。最令北京政府頭痛的是，西藏與新疆分離主義組織、宗教極端份子與恐怖

---

[83] L. C. Rusell Hsiao, "The Chinese Armed Forced and Non-Traditional Missions: A Growing Tool of Statecraft," *China Brief*, vol. IX, Issue 4, Feb. 20, 2009, pp.9-12.

[84] 解放軍報評論員，「全軍首要的政治任務——談認真學習貫徹黨的十七大精神」，《解放軍報》，2007 年 10 月 29 日，版 1。

主義團體，發動暴亂事件與恐怖攻擊事件，[85]企圖引起國際關注與輿論對中國的壓力，有利於達成其宗教或獨立的願望。[86]尤令北京擔心的是，有「境外勢力」介入疆獨與藏獨組織。[87]中共官方指出，中國境內外的「東突」分裂組織有 50 多個，其中 40 多個在境外活動，以東突厥斯坦伊斯蘭運動（東伊運）是東突勢力中最幾近的武裝恐怖組織，[88]並且多次聲言為「聖戰」而發動攻擊。[89]據統計，自 1990 年至 2001 年，新疆境內的東突恐怖份子至少製造 200 起恐怖事件。[90]

在美國「九‧一一」事件之後，由於大力支持美國全球對抗恐怖主義戰爭，因此得以將「東突」組織列為國際恐怖主義團體名單之中，使其高壓手段對付恐怖主義團體名單之中，使其高壓手段對付這些嚴重危害國家安全與統一的團體具備國際上的正當性與合法性。

---

[85] 紀碩鳴，紀碩鳴，「西藏喋血背後溫和路線被邊緣化」，亞洲週刊，第 22 卷第 12 期，2008 年 3 月 30 日，頁 30-5。

[86] 徐尚禮，「喀什恐怖案件　搜出聖戰宣傳」，中國時報，2008 年 8 月 6 日，版 11。

[87] 王銘義，「南航三〇七案　殷鑑不遠　人肉炸彈　維族的搏命攻擊」，中國時報，2008 年 8 月 15 日，版 4。

[88] 方華明，「外交部：新疆系列襲擊幕後有『東突』影子」，新華網，2008 年 8 月 14 日，網址：http://news.xinhuanet.com/mil/2008-08/14/content_9298488.htm。

[89] 「襲警案內情披露　兇徒聲言為聖戰」，文匯報，2008 年 8 月 6 日，版 2。

[90] 汪莉絹，「東伊運　疆獨激進組織」，聯合報，2008 年 8 月 5 日，版 13。

2. 應付疫病與自然災害

自胡錦濤擔任中共總書記以來，解放軍共組建 19 支抗洪搶險專業應急部隊，多次啟動應急機制參與 2002 年至 2003 年所爆發的 SARS 疫情、2007 年華東地區水災、2008 年年初的特大雪災與同年 5 月的汶川大地震等自然災害危機處理工作。[91]據估計，2007 至 2008 年，中共軍隊和武警部隊共計出動兵力 60 萬人次，各型車輛（機械）63 萬台次、飛機和直升機 6500 餘架次，組織民兵預備役人員 139 萬人次，參加抗洪、抗震、抗冰雪、抗颱風和滅火等救災行動 130 餘次，搶救轉移群眾 1000 萬人次。[92]

（二）在國際贏得和平方面：

1. 維和部隊派遣

目前，中國在聯合國維和行動中，成為全球第二大派遣國，直接參與人員遠遠超過持續減少的美軍人員。在非洲等重點地區，中

---

91 易予聖，「從國軍參謀觀點看川震救災的行動與支援力——檢視解放軍的反應力」，《尖端科技》，第 290 期，2008 年 10 月，頁 34-43；編輯部，「四川汶川大地震解放軍救災大事記」，尖端科技，第 286 期，2008 年 6 月，頁 22-31；楊南鎮，「救災中的衝鋒舟」，《艦船知識》，第 7 期，總 346 期，2008 年 7 月，頁 16-17；敖廣，「航空兵與抗震救災」，第 7 期，總 346 期，2008 年 7 月，頁 18-19。
92 「中國政府發表《2008 年中國的國防》白皮書：國防政策」，新華網，2009 年 1 月 20 日，網址：http://news.xinhuanet.com/newscenter/2009-01/20/content_10688192_2.htm。

國維和部隊所佔比例，不是第一就是第二。[93]前華盛頓戰略與國際問題研究中心中國部主任季北慈（Bates Gill）撰文指出，中國迅速加強參與聯合國維和行動一方面反映了中國政府希望提升其國際影響力的外交政策。[94]此外，維和中的文化傳播，無疑有助於北京增強其「軟實力」。[95]值得注意的是，參與國際維和任務的官兵，往往具有國內外非戰爭軍事行動經驗者。

2. 打擊國際海盜

海盜活動是國際非傳統安全的主要焦點，儘管與恐怖主義活動相似，但不同在於前者主要目的在於索取錢財與物資。[96]由於其搶劫手段越來越暴力，危害程度不下於一場正規戰爭。[97]根據國際海洋局（International Maritime Bureau）統計資料顯示，2006 年到 2007 年海盜攻擊事件攀升幅度高達 10%；[98]其中，索馬利亞的沿海地區

---

[93] 黃偉傑，「走向藍海的大國：中共海軍的索馬亞護航任務」，《全球防衛雜誌》，第 294 期，2009 年 2 月，頁 71。

[94] 王翰，「美媒：中國直接參與聯合國維和部隊人員遠超美國」，《環球時報》，2009 年 2 月 7 日，版 4。

[95] 溫慶生，「傳播中華民族文化是我維和部隊重要使命」，《光明日報》，2009 年 2 月 9 日，版 10。

[96] Jeffrey Gettleman , "Somali Pirates Tell Their Side: They Want Only Money", *The New York Times*, Sep. 30, 2008, p. A6; Jeffrey Gettleman , "Q. & A. With a Pirate: We Just Want the Money", *The New York Times*, Sep. 30, 2008, p. A6.

[97] 「軍事專家：海盜並不等於恐怖主義 但有相同之處」，新華網，2008 年 12 月 26 日，網址：http://news.xinhuanet.com/mil/2008-12/26/content_10561891.htm

[98] Pottengal Mukundan ,"Reported piracy incidents rise sharply in 2007", *International Chamber of Commerce*, Jan. 9, 2008,website: http://www.iccwbo. org/iccbiedg/index.html; Mike Nizza, "Pirate Watcher Adds Up Attacks for

與亞丁灣海域海盜活動猖獗，[99]被國際海事局列為世界上最危險的海域之一。[100]給國際航運和國際貿易帶來巨大威脅。[101]對於每年平均高達 60%貨運與商業船隻必須經過索馬利亞海域的中國而言，[102]2008 年 1 至 11 月，計有 1265 艘次商船通過該航線，其中有 20%受到海盜襲擊，[103]情況不可謂不嚴重。

中共海軍於 2008 年 12 月 26 日，派遣三艘作戰艦艇前往索馬利亞海域實施護航工作。[104]由於是中國自 15 世紀以來首次派遣軍事力量赴海外執行作戰任務，[105]因此引起國際輿論的關注。[106]中共

2007", *The New York Times*, Jan. 9, 2008, p. A6.

[99] Abukar Albadri and Edmund Sanders, "Somalia's pirate problem grows more rampant", *Los Angeles Times*, October 31, 2008, p.2.

[100] "Maritime Union Wants Somali Coast Declared a War Zone", *News VOA*, Nov. 5, 2005, website: http://www.voanews.com/english/archive/2005-11/Calls-Increase-for-Protection-in-Waters-Off-Somalia-Coastline.cfm?CFID=83050008&CFTOKEN=27446299.

[101] Sharon Otterman, "Human Smuggling Soars in the Gulf of Aden", *The New York Times*, Oct. 21, 2008, p.A6.

[102] Mark McDonald, "China Considers Naval Mission Against Pirates in Gulf of Aden", *The New York Times*, Dec. 18, 2008, p.A6.

[103] 「新華視點：亞丁灣鬥匪記──振華 4 輪逼退海盜」，新華網，2008 年 10 月 26 日，網址：http://news.xinhuanet.com/mil/2008-12/26/content_10562528.htm。

[104] 白瑞雪、朱鴻亮，「現場重播：海軍護航艦隊出征儀式全記錄」，新華網，2008 年 12 月 26 日，網址：http://news.xinhuanet.com/mil/2008-12/26/content_10563053.htm。

[105] "China navy off to hunt African pirates", *Bangkok Post*, Dec. 26, 2008, p.2; 「本次出征三個第一」，《文匯報》，2008 年 12 月 24 日，版 2；白瑞雪、朱鴻亮，「中國海軍艦艇編隊 26 日赴索馬里海域執行護航任務」，新華網，2008 年 12 月 26 日，網址：http://news.xinhuanet.com/newscenter/2008-12/26/

海軍此次出兵索馬利亞的主要動機在於，通過國內法與國際法相關
條文，為軍事行動提供法律依據和保障，[107]爭取國際輿論支援，維
護本國的國際聲譽和國家利益。對此，吳勝利指出，這次護航任務

---

content_10561994.htm。

[106] Maureen Fan , "China's navy plans to enter fight against pirates", *Washington Post*," Dec. 18, 2008,p.A1; Reports: China sending ships to fight pirates in Africa",*CNN*, Dec. 17, 2008, website: http://edition.cnn.com/2008/WORLD/asiapcf/12/17/china.pirates/index.html; "Chinese Navy in anti-piracy force", *The Hindu Business Line*, Dec. 22, 2008, website: http://www.thehindubusinessline.com/2008/12/22/stories/2008122250200600.htm;

"Historic anti-pirate mission sets sail for Africa", *Radio France International*, Dec. 29, 2008, website: http://www.rfi.fr/actuen/articles/108/article_2513.asp; Peter Harmsen, "Chinese navy set for historic anti-piracy mission", *Canada.com*, Dec.25, 2008, website: http://www.canada.com/topics/news/story.html?id=1114026; "China sending warships after Somali pirates", *The Times Of India*, Dec. 18, 2008, p.3; "China navy to fight pirates", Brunei Times , Dec.19, 2008,p.3；「俄報評出 2008 十大軍事新聞　我海軍護航上榜」，新華網，2008 年 12 月 28 日，網址：http://news.xinhuanet.com/mil/2008-12/28/content_10570785.htm；" Top News: Chinese naval fleet sails to fight piracy",*United Press International*, Dec. 26, 2008, website: http://www.upi.com/Top_News/2008/12/26/Chinese_naval_fleet_sails_to_fight_piracy/UPI-21 971230271860/; Peter Sharp, "Somali Pirates Face China's Wrath ", *United Press Internal*, Dec. 18, 2008, website: http://www.upi.com/Top_News/2008/12/26/Chinese_naval_fleet_sails_to_fight_piracy/UPI-21971230271860/;「中美合擊海盜　日憂遭冷落」，《聯合報》，2008 年 12 月 28 日，版 10；「海外媒體熱議中國軍艦索馬里海域護航」，新華網，2008 年 12 月 20 日，網址：http://news.xinhuanet.com/world/2008-12/20/content_10530697.htm。

[107] CSC Staff, "Six Centuries Later, China's Navy Again Shows Up off Somalia's Seashore", *China Stakes.com*,Dec. 23, 2008 ,website: http://www.chinastakes.com/story.aspx?id=930.

是根據聯合國安理會有關決議作出的重大決策，充分體現了中國積極履行國際義務的負責任大國形象。[108]

　　中共表示此時派軍艦赴該海域護航，是期望以實際建構遠程戰略投送行動表明一個負責任的大國承擔國際義務的意願，[109]藉此體現共軍維護國際與地區和平安全的積極態度。因此在相當程度上，有助於具體提升其和平及負責任大國形象（如表 8-2 所示）。[110]

表 8-2　國際政軍人士對於中國護航正面意見一覽表

人物	意見
聯合國秘書長 Ban Ki-moon	讚賞中國對國際社會打擊索馬利亞海盜行動給予的有力支持，這體現了中國在國際事務中發揮的重要作用。
安理會輪值主席 Neven Jurica	中國政府的決定很及時，是對安理會工作的支援。
美國國防部發言人 Stewart Upton	美國期待與中方在打擊海盜、維護國際安全的行動中進行雙邊和多邊合作。
美國太平洋司令部上將司令 Timothy Keating	美國期盼中國向亞丁灣派遣軍艦，並會與中方密切合作。美軍將向中國海軍艦隊提供情報。他還稱這將成為恢復中美軍事交流的跳板。
美軍第五艦隊上尉發言人 Nathan Christensen	我們歡迎包括中國在內的任何國家，派遣軍艦前來打擊海盜。

---

[108] 白瑞雪、朱鴻亮、陳君，「中國海軍艦艇編隊起航奔赴亞丁灣、索馬里海域為世界和平保駕護航」，新華網，2008 年 12 月 26 日，網址：http://news.xinhuanet.com/newscenter/2008-12/26/content_10564041_1.htm。

[109] 黃昆侖，「中國軍隊必須超越領土空間維護國家安全」，《解放軍報》，2009 年 1 月 4 日，版 6；「國防部：中國軍隊根據需要為維護世界和平提供支援」，《中國日》報，2008 年 12 月 23 日，版 2。

[110] 「中國派艦隊護航索馬里是甩掉中國威脅論良機」，新華網，2008 年 12 月 24 日，網址：http://news.xinhuanet.com/mil/2008-12/24/content_10552738.htm。

國際海事局發言人 Cyrus Mody	只要有需要，國際海事局將把海盜情報和當地的航行安全情報，毫無保留地提供給中國海軍。
法國國防部發言人 Laurent Teesli	只有包括中國在內的世界各國海軍通力協作，才能清除海上交通威脅與隱患。這位發言人還說，如果中國海軍在遠海需要法國方面的配合，法方將會給予積極的協助。
菲律賓海軍司令 Ferdinand Golez	中國是友好鄰邦，毋須擔心中國構建龐大的軍力，反而認為中國有強大的海軍，有助推動地區和平穩定，而今次護航，只是要保障本身利益。
美國前太平洋司令部司令 Dennis Blair	中國發展藍水海軍不應該被任何人看作是威脅。中國是一個大國，一個大國需要有強大的海軍力量。中國這樣不會讓任何人感到不安。中國海軍能夠，也應該被鼓勵，在很多領域扮演積極的角色，比如維和、打擊海盜、保護海洋通道安全。
美國退役海軍少將、外交政策分析研究所亞太研究主任 Eric A. McVadon	希望中國能加入其他國家共同打擊海盜的行動，保障全球的能源安全，進而參加美國提倡的「千艦計畫」[111]，攜手做「公海夥伴」。
美國智庫蘭德公司亞洲軍事分析家 Roger Cliff	這顯示中國是國際社會中一個負責任的大國，她想為國際安全盡一份力，這折射出中國海軍能力的提高，也是中國領導層自信的體現。另外，中國海軍不願僅僅做沒有遠征能力的褐水海軍（brown water），而要像法國、英國和印度一樣，以現代化力量承擔國際責任。
詹氏國家風險評估組織高級分析師 Cristian Lemieux	實際上打擊索馬利亞海盜是聯合國呼籲的多邊行動。參與護航任務使中國能夠以一種不會威脅到其他國家的方式來發揮其海軍力量的作用。
美國夏威夷大學東西方研究中心高級研究員 Denny Roy	大部分東南亞國家可能會視中國參與打擊海盜為一件好事，它們認為這意味著中國將把巨大的軍事力量用於更有建設性的目的。

---

[111] 徐冰川，「美專家：不必擔心中美海軍擦槍走火」，《環球時報》，2008 年 12 月 27 日，版 2；王斯，「美國退役海軍少將借反海盜合作邀中國加入千艦海軍」，《環球時報》，2008 年 12 月 25 日，版 3。

美國全球安全組織負責人 John parker	中國是世界經濟的主角,而經濟發展有賴於航運,海盜顯然對航運有直接威脅。今天的中國海軍比以前更有能力,所以中國海軍應該分擔打擊海盜的國際責任。因為根據國際法,海盜是全世界共同的敵人。
華盛頓國際戰略關係研究中心研究員 Bonnie S. Glaser	這是聯合國一致支持的行動,中國出兵打海盜是負責任的行為。

資料來源:Mark McDonald, "Chinese Warships Sail, Loaded for Pirates", *The New York Times*, Dec. 26, 2008, p.A6; Mark McDonald, " China Confirms Naval Role in Gulf of Aden", *The New York Times*, Dec. 18, 2008, p.A6; Manny Mogato, "RP says not worried over strong China navy", *ABS-CBN News*, Dec. 26, 2008, website: http://www.abs-cbnnews.com/nation/12/26/08/rp-says-not-worried-over-strong-china-navy; "UN hails China's naval escort in Somali", *Xinhua News Agency*, Dec. 23, 2008, website: http://www.china.org.cn/international/2008-12/23/content_16992915.htm

3. 軍事無償援助

除了維和與對治國際非傳統安全之外,中國也重視對國際進行人道性的無償軍事援助。埃及西北部地中海沿岸、西部沙漠地區目前仍遺留著大約 1760 萬枚二戰時期的地雷和未爆炸裝置,多年來已造成該地區幾千人死傷,也阻礙了當地資源的開發利用。近年來,埃及與聯合國以及世界上多個國家合作,開始著手清理該地區的殘留地雷和未爆炸裝置。中國則於 2009 年 2 月 8 日,與埃及共同舉行援助掃雷器材交接儀式,標誌著中埃雙方在掃雷領域的合作邁出了實質性步伐。[112]此次中國政府向埃及無償提供的掃雷器材包

---

[112] 余忠穩、陳公正,「中國向埃及贈送一批掃雷設備」,新華網,2009 年 2 月

括 70 部探雷器、10 部電起爆機及其零部件。同時，中國還派出了一個專家組對埃方人員進行設備操作培訓。[113]

二、遏制戰爭，打贏戰爭

儘管中國 1990 年以後擁有前所未有的和平環境，導致戰爭信念的缺失和職能意識的淡化。[114]加上近年來積極推廣「非戰爭性的軍事行動」概念，但卻因此讓解放軍產生輕忽軍事作戰本務的錯誤心態，成為提升作戰能力的困擾。解放軍對於多樣化軍事任務上，存在著認知上的「誤區」（如表三所示）。為此，中國解放軍報等相關媒體，陸續發表評論性文章，強調「和平發展」的戰略，必須依靠軍隊的戰爭嚇阻能力，因此正當國家走向和平之際，軍隊仍須以「戰」為軍隊核心能力。[115]中國國防白皮書強調，要堅持軍事鬥爭，懾止衝突和戰爭的爆發。[116]《解放軍報》甚至提出解放軍必須摒棄

8 日，網址：http://news.xinhuanet.com/newscenter/2009-02/08/content_10784462.htm

[113] 李瀟，「中國向埃及政府無償援助 70 部掃雷器材」，《人民日報》，2009 年 2 月 13 日，版 3。

[114] 劉東豪/廣空某空防工程處，「和平建設時期軍人也不能丟了英雄氣」，《解放軍報》，2009 年 2 月 7 日，版 9。

[115] 蔡年遲、司彥文，「推進海軍建設轉型發展　提升海上核心軍事能力」，新華網，2008 年 10 月 30 日，網址：http://news.xinhuanet.com/newscenter/2008-10/30/content_10281835.htm；趙丕聰、賴兵，「國際金融危機背景下：中國正迎來又一次歸國潮」，新華網，2008 年 11 月 29 日，網址：http://news.xinhuanet.com/newscenter/2008-11/29/content_10429337.htm。

[116] 「中國政府發表《2008 年中國的國防》白皮書：國防政策」，新華網，2009 年 1 月 20 日，網址：http://news.xinhuanet.com/newscenter/2009-01/20/

「和平建軍、建和平軍」的觀念，[117]做好準備打仗的思想，建構打贏資訊化條件下局部戰爭的能力。因為中國面臨的外部環境並非「周邊無戰火，四鄰無紛爭」的太平盛世，軍隊建設要有強烈的憂患意識，加強自身實力以確保和平。所以，軍隊作為保衛國家主權和領土完整的武裝力量，在任何情況下，都應突出「戰鬥隊」的核心職能，絕不能偏離「勤備戰、謀打贏」這條主線。[118]

表 8-3　解放軍隊非傳統安全任務的認知誤區一覽表

誤區項目	內容
非傳統安全威脅主導化	認為傳統安全已經降到次要地位，非傳統安全成為當前和今後一段時期國家安全的主要威脅。
非戰爭軍事行動非戰化	把非戰爭軍事行動與戰爭行動割裂開來或對立起來，從而陷入軍事戰略非戰爭化的認識誤區。
多樣化軍事任務片面化	對多樣化軍事任務的認識有兩種錯誤傾向：一種是把多樣化軍事任務窄化，認為多樣化任務就是反恐維穩、搶險救災；另一種是把多樣化軍事任務泛化，將軍隊支援地方經濟建設、參加地方公益事業等不涉及國家安全利益的活動，也納入多樣化軍事任務範疇。

資料來源：張燮、夏成效，「觀點：多樣化軍事任務不僅僅是反恐和救災」，新華網，2009 年 2 月 5 日，網址：http://news.xinhuanet.com/mil/2009-02/05/content_10766106.htm

---

content_10688192_2.htm

[117] 張兆垠，「堅持不懈地加強核心軍事能力建設」，《解放軍報》，2008 年 12 月 2 日，版 9。

[118] 趙剛，「軍報發文引發關注『謀打贏』絕非窮兵黷武」，《中國青年報》，

對於中共中央要求加快建設現代化正規化革命軍隊步伐，[119]總參謀長陳炳德指出，共軍要適應國家安全形勢的發展變化，積極做好軍事鬥爭準備，有力牽引和帶動軍隊的全面建設。[120]為此，解放軍依據「軍事鬥爭準備」要求，開展多種形式實戰化訓練，以促進部隊戰鬥力的提高。[121]近年來，共軍各部隊按照實戰要求，不僅突出對抗與協同訓練，也積極探索克敵制勝的戰法。許多單位成立戰法創新研究小組，建立了戰法研究與創新資料庫，同時經常採取網上推演、實兵對抗等形式，重點研究超低空作戰、夜間作戰、反空襲作戰、聯合作戰等新的作戰樣式。在戰法創新研究中，還打破軍兵種界限開展聯合對抗演練，還按實戰要求加強新戰法的研究和演練。[122]特別是置重點於結合新、老裝備並存的實際，優化組合各部隊的使命任務課題，使新老裝備發揮整體化作戰優勢，並且充分發揮新裝備的優勢，[123]使戰鬥力水準能大幅躍升。不過，隨著對信息條件下的戰法探索日益深化同時，共軍體認到過去的某些戰術戰法

[119] 「全面履行黨和人民賦予的新世紀新階段軍隊歷史使命」，新華網，2008年1月14日，網址：http://news.xinhuanet.com/newscenter/2007-11/14/content_7071142.htm

[120] 徐生，「陳炳德：著力推動軍事工作又好又快發展」，《解放軍報》，2008年10月18日，版2。

[121] 閆國有、伍軼，「學習貫徹十七大精神　積極推進軍事訓練轉變」，《解放軍報》，2007年10月18日，版4。

[122] 程遠軍、徐鋒，「突出對抗演練探索制勝戰法：北海艦隊航空兵某師空中突擊顯身手」，《解放軍報》，2004年3月14日，版3；普建軍、徐鋒，「課題隨時出戰法隨機變：海軍某支隊茫茫夜海練應變能力」，《解放軍報》，2004年4月9日，版2；孫施偉、黃敬東，「海軍某基地以戰法改革為突破口，發揮新老裝備整體優勢」，《解放軍報》，2003年8月27日，版2。

[123] 張全躍、張羅燦，「南海蛟龍」，《解放軍報》，2004年6月24日，版8。

並未因為信息時代的來臨而過時，因此又回頭重新將具有作戰價值的作法，結合信息訓練環境予以恢復。例如解放軍空軍便恢復了停訓多年的近距離空中格鬥訓練，[124]不再僅僅訓練中、遠距離的作戰方式，而忽略近距離的威脅。甚至，中共海軍北海艦隊也延續 1960 年代的作法，舉辦大規模的專業技術比武。為提升共軍應急作戰能力，還曾在無預警情況下，提前 30 分鐘發佈演習命令，[125]以驗證解放軍應急作戰能力。

為了建構「遏制戰爭」，進而「打贏戰爭」目標，共軍採取「努力完成機械化和信息化建設的雙重歷史任務，實現共軍現代化的跨越式發展」。[126]其目的便在於充分發揮後發優勢，有效推動共軍現代化的進程。[127]解放軍軍事科學院副院長劉繼賢認為胡錦濤的軍事變革思想在於，做好軍事鬥爭準備。既不輕易訴諸武力，又要做到敢於應戰。要處理好備戰、慎戰和敢戰的關係，不戰則已，戰則必勝。[128]北京計畫在 2010 年前打下資訊作戰能力基礎，2020 年前基

---

[124] 譚潔，「我蘇式戰機部隊重新演練停訓多年近距離格鬥戰法」，《解放軍報》，2008 年 4 月 1 日，版 2。

[125] 梁忠春、石斌欣，「我軍演習故意提前 30 分鐘開打強化軍人實戰意識」，《解放軍報》，2009 年 2 月 17 日，版 4。

[126] 江澤民，「在中國共產黨第十六次全國代表大會上的報告」，《解放軍報》，2002 年 11 月 17 日，版 1。

[127] 所謂跨越式發展，是指從半機械化軍隊向機械化、信息化軍隊轉型過程中，不再沿襲世界軍事強國的傳統發展模式，而是以信息化主導、帶動和改造機械化，把半機械化軍事型態向機械化軍事型態轉化的進程置於信息平台之上，同時完成機械化和信息化雙重歷史任務。董子峰，《信息化戰爭型態論》（北京：解放軍出版社，2004 年）頁 253。

[128] 「專家解讀胡錦濤軍事變革思想：慎戰又要敢戰」，華夏經緯網，2007 年 06 月 14 日，網址：http://mil.news.sina.com.cn/2007-06-14/0955449509.html。

本實現機械化並使資訊化建設取得重大進展，2050 年基本實現國防和軍隊現代化的目標。[129]

伍、敵人與夥伴相協調

從過去歷史紀錄看，中共的國家安全主要威脅來源，往往依據領導人觀點的改變而有所不同。在毛澤東時代，歷經「一邊倒」、「雙拳出擊」以至於「聯美制俄」的外交政策，顯示出從 1949 至 1976 年間，主要安全威脅來源由美國而美蘇，再轉移到蘇聯；鄧小平時期，則由蘇聯逐漸轉移至美國；江澤民時期，雖然與美國及蘇聯都簽訂戰略性夥伴關係，但其主要應付對象仍然是前者。值得一提的是，無論敵友界定如何轉變，中華民國的國際存在攸關北京國家核心利益，因而始終是解放軍最優先要解決的問題。

一、訂定對敵作戰方針

胡錦濤成為中共軍隊最高決策者之後，儘管在傳統安全威脅方面，仍然將美國與台灣作為軍隊最優先剋制的對象。如何在最短時間癱瘓具有現代化作戰能力的國軍，並透過逼迫台北走上談判桌，

---

[129] 「中國政府發表《2008 年中國的國防》白皮書：國防政策」，新華網，2009 年 1 月 20 日，網址：http://news.xinhuanet.com/newscenter/2009-01/20/content_10688192_2.htm。

獲致有利於北京的政治結果。同時，也以「反介入」策略嚇阻或遲滯美、日軍隊前往台海地區干預或援助台灣，就成為共軍在作戰方針上的主要目標。[130]即便在兩岸政治情勢和緩情況下，中國大陸不僅仍然持續增加部署戰術飛彈，中央軍委副主席郭伯雄也要求解放軍，必須在新的起點上開創部隊建設和軍事鬥爭準備新局面。[131]

除了台灣議題之外，領土劃界爭端、與包含島嶼在內的海洋主權爭議，始終是中國安全方面的重大議題，這在胡錦濤時期也不例外。中國與區域國家領土（海）紛爭，詳如表 8-4。在屬於中國 300萬平方公里的海洋權益中，近一半存在爭議，海域被分割，島礁被佔領，資源被掠奪的情況較普遍。周圍 8 個海洋鄰國，對中國海洋國土和權益均提出不同程度的無理要求，總面積達 100 多萬平方公里海域。[132]更甚者，過去 2 年半以來中國發現各種外國籍 8 大類，18 種類海上目標在北京管轄海域進行軍事測量和水聲探測。最多的時候一天內發現有 4 艘軍艦活動。[133]《艦船知識》網路版主編宋曉軍表示，目前外國船隻和飛機針對中共管轄海域的侵權行為涉及多種形式，涵蓋國家安全、資源和環境保護等領域，其中危害較大的包括水聲偵察與電子偵察；其中，水聲、水文和電子偵察行為，

---

[130] 摘自春風，「日研究員稱中國正在發展足夠遲滯美軍的軍力」，新華網，2009年 2 月 20 日，網址：http://news.xinhuanet.com/mil/2009-02/20/content_10853825.htm。

[131] 王士彬，「郭伯雄：在新起點開創軍事鬥爭準備新局面」，《解放軍報》，2009年 2 月 21 日，版 1。

[132] 孟祥青，「海洋國土多存爭議　中國需全民加強海權教育」，《環球時報》，2009 年 2 月 28 日，版 6。

[133] 劉華，「中國海監東海維權風雲：兩年半逼退 171 個目標」，《國際先驅導報》，2009 年 2 月 18 日，版 3。

表 8-4　中國與區域國家領土（海）紛爭一覽表

地區	爭議領土（海）	相關國家
東北亞	釣魚台	中國、台灣、日本
	黃岩（離於）礁	中國、南韓
東南亞	西沙	中國、台灣、越南
	南沙	中國、台灣、菲律賓、越南、馬來西亞與汶萊
	中印邊界	中國、印度
	中越邊界	中國、越南

資料來源：Marvin C. Ott，「東南亞區域安全：區域觀點」，收錄在 National
　　　Defense University 主編，國防部史政編譯局譯，《中共崛起構成
　　　的挑戰：亞洲觀點》（Asian Perspectives on the Challenges of China）
　　　（台北：國防部史政編譯局譯印，2002 年）頁 109-110。

均直接涉及國家安全利益，而各類資源的調查結果不僅往往涉及重
大經濟利益，也會對國家間外交博弈產生影響。[134]

　　目前，在領土糾紛方面，中國儘管與俄羅斯之間的領土爭議已
經由於黑瞎子島的邊界劃分而完全解決；[135]中、越雙方亦已於 2005
年 6 月批准北部灣畫界協定，[136]但目前中國仍分別與南韓在東海海

---

[134] 劉華，「宋曉軍詳解外國船隻飛機對我海域的侵權行為」，《國際先驅導報》，
　　2009 年 2 月 18 日，版 3。

[135] 李益，「黑瞎子島回歸中俄劃定邊界」，《亞洲週刊》，第 22 卷第 28 期，2008
　　年 7 月 20 日，頁 14-5；王銘義，「邊界全線勘定　中俄簽議定書」，《中國
　　時報》，2008 年 7 月 22 日，版 10；「中俄黑瞎子島事件簿」，文匯報，2008
　　年 8 月 1 日，版 2；「黑瞎子溯源」，《文匯報》，2008 年 8 月 1 日，版 2；
　　楊同玉，「雙贏融寒冰　中俄終攜手」，《文匯報》，2008 年 8 月 1 日，版 2；
　　「黑瞎子島下月回家」，文匯報，2008 年 8 月 1 日，版 2。

[136] 「北部灣、南沙探油　中越卯上」，《中國時報》，臺北，2004 年 11 月
　　24 日，版 10。

域一個名為黃岩（韓方稱離於島）的暗礁、[137]與日本之間的釣魚台主權及東海劃界問題、與越南和菲律賓等東協國家之間在南中國海域存在主權爭議。對中國而言，如果海洋與領土主權問題不解決，將引發包括失去 80 萬平方公里的「海洋國土」；嚴重影響中國的對外開放、沿海經濟發展戰略以及海洋交通線的安全；與影響中國在東亞戰略結構中的地位，無法形成有利於中國國家權力與利益的外部環境等三項嚴重後果；[138]因此，雖然爭端各方同意擱置爭議、共同開發，[139]並且願意以和平手段解決爭議，但事實上中國與爭議各方皆採取單方面鞏固島嶼主權作為，[140]包括與區域外國家合作開採石油、設置行政管轄區、[141]建立國際觀光景點搭造高腳屋等，[142]引發中國與上述國家之間的外交齟齬。

---

[137] 詹德斌、張秋影，「韓投入鉅資欲變礁為島　爭奪中國蘇岩礁主權」，《環球時報》，2008 年 6 月 28 日，版 2。

[138] 曲明，《2010 年兩岸統一：中共邁向海權時代》（台北：九儀文化出版有限公司，1995 年）頁 219-22。

[139] 「中日就東海問題達成協議」，《艦船知識》，第 8 期，總 347 期，2008 年 8 月，頁 10。

[140] 「馬來西亞官方眼中的南沙問題」，《尖端科技》，第 290 期，2008 年 10 月，頁 76-80；林友順，「燕子島風雲掀南海風浪」，《亞洲週刊》，第 22 卷第 34 期，2008 年 8 月 31 日，頁 14-5。Duy Hoang, "Uncomfortable Anniversary in vietnam," *Asia Times*, Sep. 10, 2008, website: http://www.atimes.com/atimes/China/JI13Ad01.html.

[141] 龍村倪，「風浪中的那海：走進南海與南沙群島」，《亞太防務雜誌》，第 2 期，2008 年 6 月，頁 50-52。

[142] 相關議題請參見李靜，「章啟月：越南對中方勘探北部灣石油的指責無依據」，中新網，2004 年 11 月 23 日 17:07，網址：http://www.chinanews.com/news/2004/2004-11-23/26/508946.shtml；姜超，「日本帝國石油公司已在中國南海採油」，《國際先驅導報》，2005 年 7 月 25 日，版 4；「帝國石油

　　為強化軍隊信息作戰核心能力，透過遏制戰爭，或是打贏戰爭確保國家安全與利益，共軍針對不同想定敵人採取不同的作戰方針：

（一）對美日採取不對稱作戰方針

　　中共自知在軍事能力方面遠遜於美國，在常規作戰方面與日本也存在相當差距。在多次對抗性的對峙中慘遭失敗與羞辱後，[143]北京體認到唯有採取不對稱作戰方針，方足以達到遏制嚇阻目標，並有可能在最終贏得戰爭。為此，解放軍近年來著重於發展對美國與日本等軍事強權的不對稱作戰能力，中國已經制定了「殺手鐧（Assassin's Mace Strategies）」概念，其所謂殺手鐧武器，包括核子動力與常規動力潛艦、戰略性與戰術性導彈，以及太空作戰能力。[144]北京設想利用彈道導彈和巡航導彈打擊附近的美國基地和海軍力量組成，在中國的太空計畫方面，包括反衛星武器，在中國國防領域將得到優先發展。同時，另外，指揮控制系統、感測器、通訊衛星干擾機都是中國在軍事領域優先發展的專案。[145]此外，解放軍利用先進的防空導彈系統和戰鬥機來保護來保護本

狂言　強行東海採氣」，《文匯報》，2005 年 9 月 13 日，版 3。

[143] John Wilson Lewis and Xue Litai, *Imagined Enenies*（Stanford, California: Stanford University Press, 2006）pp.94-5.

[144] 編輯部，「神舟 7 號太空任務大事紀」，《尖端科技》，第 291 期，2008 年 11 月，頁 22-27；高雄柏，「神舟七號的另類警訊：美國擔憂中國大陸太空技術迅速追上」，《尖端科技》，第 291 期，2008 年 11 月，頁 28-35。

[145] 邱永崢，「基廷稱：小鷹號航母未察覺中國潛艇迫近」，《青年參考》，2009 年 2 月 18 日，版 5。

土，壓制美國空中與海上投射力量。[146]在未來 10 年間，中國的核武器也將得到進一步發展。更甚者，中國還在發展常規中、短程彈道導彈，這些導彈都配備末端制導彈頭，可以用於攻擊美國海軍和空軍基地。

最令人關注的是，1996 年台海危機之後，共軍在對付美國、日本等軍事強權時，採取以攻擊聯合作戰核心，也就是衛星系統與航空母艦為其主要作戰方針。2000 年還為提高對抗美國航空母艦的能力而動員三隊艦隊舉行「晨春」、「明春」等演習，[147]為打贏資訊化條件下協同作戰提供重要基礎；2007 年 1 月解放軍發射一枚導彈，精準擊毀已經失去功能的氣象衛星，並多次研討導彈對航母精準攻擊的可行性。對此，據我國退役將領蘭寧利的意見，解放軍在理論上已具備運用戰術導彈精準打擊航母的能力。[148]此外，大力發展潛艇力量是中國不對稱戰略中的一部分，為了抵消美國優勢，中國不惜斥鉅資獲得潛艇，主要是針對處於美國艦隊與美國全球軍力投射能力核心位置的航母戰鬥群。對此，美軍太平洋總部司令基廷上將公開表示，2006 年中國海軍一艘潛艇迫近美國「小鷹」號航母戰鬥群，美軍確實毫無察覺。顯見，中國潛艇部隊已經在質和量上都有了很大提高；另據基廷上將透露，目前在美軍太總部的責任範圍內，通常有 250 艘潛艇在活動，其中屬於中國海軍的有 60

---

[146] 春風，「美稱中國制定殺手鐧戰法威懾駐亞洲美軍」，新浪軍事新聞網，2009年 2 月 9 日，網址：http://mil.news.sina.com.cn/p/2009-02-09/0807541392.html。

[147] 徐亨華、譚文武，「解放軍演練大規模輸送登陸兵搶灘上陸」，《科技日報》，2006 年 8 月 22 日，版 2。

[148] 2 月份尖端科技。

餘艘。[149]美國科學家聯盟於的報告稱，中國 2008 年攻擊型潛艇出海巡邏的次數為 12 次，是前一年的二倍，是迄今以來出海巡邏次數最高的一年，雖然中國 2008 年攻擊型潛艇出海巡邏的次數低於美國，但卻高於中國北方鄰國俄羅斯，[150]意味著中國潛艇巡邏範圍的擴大。

在非傳統武器方面，中國由於核武數量與質量方面，雖然根據美國《中國軍力報告》估計，中遠程核子彈道飛彈有 60 枚，但受到政策不透明的影響，實際上至今仍難以確定。[151]無論中國外交部如何解釋其核武政策的防禦與克制性質，[152]仍難以抗拒核子武器所具備的優勢利益，解放軍將領朱成虎稱，如果美國因為台灣問題而攻擊中國大陸，北京準備以核子武器反擊美國。他說，因為北京政府無力對美國發動傳統武力攻擊，因此無可避免的，北京將使用核子武器對付美國。[153]這是近 10 年來，中國高層官員針對使用核武，

---

[149] 「美太司令基廷稱中國軍力遠超國防白皮書」，《環球時報》，2009 年 2 月 20 日，版 3；申景龍，「美算計中國巡邏潛艇　稱我海軍加緊向東部署」，《世界新聞報》，2009 年 2 月 13 日，版 4。

[150] 春風，「美稱中國構築精銳潛艇部隊力阻美軍干預台海」，新浪軍事新聞網，2009 年 2 月 10 日，網址：http://mil.news.sina.com.cn/2009-02-10/0803541543.html。

[151] 王啟超，「美媒：美國不清楚中國和但數量和技術水平」，《環球時報》，2008 年 9 月 5 日，版 3。

[152] 「外交部：中國在核武器規模方面始終極為克制」，《解放軍報》，2008 年 9 月 16 日，版 1。

[153] 朱成虎是在外國記者的一場聯誼會上提出上述談話。他說：「我們準備好犧牲西安以東的所有城市，當然，美國也要有所準備，將有數百個城市遭到大陸摧毀。」不過這名將領表示，他只是表達個人看法，並不預期北京將與美國爆發衝突。部分在美國的中國問題專家也提醒，朱成虎的談話並

所做過最清楚的一次發言。[154]不論朱的言論是否代表北京官方的政策，至少代表軍方或其中一個派系的看法，認為中美發生戰爭，核武的動用將無法避免。中共少將吳江國提醒，雖然核武運用目前仍屬禁忌，但這類武器在信息化局部戰爭中扮演著不可忽視的角色。[155]

（二）對第三世界國家採取正規作戰

中國擁有全世界最龐大的地面部隊，海軍排名第三強的事實，[156]促使共軍逐漸放棄游擊戰，建構與國家地位相適應的正規戰術。從共軍近年來兩棲奪島演習內容，可以看出對於領土爭端一旦必須透過軍事手段解決，就必須採取正規作戰方式進行。[157]2001年6月中國一場在西沙群島的軍事演習中，西方觀察家發現中共海軍已經在該群島設置海鷹二型反艦飛彈陣地，這顯示出中共海軍將更頻繁出入南中國海，並且需要島嶼陣地的火力支援與掩護的需求。[158]解放軍目前已正視現代化正規作戰兵力缺口，並積極縮短在

不能代表解放軍的主流意見。

[154] 「將領預測中美核戰」，《文匯報》，2005年7月16日，版2。

[155] Wu JiangGuo, 「Nuclear Shadows on High –Tech Warfare,」 in Michael Pillsbury, ed., *Chinese Views of Future Warfare*（Washington DC.: National Defense University Press, 1998）p.142.

[156] 汪洋，「日本戰略的基石：2008年版日本防衛白書」，《亞太防務雜誌》，第6期，2008年10月，頁15。

[157] 褚漢生，「解析中共擴軍企圖及對台灣安全之影響」，《海軍學術月刊》，第42卷第6期，2008年12月，頁4-13。

[158] "China Deploys HY-2 Anti-Ship Missiles to Paracel Islands," *Jane's Missiles and Rockets,* July.18, 2005, website:www.janes.com.

兵力投射能力方面的差距，[159]包括超視距兩棲作戰與兵力遠程投射能力，[160]以利在未來對包括印度、菲律賓、越南與沒有美國援助情況下的台灣，進行強度不同的信息化正規作戰，[161]力求在最短時間內贏得戰爭，確保國家安全與利益。值得注意的是，隨著共軍現代化的快速擴張，在與日本與南韓之間的領海與島嶼爭端中，也由過去的不對稱作戰方針，逐漸朝向正規作戰對抗的方向發展。為了因應中日東海主權與經濟利益爭端，解放軍從 2005 年 9 月 9 日起，派出包括現代級驅逐艦在內的的 5 艘軍艦到東海油田附近巡弋。[162]並在春曉油田附近與日本海上自衛隊發生多次進距離對峙；[163]中共東海艦隊於 2006 年 10 月 24 日在東海海區朱家尖東南海域所

---

[159] 「中國海軍將突破島鏈結包圍　南海不容他國侵權」，中國新聞網，2009年 2 月 22 日，網址：http://mil.news.sina.com.cn/2009-02-22/0938543053.html；「軍事專家：保衛南沙中國需加強海軍建設」，中國新聞網，2009 年 2 月 21 日，網址：http://mil.news.sina.com.cn/2009-02-21/1006542982.html

[160] 威海衛，「爭霸東亞：解放軍超視距兩棲作戰與遠程投射能力」，《尖端科技》，第 286 期，2008 年 6 月，頁 12-21。

[161] 趙險峰、沈海榮、程關生，「我軍舉行諸軍兵種聯合渡海頓陸作戰演習，演習的成功表明，我軍現代化建設水準和聯合作戰能力又有新的提高。三軍將士正嚴陣以待，時刻準備粉碎任何分裂祖國的圖謀」，《解放軍報》，1999年 9 月 11 日，版 1；徐尚禮，「以爭奪台海制空權為訓練核心　東山島軍演登場」，《中國時報》，2004 年 7 月 16 日，版 11；允真，「我軍東山島演習精彩收尾　世界聚焦中國核潛艇」，《人民日報》，2001 年 8 月 31日，版 1；蘇進強，《國軍兵力結構與台海安全》（台北：業強出版社，1996年）頁 61-2。

[162] 「外交部稱我軍艦巡視東海油氣田為正常軍事訓練」，《世界新聞報》，2005 年 9 月 21 日，版 2；「外電稱中國出動 5 艘軍艦在東海油氣田附近巡航」，《重慶晨報》，2005 年 9 月 11 日，版 2；「寰宇軍聞：中國大陸」，《全球防衛雜誌》，第 254 期，2005 年 10 月，頁 32。

[163] 「中共軍艦 現身春曉油田」，《中國時報》，2005 年 9 月 10 日，版 11。

實施的現代級驅逐艦實彈射擊，時間正好選在兩岸三第保釣人士前往釣魚台宣示主權活動期間，演習地點距離釣魚台僅約 300 公里，[164] 因而同樣「備受關注」。同時，中國海監艦艇也突破過去限制，前往釣魚台附近宣示主權等活動。甚至於有報導指出，中國軍機 2005 年 8 月接近日本九州領空，中國官方則予以否認。[165] 但依據日本防衛廳官方網站資料顯示，2005 年上半年度，航空自衛隊機為驅逐中國軍機而緊急升空的次數高達 30 次，已達自有統計以來的年度最高次數。[166] 值得注意的是，日方攔截大陸戰機幾乎都是從東海起飛，顯示大陸為了與日本爭奪東海油田的開採權，在領空方面也絲毫沒有鬆懈。[167] 中國方面證實，從 2004 年 7 月至 2005 年 6 月，中國曾派遣 146 架次的飛機和 18 批次的船艦進入該區域進行海上監控，期間更對日本作業船隊喊話 500 餘分鐘。[168] 凸顯中國對東海主權爭議的態度轉趨強硬。2006 年中國飛機在蘇岩島上空進行偵察飛行，[169] 也讓南韓懷疑北京正「意圖搶奪」韓國領土；[170] 解放軍隊

---

[164] 「解放軍在東海實彈演習」，《文匯報》，2006 年 10 月 26 日，版 2。

[165] 「中共聲稱軍艦在油田附近〔是例行演習〕」，奇摩新聞網，2005 年 9 月 15 日，網址：http://tw.news.yahoo.com/050915/4/2ay8d.html。

[166] 黃菁菁，「逐中國軍機 日破緊急升空紀錄」，《中國時報》，2005 年 11 月 10 日，版 10。

[167] 「爭奪東海油田？日自衛隊去年攔截大陸戰機 13 次」，《東森新聞報》，2005 年 5 月 2 日 19：58，網址：http://www.ettoday.com/2005/05/02/334-1785032.htm

[168] 「中國頻密監控東海油田，1 年出動飛機 146 架次 船艦 18 批次」，《蘋果日報》，2006 年 6 月 20 日，版 8；「危機三：資源之爭 春曉油田 恐釀衝突」，《文匯報》，2006 年 5 月 2 日，版 2。

[169] 潘小濤，「比長白山邊界糾紛更大的中韓隱憂」，亞洲時報在線，2007 年 2 月 9 日，網址：http://www.atchinese.com/index.php?option=com_content&task +view&id=29188&Itemid=110。

於現代化成就與作戰能力提升後敢於與日本與韓國面衝突。根據美國太平洋司令部司令基廷對中國軍力的評估，中國的軍力發展遠遠超出了中國公佈的國防白皮書中所稱的內容。[171]

二、發展與敵軍事夥伴關係

　　隨著改革開放的深化發展，中國大陸的經濟不僅與世界接軌，並且愈來愈緊密互賴。在「發展才是硬道理」的核心目標下，北京需要和平穩定環境，以利繼續其高度成長的經濟於不墜。國務院發展研究中心研究員隆國強指出，「新的開放戰略，對外是為和平發展營造良好的國際環境，保障中國的和平崛起。」[172]同時，誠如中國軍事科學院研究員陳學惠所指出，層出不窮的恐怖事件、突然爆發的非典疫情，以及損失巨大的印度洋海嘯災難等表明，非傳統安全威脅正日益凸顯，威脅著人類的生存與發展。[173]儘管許多非傳統安全威脅看上去不像世界大戰那樣硝煙彌漫，但其

---

[170] 詹德斌、張秋影、王軼峰，「韓國投入鉅資欲變礁為島爭奪中國蘇岩礁主權」，《環球時報》，2008 年 6 月 27 日，版 2。

[171] 「美太司令基廷稱中國軍力遠超國防白皮書」，《環球時報》，2009 年 2 月 20 日，版 3。

[172] 車玉明、趙曉輝、韓潔，「從十七大報告看我國對外開放戰略新思維」，新華網，2007 年 10 月 20 日，網址：http://news.xinhuanet.com/newscenter/2007-10/20/content_6914726.htm。

[173] 李宣良、單之旭，「專家：非傳統安全威脅對世界和平與穩定提出新挑戰」，新華網，2007 年 8 月 13 日，網址：http://news.xinhuanet.com/mil/2007-12/14/content_7248253.htm。

危害程度有時並不亞於一場戰爭，[174]已經構成對發展和生存的嚴重威脅，都必須與其他國家採取共同對策，方能有效應對。更甚者，中共體認到，增強軍事透明度，提升軍事交流活動層級，有助於降低國際「中國威脅」疑慮，[175]並能以更小代價達到發動戰爭所未必能獲得的利益。

為了保證經濟發展所需穩定環境，降低威脅猜忌，並避免因無謂戰爭導致戕害經濟利益。共軍採取「擁抱戰略」，也就是加大軍隊融入國際環境力度，與其他國家，特別是敵國之間形成互賴，以夥伴關係姿態尋求與中國國際地位相符的軍隊形象，並在降低戰爭風險情況下，確保國家安全與利益。[176]「擁抱戰略」使得國際因需要中國的軍事合作，而降低其國家安全威脅。近年來，中國不斷創新軍事外交實踐，實現了許多新的突破，有不少做法在中國軍事外交上是第一次，顯示出中國已形成全方位的軍事外交格局。[177]對此，解放軍採取下列具體策略：

---

[174] 李宣良、劉昕，「恐怖活動呈現新的發展趨勢 反恐鬥爭任重道遠」，新華網，2007 年 8 月 12 日，網址：http://news.xinhuanet.com/newscenter/2007-08/12/content_6519188.htm。

[175] 有關國際對中國威脅疑慮，可參見舒孝煌，「脫韁野馬：東亞各國的軍備競賽」，《亞太防務雜誌》，第 2 期，2008 年 6 月，頁 68-71。

[176] 陶社蘭，「專家：參與非傳統安全領域國際合作關乎國家利益」，中國新聞網，2009 年 2 月 14 日，網址：http://news.xinhuanet.com/mil/2007-12/14/content_7248253.htm。

[177] 陶社蘭，「特別訪談：中國形成全方位的軍事外交格局」，中國新聞網，2005 年 5 月 20 日，網址：http://jczs.sina.com.cn/2005-05-20/1225290149.html。

（一）建立軍事熱線

　　軍事熱線是兩國政治、軍事領導人解決軍事領域突發問題的溝通機制。古巴飛彈危機期間，美蘇曾因溝通不暢而接近戰爭邊緣。為避免類似情況再現，兩國遂於 1963 年簽署備忘錄，在五角大廈同克里姆林宮間設立史上首條軍事熱線，發生緊急狀況時快速提供對方資訊，防止因誤判而誘發核戰。中國在建立元首熱線，作為國家戰略層級溝通管道之後，在胡錦濤時期則進一步分別與俄羅斯、美國及南韓建構不同軍事層級的軍方熱線，增加與利益攸關，特別是敵對國家之間軍事動態的透明度，同時降低因猜疑、誤判所引起不避要的軍事衝突。

　　中美雙方建立軍事熱線電話的談判從 2003 年就已開始，[178]但直到 2008 年 2 月 29 日才正式簽署《中華人民共和國國防部和美利堅合眾國國防部關於建立直通保密電話通信線路的協定》。[179]儘管此前國防部外事辦公室副主任丁進攻少將指出，雙方建立軍事熱線，將進一步推動兩軍之間的戰略互信，加深兩軍對重大問題的合作，有助於兩軍關係進一步發展。[180]但除了開通當天兩國防長通話

---

[178] 陶志彭，「海外輿論評中美軍方熱線：雙邊關係持續改善」，新華網，2008年 3 月 3 日，網址：http://news.xinhuanet.com/world/2008-03/03/content_7706272.htm。

[179] 萬鈞，「中美建立軍事熱線表明中國軍事實力增強」，《青年參考報》，2007 年 6 月 10 日，版 3。

[180] 陶社蘭，「中國國防部：期待中美軍事熱線儘快簽署並開通」，新浪軍事新聞網，2008 年 1 月 16 日，網址：http://mil.news.sina.com.cn/2008-01-16/0752481424.html。

30 分鐘，此後便陷於靜寂狀態。直到中國四川大地震發生後，美國才通過美中軍事熱線就美方援助問題與中國人民解放 29 日，兩軍領導人首度啟用軍事熱線，是兩軍深化務實合作的重要舉措，是兩國政治互信和戰略協作水準的又一具體體現。[181]

　　儘管中國與越來越多國家建立軍事熱線，但由於政治關係不同致使熱線的功能也不盡相同。中俄兩國信任度較高，因此實質性意義更多；[182]中美軍事熱線是雙方戰略互信上的一種姿態，象徵性意義更多。[183]在性質上，中韓軍事熱線介於中俄軍事熱線與中美軍事熱線之間。韓美軍事熱線，是盟國之間的情報溝通管道，與中韓軍事熱線的性質則完全不同。[184]在溝通目的上，中俄與中美兩大軍事熱線也存在較大差異。中俄軍事熱線的目的是：有利於今後雙方就兩軍交往與合作等重大問題保持及時溝通；有利於雙方就國際和地區熱點問題及時交換看法、協調立場。兩軍交往與合作中的一個主要問題是指共同打擊中俄兩國邊境恐怖主義和分裂勢力，共同維護邊境安全。[185]然而，中美軍事熱線的溝通目的主要是站在危機處理角度，「通過對話磋商，減少軍事誤判」。[186]

---

[181] 「中俄中美軍事熱線一熱一冷　關係高下立見」，《青年參考報》，2009 年 1 月 4 日，版 1。

[182] 郭一娜、劉俊，「中日軍事熱線冷暖自知　雙方互信將決定成敗」，《國際先驅導報》，2008 年 4 月 8 日，版 3。

[183] 李潔思、郝珺石，「中美軍事熱線成型　還需加強互信的無形熱線」，《環球時報》，2008 年 3 月 1 日，版 4。

[184] 梁輝、劉世強，「國防部解讀中韓軍事熱線：只用於戰術層面溝通」，《國際先驅導報》，2008 年 12 月 2 日，版 6。

[185] 劉俊，「中俄軍事熱線開通：與中美軍事熱線差別很大」，《國際先驅導報》，2008 年 3 月 18 日，版 1；「中俄中美軍事熱線一熱一冷　關係高下立見」，

（二）軍事交流

中共對外開展軍事交往，係配合其整體國家安全戰略，具有高度政治、外交的意涵。它的對外軍事交流特色有：互訪層級高、次數頻繁；互訪對象與領域擴大；與周邊國家保持最密切往來；互訪性質側重功能與事務性；共軍將領參與範圍擴大。中共已有多例以軍區司令員身份，對邊境外軍進行訪問。因此，可以看出中共對外的軍事交流已成為其「綜合性外交」的重要一環。根據中國國防部外事辦公室資料顯示，至 2002 年中共軍方已和全球 146 個國家建立軍事關係，在 103 個國家設立武官處，同時有七四個國家在中國建立武官處。自 1979 年改革開放以來，中國派出超過 1600 個軍事代表團訪問約 90 個國家，到過大陸訪問的軍事代表團則高達 2500 個。[187]光是 2001 到 2002 年，解放軍便進行了 130 多項重要交流項目，軍事代表團出訪 60 多個國家，接待 60 多批重要軍事領導人的來訪，並舉行 30 餘次安全磋商。[188]

其中，在與假想敵之間的軍事交流上，以對美國與日本之間的交流為重心；儘管由於政治因素，特別是台灣問題，使得中美間軍事交流多次中斷。最新一次在 2008 年 10 月美國宣布對台軍售項目

《青年參考報》，2009 年 1 月 4 日，版 1。

[186] 鄭曉奕、梁輝，「中美軍事熱線提速：架線等技術問題已經解決」，《國際先驅導報》，2007 年 6 月 11 日，版 6。

[187] 「中共海軍遠航編隊返國」，《尖端科技》，第 219 期，2007 年 11 月，頁 108。

[188] 請參見「2002 年中國的國防」，http://www.china.org.cn/chinese/zhuanti/244019.htm。

之後，北京便單方面中斷軍事交流活動。[189]然而，一方面在美國多次多促邀請，另一方面軍事交流對中國而言也是利多的活動。因此首先由美國單方面宣布，中美兩國恢復防務磋商消息，[190]儘管北京方面堅持磋商並非正式交流，[191]不過由於是歐巴馬新政府上台後，美軍與中國軍隊之間的首次政策對話，雙方會談議題涵蓋美中軍事關係，地區和全球安全面臨的挑戰，以及兩軍之間一些潛在的合作領域。[192]此外，除 1998 年所簽訂的「海上軍事安全磋商機制」，[193]以避免發生海上衝突外，美國太平洋司令也表示，中美正著手擬定海軍協議，以免在海上擦槍走火。[194]關於中國建造航空母艦的計畫，基廷表示，「美軍方將願意與中國的航空母艦合作。」[195]甚至，有跡象顯示，中國與美國之間的軍事交流未來將擴及太空領域。[196]

---

[189] 余東，「美少將稱通過電子郵件與中國海軍商談打海盜」，《青年參考》，2009 年 2 月 11 日，版 8。

[190] 「美國國防部證實中美軍事對話將在 2 月底恢復」，新華網，2009 年 2 月 17 日，網址：http://news.xinhuanet.com/mil/2009-02/17/content_10831420.htm。

[191] 中國軍方人士彭光謙表示，中國和美國的軍事磋商並非正式的軍事交流，而是為恢復軍事交流進行磋商。「中國軍方人士：中美軍事磋商非正式交流」，《中國時報》，2009 年 2 月 19 日，版 10。

[192] 「希拉蕊稱中國已經同意恢復中美兩軍中層對話」，中國日報網站，2009 年 2 月 22 日，網址：http://mil.news.sina.com.cn/2009-02-22/1038543059.html

[193] 參見瞿文中，「中共與美國海上軍事安全磋商機制之研究——背景、運作與展望」，《國防雜誌》，頁 43-56。

[194] 「中美著手討論　海上軍事協議」，《文匯報》，2009 年 2 月 20 日，版 3。

[195] 「美軍稱中國正考慮與美國訂立海上行為守則」，新浪軍事新聞網，2009 年 2 月 19 日 網址 http://mil.news.sina.com.cn/2009-02-19/0931542737.html。

[196] 「美上將邀請中俄等國共建太空衛星防撞網」，《青年參考》，2009 年 2 月 11 日，版 8。

在外交齟齬不斷的情況下，中、日雙均為維持彼此平穩關係而持續強化軍事互動。日本防衛大臣濱田靖指出，中日陸海空三個軍種之間的交流目前已全面展開。日方願與中方深化防務交流，共同致力於構築日中戰略互惠關係。解放軍此一擁抱戰略充分反映在軍艦訪問活動上。可以發現中共海軍訪問國家名單中，俄羅斯、越南、韓國、印度曾經與中國因衝突而開戰，菲律賓與其存在美濟礁糾紛，泰國、印尼、新加坡與馬來西亞不是對中國存有疑慮，就是因北京介入內亂或叛變而疏遠，甚至斷絕外交往來。日本則與中國長期在政治上存在嚴重齟齬，致使遲至 2007 年底才在政治氣氛改善後，訪問日本港口，[197]並在翌年接受訪問。[198]從這樣的角度審視，可見中共海軍所締造的外交成就。

在兩岸軍事交流方面；事實上，早在 2002 年台灣便著手研究建立軍事互信機制可行性的研究，[199]但由於兩岸政治糾紛不斷，遲至 2008 年 12 月 31 日的「胡六點」方明確指出，為有利於穩定台海局勢，減輕軍事安全顧慮，兩岸可以適時就軍事題進行接觸交流，探討建立軍事安全互信機制問題。[200]台灣問題專家徐博東表

[197] 「深圳號訪日彰顯中國軍事透明度」，新華網，2007 年 12 月 8 日，網址：http://news.xinhuanet.com/mil/2007-12/08/content_7217235.htm。

[198] 「日連字號驅逐艦首訪湛江」，《艦船知識》，第 8 期，總 347 期，2008 年 8 月，頁 11。

[199] 亓樂義，「兩岸軍事互信 扁 7 年前授意研究」，《中國時報》，2009 年 3 月 5 日，版 14。

[200] 田思怡，「兩岸軍事會談 美方願牽線」，《聯合報》，2009 年 2 月 20 日，版 14；「太平洋美軍司令願邀請兩岸軍方夏威夷會談」，《中國時報》，2009 年 2 月 19 日，版 10；汪莉絹、王光慈，「軍事會談」中共：不必了 台灣：不評論」，《聯合報》，2009 年 2 月 20 日，版 14。

示，兩岸還尚未宣佈結束敵對狀態，還沒有建立軍事互信機制，相
互之間的導彈還在互相瞄準對方，雙方的互信基礎還十分脆弱。[201]
不過，由於中美軍事交流的主要目的之一，即在阻止其對台軍售，
因此在這樣的情況下，要達成兩岸軍事交流，在可見未來仍有許多
現實阻礙有待克服。

（三）聯合演訓

1998 年的國防白皮書，可以發現過去中共軍方對「聯合演習」
抱持負面的觀感，認為那是其他國家聯合起來進行砲艦外交的威脅
舉動。然而，隨著中國對於外在穩定環境的需要，以及建構良好形
象大國的戰略思維，因此一改過去猜忌態度，主動與其他國家進行
聯合演習以增加透明度的同時，達到增信釋疑，發展良好關係的目
標。在打擊跨國性恐怖主義、分離主義與極端份子與對治其他非傳
統安全的實際需求，以及透過聯合演習以增加軍事透明度，同時也
藉此觀摩其他強權軍事行動思維與戰術作為，以強化自身軍隊作戰
能力等諸多考量下，[202]中國與吉爾吉斯於 2002 年的首次聯合實兵
演習，以加深兩國的相互瞭解和信任，提高軍隊聯合打擊恐怖主義
的組織指揮和協同作戰能力。[203]在此以後中國分別與俄羅斯等上海

---

[201] 「徐博東：兩岸和平發展框架 3 步走」，《聯合報》，2009 年 3 月 4 日，版
14；「分三步走　建構兩岸和平框架」，《文匯報》，2009 年 3 月 4 日，版 2。

[202] 王士彬，「我海軍出訪艦艇編隊指揮員談與巴印泰海軍演習」，《解放軍報》，
2005 年 12 月 14 日，版 8。

[203] 「中共與吉爾吉斯聯合軍演」，《尖端科技》，2002 年 11 月，第 219 期，頁 109。

合作組織成員國、美國、英國、法國及巴基斯坦等國家進行雙邊性或多邊性聯合軍事演習，[204]項目涵蓋反恐、人道救援與災害搶管等聯合指揮或聯合軍事行動。[205]從「和平盾牌」、「邊界－2006」、「聯合－2003」、「和平使命－2007」到「和平－09」[206]等聯合軍事演習，無一不以反恐、維和、人道主義救援等應對非傳統領域安全威脅為主題。[207]甚至，在與印度政治關係仍因邊界糾紛未解而互相猜疑、敵視的情況下，逐漸由聯合軍事演習，擴張至進行聯合性反恐訓練層級。顯示出，這類開放的、非對抗的、不針對第三方的、互利雙贏的多層次、多樣化共同軍事安全合作模式，的軍事合作，不僅有助於透過聯合演習降低彼此因對於情勢誤判而引發衝突甚至戰爭的可能性，同時也有利於化解敵意，增進外交情誼。

---

[204] Robert Karniol, "Joint Exercise Strengthens China-Russia Relations," *Jane's Defense Weekly,* vol.42, no.34, Aug. 24, 2005, p.6；董黎熙、劉海民，「中法海軍成功舉行聯合軍事演習」，《解放軍報》，2004 年 3 月 17 日，版 4；吳登峰、李忠發，「中澳海軍首次舉行海上聯合搜救演習，《解放軍報》，2004 年 10 月 15 日，版 4；「解放軍海軍艦隊訪問美國」，《全球防衛雜誌》，第 266 期，2006 年 10 月，頁 24。曹智、張玉清、王敬中，「『和平使命-2005』中俄聯合軍演舉行海上分列式」，新華網，2005 年 08 月 23 日，網址：http://news.xinhuanet.com/mil/2005-08/23/content_3393723.htm。

[205] 「我艦艇編隊出訪美加菲三國」，《解放軍報》，2006 年 8 月 22 日，版 1；「中國海軍艦艇編隊出訪凱旋湛江　軍事外交新拓展」，新浪軍事網，2005 年 12 月 27 日，網址：http://jczs.sina.com.cn/2005-12-27/0941340402.html。

[206] 「『和平－09』軍演：廣州艦抵達斯里蘭卡」，《人民日報海外版》，2009 年 3 月 2 日，版 6。

[207] 李宣良、白瑞雪，「反恐、維和、人道主義救援成為聯合軍演新趨勢」，新華網，2007 年 8 月 13 日，網址：http://news.xinhuanet.com/newscenter/2007-08/13/content_6524023.htm。

（四）聯合護邊

中國與高達 15 個國家接鄰，邊境衝突成為中國發動對外戰爭的主要原因之一。為維持大陸周邊穩固情勢，北京分別與俄羅斯、哈薩克斯坦及越南等國家商議解決邊境糾紛，成果可謂斐然。在外交努力之餘，共軍亦展開接鄰國家聯合邊境巡邏工作，已在外交成就上進一步達到增信釋疑目標。2003 年 7 月 29 日新國界生效後，2009 年 2 月中國新疆塔城邊防機關和哈薩克斯坦共和國瑪坎赤邊防機關共同完成第一階段「肩並肩邊境聯合搜索行動」，雙方參與此次行動的邊防部隊官兵根據預案，對中哈雙方縱深約 1 公里的邊境進行搜索，並查看了邊界鐵絲網及邊防設施。未來將分階段對 160 餘公里的邊境線實施聯合互補執勤，有效提高邊境管控的有效性，密切雙方邊防部隊的關係，確保共管邊境地段的安全穩定。[208]

甚至，依照北京評估，2009 年美中俄三國在全球安全事務上的合作將成為全球穩定的基石。對此，美中俄三國不僅可聯手防止金融危機釀成全球性動亂，並且防止發生大規模戰爭方面發揮重要力量，有助於全球的安全穩定。[209]

---

[208] 新疆塔城軍分區政治部宣保科，「中哈兩國首次邊境聯合搜索行動成功啟動」，新華網，2009 年 2 月 22 日，網址：http://news.xinhuanet.com/mil/2009-02/22/content_10869502.htm。

[209] 林東，「深度觀察：2009 年的世界　多少火藥桶將被引爆」，《中國青年報》，2009 年 2 月 13 日，版 5。

陸、結語

　　自 2005 年 9 月胡錦濤正式接任中共中央軍委主席以來，胡錦濤不僅成為中共第四代領導集體的權力核心，結束過去二年多來的「兩個中心」的軍隊領導窘境；同時也在繼承過去軍隊建設基礎上，在四年之內逐步建構起具有個人領導特色的軍事建設思想，並且反映在中共第十七屆黨代表大會與 2006、2008 年所發表的《中國的國防（簡稱國防白皮書）》等文件，以及中共軍方智庫與專家的政策闡釋之中。針對胡錦濤主政時期的軍隊建設思想主要內涵進行內容分析；這方面，除了 2006 及 2008 年所發佈的國防白皮書與中共「十七大」政治報告之外，胡錦濤這段期間有關軍隊建設事務方面的言論，以及中國官方，特別是軍方，智庫與專家對於胡軍事思想的闡釋，亦是分析的重點；國家戰略思維決定著軍事戰略走向；並且，深遠地影響軍事建設發展路徑。就中共第四代領導集體而言，「和諧發展觀」被確立為中國國家發展戰略的主要特色。

　　胡錦濤對過去三代領導人軍隊建設思想的繼承，建構起具有「胡錦濤特色」軍隊建設思想的主要指標，其中包括軍隊性質、軍隊戰略地位、軍隊敵友關係，以及軍隊當前的任務。在胡以「和諧」為戰略主調的思維下，可以透過科學與政治、經濟與國防、敵人與夥伴與和平與鬥爭等四方面的協調進行瞭解。基此，在胡錦濤主政時期中共除了堅持毛澤東思想、鄧小平新時期軍隊建設思想、江澤民國防和軍隊建設思想，把科學發展觀視為國防和軍隊建設的重要圭臬。

　　大體而言，胡錦濤在軍隊建設思想係採遵循「江規胡隨」與去蕪存菁之雙重模式；江澤民則是在鄧小平之基礎上發揚光大，故胡錦濤係在前人厚實的基礎上向前邁進。基此，胡錦濤繼承自毛澤東、鄧小平、江澤民相關軍隊建設思想，並經過擷取精華後，建構具有「胡錦濤特色」的軍隊建設思想。而且，胡錦濤目睹中共建軍以降所發生之事件，故以「和諧」為主體，為共軍發展定調，期望建設新型的軍隊，而免於落入往昔之窠臼中而無法自拔。當然，胡要求軍隊必須恪遵「黨指揮槍」之原則，永遠為共黨政策之忠誠執行者與捍衛者，為共黨各項建設服務，以實現富國與強軍之目標。

新情勢下的我國國防戰略

沈明室[*]

（國防大學戰略所助理教授）

壹、前言

2008 年總統選舉政黨輪替之後，有關我國國防戰略[1]變革的討論持續受到關注，在各種媒體報導及論壇可以看到類似公開與多元的討論。在這些討論內涵中，有觀點主張為求兩岸關係和緩，國防戰略應採取守勢，以免造成軍備競賽或兩岸關係的持續緊張。另外，也有觀點認為兩岸關係已經和緩，故「投資戰爭，不如投資和平」，[2]可將大幅購買高科技武器的預算用在其他民生福利與經濟發展的建設。最後，有人則認為兩岸關係的和緩只是中共的策略運

---

[*] 作者聲明本文純屬個人學術研究心得，不代表所屬單位、學校及官方立場及觀點。

[1] 本文所指的國防戰略是位居國家安全戰略與軍事戰略之間的戰略。

[2] 陳長文，「投資戰爭不如投資和平」，《聯合報》，2009 年 3 月 17 日，版 15；陳長文，「天堂不撤守——投資戰爭？不如投資和平」，《中國時報》，2008 年 10 月 13 日，版 15。

用，在中共仍主張「一個中國原則」下，將以軍事武力作為「迫統」的工具，如果示弱，無異投降。[3]相關的觀點與國內政治立場有關，呈現兩極化的發展。

國防政策公共議題的熱烈討論雖有助凝聚國防共識的正面效益，然而不論在討論國防戰略的未來改變方向，或是針對各項軍事事務的重大變革，以及重大國防政策如募兵制討論等議題，都必須緊扣一個重要的前提，那就是我國國防戰略的情勢是否已經真的改變，而我國原有的國防戰略內涵應否隨著兩岸情勢的因應改變。

前美國務院亞太助卿羅德（Winston Lord）認為，兩岸現況已可稱得上是 60 年來最穩定與最有希望的時刻，但台灣的國際空間、安全與主權問題仍不容忽略。[4]他強調台灣外在情勢雖已和緩，原有結構性的問題仍然存在，而且不應該因外在情勢變化而加以忽略。這些結構性問題指的就是中共動武的意圖及能力的展現。尤其是在國防戰略變革討論過程中，更應重視及掌握類似結構性的問題。

決定戰略有許多不同的要素，如國家利益、國內外政治變化、戰爭實力與戰爭潛力、地緣戰略關係、戰略文化傳統與國際法等，[5]戰略的改變必然是因為其組成要素的改變所導致。單一要素的改變會對戰略產生影響，但不易產生根本性的變動。由於這些組成因素

3　孫慶餘，「弱化國防萬萬不可」，《蘋果日報》，2009 年 1 月 23 日，版 15；梅復興，「難道要逼台灣投降嗎？」，《蘋果日報》，2009 年 3 月 20 日，版 15。

4　「羅德：兩岸關係 60 年來最穩定」，聯合新聞網，2009 年 4 月 13 日，http://udn.com/NEWS/NATIONAL/NAT3/4844329.shtml。（檢索日期：2009 年 4 月 13 日）

5　軍事科學院戰略研究部，《戰略學》（北京：軍事科學出版社，2001 年），頁 40-91。

是連動的，國家利益會因世局的改變而影響，甚至牽動國內外政治的發展。國內外政治的波動與變遷，也會造成國家利益優先性的調整。因為戰略決策者戰略利益主觀認知不同，不同戰略決策者對戰略利益賦予的價值與重要性也有差異，在政策制定與投入資源的分配自有其優先順序。

以兩岸關係而言，在目前強調國家利益以經濟發展為先的考量下，原有國防戰略本來就會受到影響。但另一方面，單一要素的影響並非全面的，所以不能因為追求經濟發展而全然放棄國防戰略。單一因素變化不易造成戰略的根本性變動，即使政黨輪替，兩岸情勢和緩，仍受到原有國家戰略文化、地緣戰略、戰爭實力與戰爭潛力制約的影響。以台灣防衛戰略來說，明末鄭成功防衛台灣、清朝防衛台灣與日治時期的防衛台灣的戰略雖然在國內外政治情勢不同，統治政權也不同，但因為在同樣的地理環境，具有相同的地緣戰略，或長久累積而成的戰略文化，在制定我國國防戰略時仍具有參考價值。[6]

因此，戰略轉變與其決定戰略的要素相關，如果戰略要素因為全球戰略格局改變而發生全面性的變動，原有戰略內涵及優先性，勢必也要進行調整。如美國從「九‧一一事件」後，從以往的以威脅為導向，轉變為以能力為導向，以兼顧恐怖主義可能造成的多面相威脅。[7]美軍的組織架構與編組也做重點式調整與因應。如強化

[6] 沈明室、蔡政廷，「影響我國軍事組織與兵力結構規畫因素分析」，《國防政策評論》，第 4 卷，第 2 期，2003/2004 年冬季，頁 106-149。

[7] John Y., Schrader, Leslie Lewis, and Roger Allen Brown. *Managing Quadrennial Defense Review Integration: An Overview*（2001）（Santa Monica,

特戰部隊或其他精英部隊的運用，城市或山區反恐作戰戰略戰術的發展等。[8]而在部分區域的傳統性軍事威脅與衝突的想定仍然潛存的情況下，必須兼顧原有戰略目標。因此，戰略的轉變多數是延續性或漸進性的。

　　戰略的定義紛陳多元，而經常被使用的定義認為戰略是「達成目標與所需行動方法和手段在技術性與協調性運用的戰略藝術」。[9]因此，本文從戰略的定義及相關決定要素來客觀分析兩岸新情勢下我國國防戰略的發展，客觀省思在目前兩岸關係下，應該具備何種戰略目標（ends）、方法 （ways）與手段（means），風險（risks）及相關戰略要素的變化與關係及如何影響戰略轉變，最後提出我國國防戰略未來發展方向。

貳、國防戰略環境的新趨勢

　　與台灣國防戰略有關的戰略環境因素主要有中共軍事威脅與台海區域情勢的變化。中共軍事威脅的升高與和緩，以及區域國家對中共軍事威脅的因應作為共同組成我國戰略環境的趨勢。

CA: RAND, 2001）．

8　沈明室，「美國在阿富汗反恐戰爭的軍事戰略」，《美國反恐戰爭：台灣觀點》（台北：台灣英文新聞，2002 年），頁 233-238。

9　J. Boone Bartholomees, Jr., "A Survey of the Theory of Strategy," *U.S. Army War College Guide to National Security Issues*, Vol.1, Theory of War and Strategy（Carlisle, PA: U.S. War College,2008），p.15.

一、中共軍事威脅的形與實

　　胡錦濤在《告台灣同胞書》發表三十周年的座談會上，提出了對台政策的「胡六點」，成為因應兩岸關係和緩情勢後的第一份對台綱領性文件。從「胡六點」的內容中，我們可以看到許多延續性的內涵。[10]如戰略目標的持續、互動框架設定及「一國兩制」的條件等。[11]中共對台戰略目標從兩岸分立後，從來就是祖國的統一，胡錦濤在講話中提及「自 1949 年台灣問題形成以來，我們始終把解決台灣問題、完成祖國統一大業作為自己的神聖職責……」。[12]對於「和平統一、一國兩制」的實質戰略目標，也未改變。可見中共對台戰略或各種作為，仍以「達成祖國統一」為目標。

　　中共原本就堅持「在一個中國原則下，甚麼都可以談」。換言之，任何的互動與往來，都受到「一個中國」框架的限制。另就其實際內涵來看，「堅持『一個中國』原則絕不動搖」、「反對台獨分裂活動絕不妥協」的立場並未改變。但在重要的國際場合，胡錦濤及中共外交部則會重申「一個中國」原則。[13]足見中共對於「一

---

[10] 內容的延續性證明是重要戰略原則，連最高領導人也不敢輕言更動。

[11] 沈明室，「從『胡六點』的延續與新意看台灣因應戰略」，《戰略安全研析》，第 45 期，2009 年 1 月，頁 15-18。

[12] 胡錦濤，「攜手推動兩岸關係和平發展同心實現中華民族偉大復興——在紀念《告台灣同胞書》發表 30 周年座談會上的講話」，中評社，香港 12 月 31 日電。

[13] 「外國媒體問馬指兩岸外交休兵陸外交部秦剛重申一中原則」，Nownews

個中國」原則的立場，從未改變，但在進行闡述與說明時則內外有別。胡錦濤的講話中，除了點出了中共對台戰略目標與基本原則的延續性，也提出一些可操作性事務，[14]故在達成手段及策略性則更顯見彈性。

中共強調對台問題必須採取「文攻武備」的總方略，不僅要進行軍事上的充分準備，更需要從政治、經濟、外交、文化上著手。文攻就是透過文的一手強化台灣民眾對「一個中國」原則的認同，營造反獨促統的國際環境，促使台灣問題的和平解決。[15]美中關係日益密切，使中共強化「經美制台」戰略，文攻的場域隨著中共「和諧國際」的戰略與作為，從兩岸格局與範圍擴大到整個亞太地區。

武備就是中共絕不放棄使用武力解決台灣問題，所以全面加強國防與軍隊現代化建設，強化「打贏信息條件下局部戰爭」的能力，以保持對台強大的軍事壓力。中共主張對台保持足夠的軍事壓力，將台灣問題控制在「一個中國」框架內。另外，以準備戰爭來爭取和平，並在反分裂國家法的基礎上，以非和平手段制止台灣分裂。[16]因而中共才會強調增強國防力量和做好軍事鬥爭準備，是解決台灣問題的保證。

網站，http://tw.news.yahoo/article/url/d/a/081121/17/19ta4.html，2008 年 11 月 21 日（檢索日期：2008 年 11 月 23 日）

[14] 沈明室，「從戰略觀點看陳雲林訪台的策略與意涵」，《國防雜誌》，第 24 卷第 1 期，2009 年 2 月，頁 13。

[15] 葛東昇主編，《國家安全戰略論》（北京：軍事科學出版社，2006 年），頁 148-152。

[16] 葛東昇主編，《國家安全戰略論》，頁 152-157。

　　中共在最新的《2008中國的國防》報告認為「台海局勢發生重大積極變化，兩岸雙方在九二共識共同政治基礎上恢復協商並取得進展，兩岸關係得到改善與發展。」但卻強調「維護國家安全統一，保持國家發展利益」是國防政策的首要內容。[17]而且在2009年3月兩會期間，胡錦濤接見共軍代表時，強調「確保有效履行新世紀新階段我軍歷史使命。[18]必須堅持以軍事鬥爭準備為龍頭帶動軍隊現代化建設，……」[19]已經不像以往動則主張「軍事鬥爭準備」，強調共軍必須「解決台灣問題，我們堅持使用和平方式，但是絕不承諾放棄使用武力，這是實現和平統一的重要保證。」[20]

　　從「胡六點」以及「2008 中國的國防」的內涵可以看出，對台「軍事鬥爭準備」或使用武力的言詞在形式及運用上已經緩和，但屬於宣傳語調的策略性調整或是根本性的策略轉變，仍待觀察。中共以往的「軟的更軟，硬的更硬」的兩手策略，實際的策略本質仍然未變，但型式及手段改變了，現在走向「軟的更軟，硬的隱藏於後」的情況。

---

[17] 中華人民共和國國務院新聞辦公室，《2008 年中國的國防》，2009 年 1 月，北京，頁 5、8。

[18] James Mulvenon, "Chairman Hu and the PLA's 'New Historic Missions,'" *China Leadership Monitor*, No.27.

[19] 《解放軍報》，2009 年 3 月 12 日，版 1。

[20] 張萬年，「紮實做好軍事鬥爭準備」，《張萬年軍事文選》（北京：解放軍出版社，2008 年），頁 529。

二、區域戰略環境的變化

「九・一一事件」之後，台海戰略格局連帶發生變化。布希對台政策從極力支持台灣，受到反恐戰爭需求的影響，以及美國在伊拉克、伊朗、阿富汗及朝鮮半島等地區衝突中難以分身，自然不希望台海節外生枝，過去有關公投相關議題也曾引起美國不快。美國對中共戰略則從「戰略競爭」、「圍和」[21]、2008年國防戰略的「形塑與防範」（shape and hedge），[22]到現在歐巴馬的「交往與促變」[23]仍然將中共視為潛在對手。但是基於戰略利益的需求，仍然必須與中共保持交往，基本上美中之間的關係仍為合作與摩擦並存的情況。

歐巴馬上任初期，國防戰略基本上仍延續 2008 國防戰略的基調，對於在國際事務處理扮演日漸重要角色的中共，強調要採取形塑與防範的戰略，一方面要讓中共融入國際機制，更加注重人權與民主化，並往和平方向發展；另一方面則必須防範中共不斷致力軍事現代化，及其戰略選擇對國際社會所可能產生的影響。[24]美國國

---

[21] Zalmay M. Khalilzad, "Sweet and Sour: Recipe for a New China Policy," http://www.rand.org/publications/randreview/issues/rr.winter.00/sweet.html.（檢索日期：2009 年 4 月 13 日）

[22] U.S. DoD, *2008 National Defense Strategy*, June 2008.

[23] 美國在台協會台北辦事處長包道格的觀點，參見「美方戰略→交往與促變」，聯合新聞網，2009 年 4 月 12 日，http://udn.com/NEWS/NATIONAL/NAT3/4843266.shtml.（檢索日期：2009 年 4 月 13 日）

[24] U.S. DoD, *2008 National Defense Strategy*, June 2008, p.3.

務卿柯林頓（Hillary Clinton）所主張的巧實力（smart power），則強調美國應該靈活運用政治、經濟、外交、與軍事手段，以解決美國目前所面臨的國際戰略困境，重振美國的全球領導地位。[25]美國從著重硬實力的威脅勸服，轉為透過靈活運用軍事與非軍事手段的方式，積極與中共交往，以化解潛在衝突。

近期美中兩國情勢的發展，可以看出兩國之間既合作又有潛在利益衝突的特點。美中之間軍事交流在布希政府晚期已經達到柯林頓政府時期的高點，並且建構了戰略對話的機制，太平洋司令部也熱衷積極展開軍事互訪。但是當美國布希政府宣布繼續出售高科技武器給台灣時，中共卻悍然中止美中之間的軍事交流，直到歐巴馬政府就任，仍未完全恢復導以往層級與水準。

最近美軍與解放軍在南海的衝突也是一個指標事件。美海軍海洋探測船「無瑕號」（USNS Impeccable）在 2009 年 3 月遭中共船艦包圍，一般解讀為中共主要在宣示南海主權，藉由這樣的衝突試圖取得國際法律的利基，阻絕以後外國船艦或飛行器接近中國海岸沿線水域。[26]但肆意衝撞的結果，形成美中之間八年來最嚴重的海上對峙。這樣的事件可以看成是美中長期對峙的衍生結果，因為美中兩國軍隊仍將彼此當成假想敵，作戰演習想定仍具有針對性。

---

[25] "Hillary Clinton Says 'Smart Power' Will Restore American Leadership," *Timesonline*, January 13, 2009 http://www.timesonline.co.uk/tol/news/world/us_and_americas/article5510049.ece.（檢索日期：2009 年 4 月 13 日）

[26] Dave Schuler , "Impeccable Impeded," *Outside the Beltway*, http://72.14.235.132/search?q=cache:vW7hognpmNwJ:www.outsidethebeltway.com/archives/impeccable_impeded/+USNS+Impeccable,+washington+times&cd=25&hl=zh-TW&ct=clnk&gl=tw.（檢索日期：2009 年 4 月 13 日）

　　4 月初歐巴馬與胡錦濤在倫敦二十國高峰會中碰面，曾談到要恢復及加強兩國軍事交流。不久美國海軍軍令部長（Chief of Naval Operations）羅海德（Admiral Gary Roughead）上將即宣布將訪問中國大陸，參加解放軍海軍建軍 60 周年等活動；美國第七艦隊副司令伯德中將（Vice Admiral John Bird）將率飛彈驅逐艦參加解放軍海軍的閱兵式，就是兩國恢復高階軍事交流的指標。[27]美軍促進美中軍事交流的努力就是在具體實踐柯林頓「巧實力」的主張。在「巧實力」主張的指導下，美國將強化與中共的交往，希望透過交往化解潛在衝突，或至少健全協商管道。然而在戰略防範的作為上不會偏廢，亞太戰略部署的調整仍會持續，對台軍售也將持續。但基於經濟的考量，用以防範潛在敵國的研發及購置新進武器系統的步調則會趨緩。[28]

---

[27] "U.S. Commanders to Attend PLA Fleet Review," Beijing Review, 8 Apr., 2009, http://www.bjreview.com.cn/headline/txt/2009-04/08/content_189940.htm.（檢索日期：2009 年 4 月 13 日）

[28] 據媒體報導，美國將調整國防預算規畫，多項軍事計畫將受到影響，包括「未來作戰系統」（Future Combat System, FCS）和飛彈防禦系統的發展經費可能縮減，海軍航空母艦戰鬥群的數量可能暫時減少。歐巴馬政府為重塑軍方兵力結構，把軍事支出重點從因應傳統對手的大規模戰爭轉移到以反制叛軍為主。也使針對中國或俄羅斯的高科技武器計畫可能擱置，改而發展在伊拉克或阿富汗對付叛軍的較簡單系統。《中國時報》，2009 年 4 月 5 日，http://72.14.235.132/search?q=cache:1lL8z5m946AJ:city.udn.com/54543/3368051%3Ftpno%3D0%26cate_no%3D0+%E6%AD%90%E5%B7%B4%E9%A6%AC%E5%81%9C%E6%AD%A2%E6%96%B0%E6%AD%A6%E5%99%A8%E7%A0%94%E7%99%BC&cd=2&hl=zh-TW&ct=clnk&gl=tw2009-04-05.（檢索日期：2009 年 4 月 10 日）

　　然就美國軍方而言，中共軍事威脅雖無迫切性，卻可能無法完全排除。在近期美軍所公布的「2009 年中國軍力報告」指出，儘管北京聲稱希望和平統一，但它仍然不願放棄使用武力，同時劃出對台使用武力的七條「紅線」。報告指出，美軍認為北京的對台策略，在希望兩岸發展趨勢持續走向統一，在目前戰爭代價超出實際利益的情況下，使用武力並非最優先手段。所以，中共透過政治、經濟、文化、法律、外交和軍事手段，防止台灣走向法理獨立。[29]類似紅線的作用在設定一個框架，讓台灣不至於躍出這樣的框架，而必須時時強調。美軍認為在以下七個情況下，將會對台使用武力：

1. 正式宣佈台灣獨立；

2. 進行未解釋的行動走向台灣獨立；

3. 台灣內部發生動亂；

4. 台灣取得核子武器；

5. 無限期拖延恢復兩岸統一對話；

6. 外國介入台灣內部事務；

7. 外國軍隊進駐台灣。

　　從上述七點內容可以看出，中共主要在防止台灣趨向獨立，或避免外國勢力介入，妨礙其和平統一的進程，證明中共「以武迫統」的手段仍然持續，將軍事手段視為「反獨促統，維護國土完整」的保障。[30]美軍非常了解中共對台軍事手段與非軍事手段靈活運用的

---

[29] U.S. DoD, Annual Report to Congress, *Military Power of the People's Republic of China*, 2009,http://www.defenselink.mil/pubs/pdfs/China_Military_Power_Report_2009.pdf. （檢索日期：2009 年 4 月 10 日）

[30] 門洪華，《構建中國大戰略的框架：國家實力、戰略觀念與國際制度》（北

意圖及手段，但是否介入台海衝突，仍有許多變數存在。尤其台海因為何種情況爆發衝突，衝突規模及性質都可能影響衝突升級。

從美國的戰略利益來看，美國必須確保兩岸維持現狀，並使兩岸無意採取軍事行動，關鍵就在於如何維持兩岸的軍事平衡。換言之，美國不希望台海發生衝突，也歡迎兩岸互動與交往，透過對話解決軍事衝突與緊張，但為了保持台海的軍事平衡，仍然會持續出售武器給台灣，以保持有效的防衛武力。美中之間互相採取既合作又防範的作為，使我國不能如過去八年一般，自認位居關鍵地緣戰略位置，而對外來援助有所期待或依靠，而輕率引起兩岸緊張，反而更應採取穩健國防戰略，且不強烈偏向美中任何一方的作為穩定台海情勢，以確保最佳的國家利益。

參、我國國防戰略目標的變與不變

戰略目標的制定是戰略制定過程的第一步，如果戰略目標制定過度狹隘或空泛，都會影響方法與手段達成的難易，戰略目標是否能夠讓執行者完全理解也是決定戰略成敗的重要關鍵。[31]在我國剛公布的《四年期國防總檢討報告》中，提及現階段我國國防戰略目標為預防戰爭、國土防衛、應變制變、防範衝突、區域穩定等

京：北京大學出版社，2005 年），頁 295。

[31] J. Boone Bartholomees, Jr., "A Survey of the Theory of Strategy," *U.S. Army War College Guide to National Security Issues*, Vol.1, Theory of War and Strategy, p.391.

五項，[32]這五項目標與原有的國防政策基本三項目標：預防戰爭、國土防衛、反恐制變，[33]有部份的差異，也有極大的延續性。以前的《國防報告書》將此稱為國防政策基本目標，現在則稱為國防戰略目標，似乎將國防戰略等同於國防政策。

事實上，兩者仍有差別。克勞塞維茲認為政策（policy）指導戰略，因為「國家政策也就是一個子宮（womb），而戰爭在其中成形。」[34]克氏也認為「假使戰爭為政策的部分，政策將決定戰爭的性格。當政策變得較有雄心與熱情時，戰爭也會如此。」[35]可見，在克勞塞維茲的觀念中，戰爭是執行國家政策的工具，而戰略乃規定須於何地、何時，以及何之戰力從事戰鬥，以贏得戰爭，故由政策指導戰略。中共學者時殷弘則認為克勞塞維茲主張「戰爭是政治另一手段的延續」，德文原文中的「政治」（politik）被翻譯成為「政策」（policy），故其所指的政策原為政治或政治戰略的意涵。[36]

換言之，克氏所指的政策並非一般公共行政領域所指的政策。因為政策常被界定為處理一項問題所採取有目的行動方案，同時也

---

[32] 國防部編，《中華民國四年期國防總檢討》（台北：國防部，民國 98 年），頁 42。

[33] 這三項目標從民國九十一年國防報告書中初步成形，在九十三年國防報告書中正式使用，一直到九十七年國防報告書為止。參見國防部編，《中華民國九十七年國防報告書》（台北：國防部，民國 97 年 5 月），頁 93。

[34] 克勞塞維茲原著，鈕先鍾譯，《戰爭論精華》（台北：麥田出版公司，1996 年），頁 253。

[35] 克勞塞維茲原著，鈕先鍾譯，《戰爭論》（台北：軍事譯粹社，1980 年），頁 953。

[36] 時殷弘，《戰略問題三十篇：中國對外戰略思考》（北京：中國人民大學出版社，2008 年），頁 12。

是一組執行計畫的行動規則。政策屬於方法的內涵，就是一種確立的行動方案，其位階反而應該是在戰略之下。但另一方面，如果這個政策屬於國家戰略層次，成為國家政策或是國家安全政策，一旦國家戰略決策者決定發動一場戰爭，藉以達成國家戰略的政治目的，軍事戰略必須服從於國家戰略的指導，並以戰爭為手段來執行國家政策，此時國家政策層次位居軍事戰略之上。[37]無論如何，兩者之間仍有差異，不可混為一談。

一、預防戰爭

在預防戰爭方面，過去強調預防戰爭是希望透過「接觸」與「嚇阻」的雙重戰略，一方面建立安全對話與交流促進瞭解，以互惠化解敵意，逐步建立軍事互信；另一方面則凝聚全民國防共識，提升全民防衛武力，嚇阻中共不敢輕啟戰端。[38]在《四年期國防總檢討》中，強調建立固若磐石的國防武力，建構有效嚇阻能力，嚇阻敵人發動戰爭；另一方面則建立兩岸軍事互信機制與推動區域安全交流與合作，來預防台海衝突，降低戰爭發生機率，共同維護區域安全。[39]綜合比較可知，目標都是在透過接觸交往與建立嚇阻武力同時並進的政策，[40]希望能夠預防戰爭的發生。

---

[37] 沈明室，《台灣防衛戰略三部曲：思維、計畫與行動》（高雄：巨流圖書，2009 年），頁 20-21。

[38] 國防部編，《中華民國九十三年國防報告書》（台北：國防部，民國 93 年 12 月），頁 61-62。

[39] 國防部編，《中華民國四年期國防總檢討》，頁 42-43。

[40] 這個戰略目標也類似美國的圍和策略及防範戰略。

二、國土防衛

在國土防衛方面，主要在透過聯合戰力的提升，推動國軍兵力轉型，提昇成為一支具備適度規模，作戰效率高的部隊。另外，則配合全民國防，結合全民防衛武力，實施國土防衛作戰。[41]在《四年期國防總檢討》中，則以建立精銳國軍，提昇預警能力，強化戰力保存作為，建立高效聯合戰力，厚植全民國防實力等五項作為來達成國土防衛具體作為。[42]兩者都著重強化現有常備作戰武力，在結合全民防衛機制，確保國土安全。而且除了傳統防衛作戰任務之外，國土防衛也重視非傳統安全威脅領域的內涵。

三、應變制變

《四年期國防總檢討》與歷年《國防報告書》在應變制變所用的概念不同。《四年期國防總檢討》以應變制變取代以往的反恐制變，主要原因在於反恐任務的需求改變。[43]因為我國面臨國際恐怖主義攻擊的可能性不高，而在相關法規草案中，國軍僅擔任備援角色。即使如此，仍將國家面臨恐怖主義威脅視為應變項目之一。[44]

---

[41] 國防部編，《中華民國九十三年國防報告書》，頁 63-64。

[42] 國防部編，《中華民國四年期國防總檢討》，頁 43-44。

[43] 行政院原有反恐管控辦公室也更名為國土安全辦公室。

[44] 國防部編，《中華民國四年期國防總檢討》，頁 44。

以往針對反恐制變的任務，強調以「預警」和「制變」兩個環節做為有效防制與快速因應的憑藉，也明確律定反恐制變由國安決策體系籌指揮，必要時由國軍專業部隊投入支援。[45]《四年期國防總檢討》則以強化偵知與監控能力，完善危機應變機制與建立防災制變部隊達成應變制變的任務。[46]基本上兩者的差異性不大。

四、防範衝突與區域穩定

在《四年期國防總檢討》中，特別提出兩項國防戰略目標，如防範衝突與區域穩定。但是這兩項目標其實與前述三項戰略目標內容有些重疊，但提升成為個別戰略目標項目，主要在強調其重要性。[47]例如，防範衝突雖與建立軍事互信及應變制變有關，但主要在以聯合作戰指揮機制為中心，處理各項危安及衝突事件，並強化部隊應變的處理能力。

在區域穩定方面，以我國目前外交處境而言，要促進區域安全對話很難從高階政治的國防議題來交流互動，穩定區域和平與安全。但是有關非傳統安全議題及各種人道救援工作，軍隊扮演一定程度重要的角色，也可以做為尋求突破的途徑。而且以我國對穩定兩岸關係所付出的善意，以及「守勢戰略」的宣示，也能產生穩定區域安全的效果。

---

[45] 國防部編，《中華民國九十三年國防報告書》，頁 64。

[46] 國防部編，《中華民國四年期國防總檢討》，頁 44。

[47] 國防部編，《中華民國四年期國防總檢討》，頁 44-45。

綜合而言，我國國防戰略目標並無重大的變動，基本上仍以預防戰爭、國土防衛與應變制變為主。但隨著兩岸關係和緩，「胡六點」中又提出兩岸可以「適時就軍事問題進行接觸交流，探討建立軍事安全互信問題。」[48]使得透過軍事互信機制的接觸，降低台海衝突的可能性增加。如果中共軍事威脅的針對性降低，國土防衛的目標重點將從境外的軍事威脅可以轉移到境外非傳統安全威脅或境內的重大緊急事變為主。

肆、執行我國國防戰略目標方法與手段（資源）

一旦戰略目標確認之後，緊接著就必須考量可用資源，並檢視運用這些資源達成目標的方法。戰略以目標為導向，方法則受到手段（資源）的限制。以下就針對上述的戰略目標，逐一檢討可用方法及手段。

一、預防戰爭的方法與手段

為了達到預防戰爭的目標，必須透過接觸交往及有效嚇阻的方法才能達成。接觸交往旨在避免兩岸因為溝通不良而發生衝

---

[48] 胡錦濤，「攜手推動兩岸關係和平發展同心實現中華民族偉大復興——在紀念《告台灣同胞書》發表 30 周年座談會上的講話」，中評社，香港 12 月 31 日電。

突，或是以軍事互信機制與作為，促進互信，以避免戰爭發生。就台灣而言，為兼顧多方利益及觀點，兩岸建立信心應該是一個穩步發展的過程，不應過於躁進，而且重點在於擴大與中共的信心建立措施。我國長遠的戰略目標為何？如果目的是在維持現狀，在整個外交戰略與國防戰略上也要有相對應的配套措施。[49]如果想以拖待變，促進中國民主化，在制定交流與互動的指導方針及策略上，必須要有一致性的重要戰略原則，否則各部會各行其是，難以發揮整體戰力。但必須注意即使中共民主化，對於主權或領土議題未必採取更妥協的態度，民族主義的升高仍會激化中共採取軍事行動。

有效嚇阻是預防戰爭的直接手段，希望透過堅強的抗敵意志、關鍵性的戰略武力以及有效可恃的防衛武力，阻遏共軍採取貿然犯台的作為。然而要發揮有效嚇阻的效益，除了全民防衛戰力之外，主要方法是透過既有防衛性武力的強化，籌建非對稱武力，並建立以資訊化為核心的制衡武力為主。[50]既有防衛性武力屬於常規武力的強化作為，只要在現有部隊規模基礎上提升及強化戰力即可。但是如果要另外建構關鍵性的非對稱武力，及提升資訊化的制衡武力，則必須考量總體預算規模及軍購的優先性。

---

[49] 沈明室，「兩岸建立信心建立措施可能性探討」，《八二三戰役五十週年紀念與兩岸關係新情勢學術研討會論文集》，金門縣政府舉辦，民 97 年 6 月，頁 27-36。

[50] 國防部編，《中華民國四年期國防總檢討》，頁 42。

二、國土防衛的方法與手段

　　國土防衛是軍隊執行國土安全的主要任務之一。美國國防部所負責的國土防衛（Homeland Defense, HD）的範圍包括保護美國領土與重要基礎設施免遭各種型態的攻擊與侵害，執行任務時，美軍居於政府部門的領導地位。[51]但就我國而言，國家安全與國土安全的區分與美國類似，但是在國土安全與國土防衛內涵的區分而言，因為我國戰略態勢與兵力編組、部署與美軍不同，兩者在國土防衛的內涵上有所差異。我國不論常備部隊或後備部隊，並無兵力投射境外作戰的任務，即使區分打擊與守土等不同的任務，其主要目標都是在防衛國土安全，以免受到敵人或其它內外威脅的侵犯，國土防衛的任務融合了以往台澎防衛作戰的任務。但是遂行的防衛準備及作戰構想，從以往著重傳統性安全威脅，到擴大兼顧防衛其它非傳統性安全威脅。[52]

　　國軍從民國 91 年起，強調傳統軍事威脅的任務，擴大涵蓋至其它內部性及非傳統性的安全威脅。同時也兼顧傳統安全領域的軍事作戰思維及因應非傳統安全威脅的國土防衛作為，如反恐、重大

---

[51] 參見美國國防部出版的《國土安全聯合作戰準則》。Joint Chiefs of Staff, Homeland Security: Joint Publication 3-26, Aug. 2,2005. http://www.dtic.mil/doctrine/jel/new_pubs/jp3_26.pdf. 檢索日期：2008 年 10 月 27 日。

[52] 沈明室，「陸軍在國土防衛的角色」，《台灣安全與陸權發展學術研討會論文集》，中華民國國防政策與戰略研究學會主辦，2007 年 5 月 26 日，頁 45。

災變與緊急事件反應、資訊安全、重大戰略基地與設施維護等。《中華民國九十三年國防報告書》強調一旦戰爭無法避免，則以三軍聯合戰力及全民防衛力量，達成國土防衛任務，[53]延續了國土防衛的概念。後續的《國防報告書》則強調以適切防衛戰力，達成國土防衛的目標。[54]在各項重大演習中，也不斷透過兵棋推演及實兵驗證的方式，提升軍隊在維護國土安全的任務。如漢光演習實兵操演的演習構想，以遭受中共三棲武力進犯為想定，動員作戰分區內現有軍民總體力量，驗證達成國防戰略目標的作戰效能。[55]

但在《四年期國防總檢討》報告中，主要以戰力保存、預警能力、建立高效聯合戰力及精銳常備部隊來達成國土防衛任務，雖強調建立完備的全民防衛體系，但未提及非傳統安全威脅防衛的內容。[56]內容並未著墨於非傳統安全的任務，但並非已經排除軍隊執行此項任務，反而強調更應該依據「全民防衛動員準備法」的規範，依照政府各部會執掌及功能，做好各項動員準備，以厚植總體防衛戰力。尤其在戰爭期間，政府各部會的緊急應變與危機處理必須與軍事作戰機制緊密結合，以妥善運用國家總體戰力，降低戰爭災害損失。

綜言之，在執行國土防衛的方法上，軍隊以傳統的保存戰力及聯合防衛作戰來確保國防安全，而在非傳統安全威脅方面，則

---

[53] 國防部編，《中華民國九十三年國防報告書》，頁 63。

[54] 國防部編，《中華民國九十五年國防報告書》（台北：國防部出版，民 95 年 9 月），頁 94。

[55] 「漢光演習是國土防衛作戰決心與效能的展示與驗證」，《青年日報》，民國 95 年 7 月 20 日。

[56] 國防部編，《中華民國四年期國防總檢討》，頁 44。

透過全民防衛動員體系及防災體系，結合其他部會的資源與功能達成國土防衛的任務。在傳統國土防衛作戰以軍隊為主，在非傳統安全的國土防衛則以業管部會為主。然就手段或資源而言，未來國軍規模縮減之後，負責非傳統安全任務的動員能量會受到縮減的影響。

三、應變制變的方法與手段

　　應變制變在針對重大危機或緊急事件，進行有效的因應與反制。以國防戰略而言，以軍事或戰爭危機為主要內涵。根據過去中共軍事演習與演練的戰術戰法來看，中共所強調結合軍事手段的各項威嚇行動，其實就是一種以軍事突襲性作為升高威懾效益的作法。中共以往動則部署戰術導彈，並認為「國防實力越強大，軍事鬥爭準備越充分，和平統一的可能性就越大。」[57]加上中共強調首戰決勝，採取猝然突襲的戰法可能性很高。如果沒有完善的應變制變方案，反而容易因為措手不及，造成國家利益的更大損害。

　　面對國際恐怖主義威脅的日益升高，以及中共可能採取類似恐怖主義攻擊的「三非作戰」行動[58]，危機預警與應變機制是有效防治與快速因應的重要基礎。當緊急事件發生，則由國安體制統籌指揮，由國軍專業部隊投入支援，協同政府其他相關部會，進行應變處理、災害控制、公共安全維護與損害復原等工作，才能迅速消弭

---

[57] 徐焰，《中國國防導論》（北京：國防大學出版社，2006 年），頁 376。

[58] 指「非接觸、非線性、非對稱」等三種作戰方式。

危機。[59]面對非傳統安全威脅，單憑單純的軍事武力絕對無法有效因應，勝負關鍵取決於國家整體戰力的綜合展現，與全民支援軍事作戰的能力與意志。因此，必須依賴平時縝密的動員準備與作為，建構以周密有效的國防安全體制，將整體的應變機制落實到全民國防，戰時才能發揮總體戰力，發揮嚇阻的功效。

綜言之，達成應變制變目標的方法，首先在建構完善的應變制變軍事體制，另外就是相關部隊的專業能量。因為反恐軍事全球化，即使我國並無明顯的恐怖主義的立即威脅，以往也未發生類似攻擊案件，仍配合國際趨勢，採取積極性的反恐因應作為；如反恐行動法草案的制定、[60]反恐專業部隊的成軍、[61]反恐管控辦公室的成立等。[62]然而，在執行數年之後，當年原有的國內政治環境、國際反恐情勢、國軍反恐應援部隊編組已有若干變動，這些變動有可能會影響我國反恐作為，既有以此為基礎所建構的反恐論述與政策框架，必然受到影響。

另外，根據「反恐行動法」草案的相關規定，國防部門僅擔任應援的角色。可擔任的應援部隊則包括工兵部隊、化學兵部隊、通信及資訊部隊、運輸兵部隊及特戰部隊。未來如果國防部採取大幅

---

[59] 沈明室，「反恐應變制變機制應做好萬全準備」，《青年日報》，民國 94 年 7 月 11 日，2 版。

[60] 目前僅完成二讀，尚未完成立法。

[61] 台灣北中南各有一支反恐專業部隊，可協助應援各項反恐制變任務。

[62] 於 94 年 1 月成立，並區分反暴力、反生物、反毒化物、反放射性物質、反重大經建設施、反資通訊、反重大交通設施等應變小組。行政院衛生署編，《反生物恐怖攻擊應變組應變計畫》（台北：行政院衛生署，2006 年 4 月），頁 55。

精簡的政策，在裁撤 6 萬人之後，原本可以擔任應援的國軍部隊是否仍具備原有能量，將成為應援成功的基礎。或者部隊精簡移編後，指揮協調聯絡方式也將改變，必須重新建構橫向聯繫的管道。另外，像地區後備指揮部在救災及全民動員機制中扮演重大角色，如果地區後備指揮部裁撤或併入作戰區，地方政府將缺少得力的軍事與安全協助幕僚單位，對於萬安演習或其他防衛動員相關事務與軍方互動協調較為不易，可能影響既有的運作效益。

四、防範衝突的方法與手段

衝突防範是在避免衝突發生的重要環節。在《四年期國防總檢討》中提及防範衝突的方法在於透過聯合作戰指揮機制，嚴密監控台灣周邊海空域活動，掌握各項危安因素，以避免擦槍走火的情況發生。另為避免升高衝突，作戰部隊執行任務過程中，也必須遵循防範衝突的各項規定，避免因為誤判或意外肇生兩岸之間的事端。一旦發生衝突事件，則必須透過快速反應部隊依照處置程序，迅速控制或解除危機。[63]

上述有關衝突防範的作為大致區分為預警、監控與解除危機的階段。而不論是那一個階段的作為，其實與應變制變機制的方法是相同的，但具有更高的政治敏感性。因為應變制變可依照重大事故的性質及標準作業程序，完成整個事變的處理。但衝突防範主要在消弭衝

---

[63] 國防部編，《中華民國四年期國防總檢討》，頁 45。

突，避免衝突的擴大，影響整個戰略態勢。雖然不需花費額外的資源，但在執行層面的疏失，卻可能擴大衝突影響戰略目標的達成。

五、區域穩定的方法與手段

區域穩定所指的區域主要以可能引發衝突與危機的台海及南海等區域為主。主要方法是透過參與區域國防安全對話機制，共同維護區域海空交通線安全及參與區域反恐與人道救援行動為主。首先，在區域國防安全對話機制方面，有關台海國防安全對話機制仍以雙邊為主，中共與其他國家如美日等國進行戰略對話，有時會提及台海議題，但台灣無法參與。台灣與部分國家進行對話與溝通時，也會觸及台海議題，但目前並無多邊對話機制。但在南海議題方面，因為牽涉到東協部分的南海主權聲索國，且南海主權議題爭議頻傳，可以嘗試建立區域安全對話機制，或是在亞太經合會中納入相關議題的討論。[64]

在維護區域海空交通線方面，因為大三通的實施，行經台海的兩岸及國際船艦將會增加，海空交通線安全的需求也日益迫切。由於國軍負責台海海空戰管，未來將面臨更多突發狀況，維護海空安全壓力更大。必須透過更多航管安全措施及國際合作，才能有效確保海空交通線安全。

---

[64] 劉復國，「南海新情勢與重建我國南海戰略新思維」，《戰略安全研析》，第34期，2008年2月，頁14-19；宋燕輝，「南海新情勢與重建我國南海戰略新思維」，《戰略安全研析》，第35期，2008年3月，頁46。

在參與區域反恐與人道救援行動方面，不論在台海或是南海，都可能面臨反恐與人道救援的議題，海上反恐與救援主要屬於海巡署的權責，人道救援則依任務性質而定。[65]海軍的任務主要是在平時負責台海偵巡、維護海域安全、加強兵力整建、精進戰備訓練，以支援各項重大災害防救工作；戰時則聯合友軍遂行反制，與阻敵對我國海上之海上封鎖武力或武力進犯，以維護對外航運暢通，確保國家安全。[66]

在手段上，維護區域穩定不能當作國軍的主要任務，而是應該將不同體系的海空安全單位加以整合。如強化海空域安全與管理，整合海難搜救資源，整合不同體系的海上安全與反恐演練，並且在行政院或是國安會的層級來整合會更適切。

伍、我國國防戰略的風險

風險是指執行某項戰略可能面臨的若干不確定性因素，包含根本性問題（root cause）、發生可能性及發生後不利的影響。[67]根本

---

[65] 沈明室、林文隆，「我國海上安全與反恐機制發展與策進」，《第四屆恐怖主義與國家安全學術研討會論文集》，中央警察大學反恐怖主義研究中心舉辦，民國 97 年 12 月，頁 155-172。

[66] 國防部編，《中華民國九十七年國防報告書》（台北：國防部出版，民 97 年 5 月），頁 143。

[67] U.S. DoD, *Risk Management Guide for DoD Acquisition*, p.38, http://www. dau.mil/pubs/gdbks/docs/RMG%206Ed%20Aug06.pdf，檢索日期：2009 年 4 月 13 日。

性問題是發生風險的原因，如果能將該原因排除或轉向，可以避免潛在風險產生。任一層級的戰略目標通常都會缺乏足夠的資源或是缺乏取得資源的能力，以求戰略可以徹底成功。因此，也使得風險評估與處理非常重要。

若就我國國防戰略目標達成而言，可能面臨的風險大致如下：

一、中共軍事威脅持續性

即使中共領導人較少提及有關對台軍事鬥爭準備的用語，中共整體對台戰略中，以軍事武力迫使台灣接受統一未來走向或是「一個中國」框架是非常確定的。[68]而這樣的紅線與框架，也不容易在兩岸互動過程中解除。中共軍事現代化的腳步並未因兩岸關係和緩而轉變，而是因為中共提昇軍備的目的，已經逐漸超乎武力犯台的單一目標。換言之，中共軍事武力的準備在迫使台灣接受政治條件，也在建構阻止美日介入台海的軍事實力。所以為了抗衡亞太地區的美國海軍，中共海軍司令員吳勝利近日對「新華網」表示，中共海軍必須加快研製新一代武器裝備，其中包括新型潛艇和大型水面戰艦。[69]另外，也可能計畫部署攜帶常規彈頭的彈道導彈，利用特殊的導引系統打擊在西太平洋上的移動船艦。

---

[68] 中共的說法是「軍隊為解決台灣問題提供重要的力量保證，是時代賦予軍隊的重責大任，也是反分裂國家法為新時期軍事鬥爭準備所賦予的新重大戰略任務。」參見徐明善、方永剛主編，《新世紀新階段中國國防和軍隊建設》（北京：人民出版社，2007 年），頁 123。

[69] 「中國海軍司令員：加快研製新一代裝備」，中央社，2009 年 4 月 15 日，

一旦這種新型導彈部署就位，將能夠擊沉或嚴重破壞進入射程範圍的航母等主要戰艦，中共在藉導彈的遠距精準打擊，達成嚇阻外援介入台海的效果。隨著中共導彈射程及精準度的提升，重點目標區將從台海延伸出第一島鏈，關島也將首當其衝的成為重要戰略目標。如果中共完成類似武器的發展及部署，不僅對美日造成重大壓力，更嚴重影響我國國防戰略目標的達成。

二、美日對台海的軍事作戰方案

美軍在《2009 年中共軍力報告》認為中共擴張軍力的行動本身就具備雙重的戰略目標。在近程方面，中共軍力擴張的目標放在台灣，希望以優勢軍力迫使台灣不會做出「法理台獨」，或任何破壞台海現狀的動作，並以軍事武力做為政治互動與談判的籌碼，來營造政治戰略的優勢，為談判僵局作好準備。就遠程而言，中共認為不論在解決台海問題，或是擴張軍力投射到西太平洋第二島鏈，都必須面臨美國的優勢軍力，為了抗衡美軍介入台海，中共運用「反介入」與「區域拒止」的戰略，[70]希望透過遠距精準海空武力的非對稱運用，以嚇阻或打擊美軍的介入，從而為投射中共在西太平洋的海空軍力而進行準備。

---

http://tw.news.yahoo.com/article/url/d/a/090415/5/1hws9.html，檢索日期：2009 年 4 月 15 日。

[70] Roger Cliff and others, *Enter the Dragons Lair-Chinese Anti-access Strategies and Their Implications for the United States*（Santa Monica, CA: RAND,2007），p.1.

美國對於中國軍力擴張及不明意圖所帶來的威脅雖早有警訊與準備,並在西太平洋進行相對應的戰略部署的調整,如先進戰機及核潛艦前進部署關島,強化與西太平洋國家軍事合作及演習等,但是面對中共難以捉摸軍備擴張意圖,以及日益縮短與美軍差距的中共軍力,美日對台海的軍事因應方案更增加了許多不確定性。

三、國防組織變革成效

國軍目前正準備因應全募兵制的實行而進行大幅度的國防組織變革,並預計裁減至約 21 萬人。而上述所提及的國防戰略目標都是在原有國防組織編制與規模狀況下所制定的,但是在未來國防組織變革的結果,有部分一級單位,如憲兵、後備及後勤等司令部將進行整併改組。[71] 雖然其組織功能仍然存在,但是整個指揮鏈與協調整合的機制與模式必須重新運作,因而必須經歷一段磨合期與調適期。尤其是全募兵制的實施,牽動整體兵力結構的轉型,能否持續募集到優質人力,提昇軍事專業訓練的效能,打造一支專業高、戰力強的常備部隊,也是成功達成戰略目標的關鍵。[72]

---

[71] 國防部編,《中華民國四年期國防總檢討》,頁 50,52。

[72] 相關探討參見沈明室,「實施全募兵制政策的探討及影響」,《戰略安全研析》,第 38 期,2008 年 7 月,頁 16-19。

四、全民抗敵意志的凝聚

　　兩岸關係的和緩降低戰爭發生的機率，同時也讓原先因為兩岸對立所建構的敵我意識日益模糊，使兩岸之間敵人與朋友、機會與威脅都混淆不清，難以分辨。或是因為統獨、藍綠的對立，形成「一個中國、兩個台灣」的現象，[73]如果仍然持續而難以化解，想要透過全民國防教育凝聚抗敵意志會更加困難。在人人自認戰爭已遠的情況下，影響所及，人民也會對全民防衛動員的必要性與迫切性提出質疑，許多為戰爭發生所作的動員準備及訓練，也不易落實。未來在常備兵員規模縮減的情況下，如果民間動員人力物力數量及素質無法依賴下，憑藉全民防衛動員制度及運作要達成國土防衛及應變制變，風險也不容易化解。

五、部隊軍紀與士氣

　　兩岸情勢的和緩，使戰爭可能性降低，軍隊重要性也減少，勢必導致部隊的裁減。若從組織學或軍事社會學觀點來看，在組織變革或裁減部隊的過程中，軍人關心個人前途的問題，能否繼續留營？能否在復員後找到更好的出路？如何在現職及退役後爭取個

---

[73] 林正義，「一個中國、兩個台灣」，《自由時報》，2008 年 11 月 7 日，版 15。

人最大的利益？所有考量的焦點都在個人利益的問題，部隊榮譽與任務成為次要問題，自然對部隊的軍紀與士氣都會造成影響。小從內部人事權鬥，大到部隊裁減導致部隊原有光榮傳統的喪失，軍人榮譽感因而流失，將使部隊戰備訓練的重要基礎動搖，當然也影響戰略目標的達成。必須採取積極作為振奮士氣，以免造成長期性影響，升高部隊人事風險。

陸、我國國防戰略的未來發展

面對上述必須達成的戰略目標、執行方法與手段，及可能面臨的風險，除了針對關鍵問題制定整套的程序與步驟，化解風險的不利影響之外，必須隨著國家戰略走向的調整，重新建構我國國防戰略，以下就提供我國國防戰略未來發展方向的參考。

一、從以威脅為導向到以能力為導向

原有戰略目標以我國可能面臨威脅為導向，制定出五項戰略目標。而其內容則涵蓋傳統軍事安全與非傳統安全的內涵。但在總體國防預算及人力資源日益縮減的情況下，針對每一個可能威脅或是最大威脅建制因應目標兵力的作法將會捉襟見肘。當然問題在於中共軍事威脅可能因為兩岸關係和緩轉為隱而不顯，建構針對性戰略與兵力，難以掌握威脅處理的最優先性，容易形成兵力重疊或間

隙。例如中共對台戰法從導彈戰、封鎖、資訊戰、超限戰到大規模
兩棲登陸作戰，可用戰法範圍非常廣。

　　我國防衛作戰必須兼顧這些不同型態的戰爭與規模，軍隊必須
具備全方位的能力，而非針對單一威脅的反制。而且對於威脅輕忽
或錯估，反而容易讓自己陷入險境之中。[74]如果在能確定或簽定協
議讓兩岸之間將不會有針對性軍事衝突情況下，可轉變以往只針對
中共威脅的戰略部署方式，而是通盤檢討可能面臨的傳統與非傳統
軍事威脅，每年評估可能面臨的迫切性威脅，先建構既有常備兵力
執行各項可能任務的能力與裝備，並排除行政干擾，使部隊成為平
時能救災，戰時能打仗，確保國防安全的專業部隊。

二、建構我國對中共既合作又防範戰略

　　面對中共崛起以及納入國際機制的情勢，各國對中共紛紛採取
既接觸又防範的策略。從接觸與合作過程中，牟取中國大陸世界市
場的經濟利益，共同處理國際事務，或促使中共接受國際機制的規
範。另一方面，由於中共軍備擴張意圖的不透明，仍須對中共採取
軍事武力防範的策略。目前不論美國、日本等國，都對中共採取接
觸與防範的策略，不僅在經濟等非軍事事務領域進行合作，促進合
則兩利的經貿往來。對於地緣戰略利益的潛在衝突，或是軍事戰略

---

[74] 陳偉華，「戰略建構的迷思：以威脅為導向的軍事戰略」，王高成主編，《前
　　瞻二十一世紀的戰略思潮》（台北：時英出版，2008 年），頁 185。

的競合，也預先完成軍事因應的準備，以確保既有戰略優勢及國家利益。我國應該建構及強化類似的戰略，透過政治與經濟等軟實力，創造兩岸互利雙贏的機會，同時透過強化國防，建立非對稱嚇阻武力，或與區域大國緊密軍事合作的作法，嚇阻中共的軍事冒險行動。

三、強化聯合作戰最適兵力結構

在兵力結構規畫方面必須透過客觀公正的嚴謹程序，以獲得最佳效益及最適兵力結構。資訊在現代作戰力量構成與運用中扮演主導地位，資訊化已經成為軍事事務變革的核心，使聯合作戰戰力的結構與發展以聯合指管通資情監偵的系統為基礎。我國聯合戰力發展的方向強調國軍聯合作戰係以建構「遠距精準作戰」與「同步聯合接戰」能力為目標，希望能夠整合三軍戰力，運用高科技武器的遠距精準打擊、重層攔截、泊地與灘岸攻擊及非對稱作戰等手段，有效達成「癱瘓敵作戰重心」、「聯合截擊」與「泊灘岸殲滅」，達成有效防衛國土的目標。[75] 我國聯合戰力規劃與發展必須著眼於三軍聯合作戰戰力的發揮，藉由聯合作戰指揮機制的運用，強化戰場管理，以全面發揮聯合作戰的應有效能。

---

[75] 國防部編，《中華民國九十五年國防報告書》，頁140。

柒、結語

　　就台海戰略情勢而言，即使兩岸以往劍拔弩張的情勢已經和緩，國防戰略是否應進行根本性改變，是一值得討論的議題。目前兩岸情勢仍在動態發展當中，兩岸未來政治情勢走向尚不明朗，仍須對必要或最壞情勢的發展，進行戰略防範的作為，尤其是在國防軍事方面的準備。但這樣的準備應該著眼於何種威脅，或是何種台海安全想定，更需要廣泛的共識。

　　從近年兩岸情勢的發展來看，未來互動將更為密切，並且談判議題逐漸從經濟擴展到政治，有關軍事互信的接觸也會展開。然而，就國防戰略而言，在中共對台戰略目標及手段未明確改變之前，仍然必須將確保國家主權現狀與國防安全列為最優先戰略目標，不論是制度性協商或是二軌管道的持續溝通，都須考量以達成此目標為主。但由於現今國防戰略目標與過去國防政策基本目標差異不大，在面臨台海新情勢，及國防組織變革及任務改變的情況下，國防戰略的發展，在兼顧原有戰略目標、方法及手段下，應該從威脅導向轉為以能力為導向，建構我國本身的合作與防範戰略，並提升聯合作戰的兵力結構接觸與達成防衛作戰的目標。未來國防戰略的建軍規劃與兵力結構可以進行調整，但不是採取被動守勢戰略，而是採取彈性主動的防範戰略，必須確保戰略主動權，建構及營造新形勢下立於不敗之地的國防戰略態勢。

國家圖書館出版品預行編目

> 兩岸新形勢下的國家安全戰略 / 王高成主編. -
> - 一版. -- 臺北縣淡水鎮：淡大戰略所，
> 2009.10
> 　面；　公分. -- (社會科學類；ZF0015)
> BOD 版
> ISBN 978-986-6717-40-6(平裝)
>
> 1. 國家安全　2. 戰略　3. 文集
>
> 599.707　　　　　　　　　　　　98015489

社會科學類　　ZF0015

兩岸新形勢下的國家安全戰略

出 版 者／淡江大學國際事務與戰略研究所
主　　編／王高成
執行編輯／胡珮蘭
圖文排版／陳湘陵
封面設計／陳佩蓉
數位轉譯／徐真玉　沈裕閔
圖書銷售／林怡君
法律顧問／毛國樑　律師
印製經銷／秀威資訊科技股份有限公司
　　　　　台北市內湖區瑞光路 583 巷 25 號 1 樓
　　　　　電話：02-2657-9211　　傳真：02-2657-9106
　　　　　E-mail：service@showwe.com.tw
經 銷 商／紅螞蟻圖書有限公司
　　　　　台北市內湖區舊宗路二段 121 巷 28、32 號 4 樓
　　　　　電話：02-2795-3656　　傳真：02-2795-4100
　　　　　http://www.e-redant.com

2009 年 10 月 BOD 一版
定價：390 元

讀　者　回　函　卡

感謝您購買本書，為提升服務品質，煩請填寫以下問卷，收到您的寶貴意見後，我們會仔細收藏記錄並回贈紀念品，謝謝！

1. 您購買的書名：_____

2. 您從何得知本書的消息？

　　□網路書店　□部落格　□資料庫搜尋　□書訊　□電子報　□書店

　　□平面媒體　□ 朋友推薦　□網站推薦 □其他_____

3. 您對本書的評價：(請填代號　1.非常滿意 2.滿意 3.尚可 4.再改進)

　　封面設計____　版面編排____　內容____　文/譯筆____　價格____

4. 讀完書後您覺得：

　　□很有收獲　□有收獲　□收獲不多　□沒收獲

5. 您會推薦本書給朋友嗎？

　　□會　□不會，為什麼？_____

6. 其他寶貴的意見：_____

_____

_____

_____

讀者基本資料

姓名：_____　　年齡：_____　　性別：□女 □男

聯絡電話：_____　E-mail：_____

地址：_____

學歷：□高中(含)以下　　□高中　□專科學校　　□大學

　　　□研究所(含)以上 □其他_____

職業：□製造業 □金融業 □資訊業 □軍警 □傳播業 □自由業

　　　□服務業 □公務員 □教職　□學生 □其他_____

To：114

台北市內湖區瑞光路 583 巷 25 號 1 樓

秀威資訊科技股份有限公司　　　收

寄件人姓名：

寄件人地址：□□□

(請沿線對摺寄回,謝謝!)

秀威與 BOD

BOD（Books On Demand）是數位出版的大趨勢，秀威資訊率先運用 POD 數位印刷設備來生產書籍，並提供作者全程數位出版服務，致使書籍產銷零庫存，知識傳承不絕版，目前已開闢以下書系：

一、BOD 學術著作—專業論述的閱讀延伸
二、BOD 個人著作—分享生命的心路歷程
三、BOD 旅遊著作—個人深度旅遊文學創作
四、BOD 大陸學者—大陸專業學者學術出版
五、POD 獨家經銷—數位產製的代發行書籍

BOD 秀威網路書店：www.showwe.com.tw
政府出版品網路書店：www.govbooks.com.tw

永不絕版的故事・自己寫・永不休止的音符・自己唱